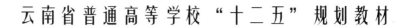

云南省普通高等学校"十二五"规划教材

高职院校学生
职业安全教育

（第 2 版）

主　编　邹红艳　　吕姝宜
副主编　周辉林　　孔祥昆

北　京
冶金工业出版社
2022

内 容 提 要

本书分为上下两篇。上篇为职业安全，内容包括职业安全的行业特点（冶金、建筑、交通运输、非煤矿山、机械制造等行业）、职业安全技术（电气、机械、压力容器、防火防爆和危险化学品、起重作业与厂内运输、焊接与切割、建筑施工、矿山等职业）和职业安全与实习实训安全（校内实训安全、校外实习安全）。下篇为职业健康，内容包括职业健康保护、职业病相关知识、工伤认定、职业危害与常见事故的应急处置和救援方法。书中各节后均有思考与练习题，方便学生进行自测。书后还附有我国部分安全生产法律法规，供参考学习。

本书可供高职院校，特别是工科类院校师生使用，也可作为企业职工相关安全培训及职业安全教育的教材或读本。

图书在版编目（CIP）数据

高职院校学生职业安全教育/邹红艳，吕姝宜主编．—2 版．—北京：冶金工业出版社，2018.1（2022.1 重印）

云南省普通高等学校"十二五"规划教材

ISBN 978- 7- 5024- 7721- 9

Ⅰ.①高…　Ⅱ.①邹…　②吕…　Ⅲ.①安全教育—高等职业教育—教材　Ⅳ.①X925

中国版本图书馆 CIP 数据核字（2018）第 013239 号

高职院校学生职业安全教育　（第 2 版）

出版发行	冶金工业出版社	电　话	（010）64027926
地　址	北京市东城区嵩祝院北巷 39 号	邮　编	100009
网　址	www. mip1953. com	电子信箱	service@ mip1953. com

责任编辑　戈　兰　郭冬艳　美术编辑　吕欣童　版式设计　孙跃红
责任校对　卿文春　责任印制　李玉山
三河市双峰印刷装订有限公司印刷
2015 年 1 月第 1 版，2018 年 1 月第 2 版，2022 年 1 月第 5 次印刷
787mm×1092mm　1/16；14.75 印张；355 千字；223 页
定价 29. 00 元

投稿电话　（010）64027932　投稿信箱　tougao@cnmip. com. cn
营销中心电话　（010）64044283
冶金工业出版社天猫旗舰店　yjgycbs. tmall. com
（本书如有印装质量问题，本社营销中心负责退换）

第 2 版前言

"安全"是一个永不过时的话题。如花生命,是我们最绚丽、最耀眼的珍宝,而这是以"安全"为前提和基础的。一个人如果失去安全,就会失去健康和生命;失去健康和生命,就会失去一切。

东汉政论家、史学家苟悦在《申鉴·杂言》中说过这样一段话:"先其未然谓之防,发而止之谓之救,行而责之谓之戒,防为上,救次之,戒为下。"意思就是在事情没有发生之前未雨绸缪是"预防";事情出现征兆及时制止为"补救";事情发生后责罚教育是"惩戒"。对于安全而言,预防为上策,补救次之,惩戒是下策。我们的生产活动中客观上存在着各种不安全的因素,既有人的不安全行为,也有物的不安全状态,只有设法预先加以消除,才能最大限度地实现"安全"。

本书自 2015 年出版以来,已经过了三届的教学使用。在这期间,编写团队结合教学实践,不断总结,对教材中的部分内容进行了完善和修订。例如:

(1)第 2 章中,2.3 节由原来的"起重作业与厂内运输作业"调整为"交通运输行业",增加了 2.5 节"机械制造业"。

(2)第 4 章中,针对学生实际需求,增加了 4.2.7 节"心理健康"和 4.2.8 节"网络安全"。

(3)第 6 章中,增加了 6.1.8 节"煤气"。

(4)附录中,原来的附录 8"中华人民共和国环境保护法"调整为"职业学校学生学习管理规定"。

此外,各章中涉及的已作废的安全生产法律法规都进行了更新,案例也做了适当调整。

本书由邹红艳、吕姝宜担任主编,周辉林、孔祥昆担任副主编。陈红、程旗林、史云昆、杜云波参加编写。其中,邹红艳、吕姝宜、周辉林、陈红、程旗林为昆明工业职业技术学院教师，孔祥昆、史云昆、杜云波为企业单位技术专家。

编者对给本书第 1 版提出宝贵意见、改进建议的读者表示衷心的感谢！并希望大家继续关注本书的第 2 版。

尽管我们做出了很多努力，但由于水平有限，不足与失误，敬请广大读者批评指正。

编 者

2017 年 12 月

第 1 版前言

对高职院校学生进行职业安全教育，是高职教育的重要组成部分。它可以培养和引导学生逐步建立"我不伤害自己、我不伤害别人、我不被别人伤害"的安全意识，提升学生的安全素养。

本书是高等职业院校进行职业安全和职业健康教育的教材。书中内容分上、下两篇、三大模块。第一个模块是"上篇　职业安全"，即第 1 章至第 4 章，涵盖职业安全的行业特点、职业安全技术、职业安全与实习实训安全等内容。第二个模块为"下篇　职业健康"，由第 5 章和第 6 章组成。第三个模块为"附录　安全生产法律法规"，主要目的是让学生了解关于安全生产的法律法规的一些内容。

世间万物，生命最宝贵；百业兴旺，安全最重要。如果事故频发，则生命安全没有保障，一切幸福也都无从谈起。本书在整体设计上以引导高职学生形成职业安全和健康意识为主，渗透生产领域与职业安全、职业健康有关的理念，让学生逐步理解个人职业生涯的可持续发展与职业安全的关系；指导学生掌握职业安全、职业健康的基础知识和安全技术，学会即将从事的职业及其相关职业群所需要的自我防护、现场急救的常用方法，具有在相应岗位安全生产的能力，培养职业安全习惯和自我保护能力。

本书通过事故典型案例、思考与练习，提高学生职业安全责任意识和职业健康意识的自觉性，养成符合相关职业群所要求的安全行为习惯，为成为具有安全素养的高素质劳动者和技能性人才做好准备。在引导学生学会自我保护、抢救他人方法的过程中，让学生在内心中孕育出珍惜生命、关爱他人的理念。

本书由邹红艳、吕姝宜担任主编，周辉林、付和云担任副主编，雷必钢、苏红、史云昆、李俊参加编写。其中，邹红艳、吕姝宜、周辉林、雷必钢为昆明工业职业技术学院教师，付和云、苏红、史云昆、李俊为企业单位技术专家。

编者通过大量的企业调研，结合相关行业生产特点和安全技术要求，并考虑当前高职院校及学生的现实特点编写本书。编写过程中，得到了昆明工业职业技术学院实训部和相关企业一线安全生产技术专家、工程技术人员的大力帮助与支持，在此谨致衷心的谢意！由于水平有限，不足与失误之处，希望读者提出宝贵的意见和建议，我们会在使用中不断进行补充与修改。

编　者

2014 年 10 月

目　　录

上篇　职业安全

下篇　职业健康

上 篇

职 业 安 全

1 绪　　言

对于高职院校来说，今天的学生就是明天企业安全生产、建设事业的生力军。尤其是对于专门为企业培养一线生产、管理工作人员的高职高专工科专业而言，其教育就是要适应社会生产发展，为满足社会需求造就合格的"职业人"。这个"职业人"，首先是一个要生存、要发展的社会人。为此，美国心理学家亚伯拉罕·马斯洛于1943年在《人类激励理论》中提出，人类的需要分为5个层次，由低到高分别是生理需求、安全需求、社交需求、尊重需求、自我实现需求。其中安全的需要就是要求劳动安全、职业安全、生活稳定、希望免于灾难、希望未来有保障等。安全需要比生理需要高一级，当人的生理需要得到满足以后就要保障这种需要。每一个在现实中生活的人，都会产生安全的欲望、自由的欲望、防御实力的欲望。

安全的含义还包括"防范潜在的危险"。人们要生产劳动、要创造财富、要享受生活，在这个过程中难免发生危险。相关统计数据表明，我国每年死于突发事件的人数比例为1/2900、死于车祸为1/5000、溺水死亡为1/50000、死于火灾为1/50000、触电死亡为1/35000，随着我国工业产业规模的不断扩大，每年新增的职业病病例数更是以万为单位持续攀升……谁也无法保证自己的一生不会遇到这些灾难，居安思危，特别是高职高专的学生，掌握职业危险事故的原因及应对预防措施，防微杜渐；掌握职业安全技能，增强自身的职业能力和工作能力，既是对生命的尊重，也是对自己人生最大的维护。

1.1　职业安全教育概述

安全，是健康与平安之意，为无伤害或完整无损。安全是一个相对概念，是指把生产经营过程中已知的风险控制在人们可接受的范围内。通俗来讲，安全就是人们在生产和生活过程中，生命得到保障，身体、设备、财产不受到损害。

随着社会的发展、人类的进步，人们对安全问题的认识和需求也在不断地发展。今天，我们面临的安全问题除了自然因素以外，还有人为因素、心理因素、环境因素、社会因素、生产因素等多种因素。它们均会给我们的安全带来威胁、产生影响。可以说，安全是人类生存、生活和发展最根本的基础，也是社会存在、发展的前提和条件。

职业安全是以防止职工在职业活动过程中发生各种伤亡事故为目的的在工作领域及在

法律、技术、设备、组织制度和教育等方面所采取的相应措施。其同义词为劳动安全、职业健康、劳动保护等。职业院校学生掌握职业安全知识，是自身成长、成才的先决和基础条件。如果一名学生在实习过程中或是刚刚毕业参加工作时，因为缺乏一定的职业安全意识、安全知识或技能而发生各种安全生产事故、违法犯罪案件，造成生命凋零、身体残疾，或是身陷囹圄、职业荒废、精神摧残、财产损失，不仅个人的遭遇令人感到痛惜，而且家庭、社会和国家也遭受损失。因此，学习职业安全知识，树立职业安全意识，为自身创建一个平安和谐的职业生涯，既是学生个人成长、幸福人生的需要，也是家庭幸福、社会和谐的需要。

1.1.1 高职生职业安全形势

据相关统计，全世界每年因工伤死亡人数约为 110 万人。在我国每年非正常死亡人数超过 320 万人，其中因工伤事故死亡人数至少为 13 多万人。在工伤死亡人数中，有接近 1/4 的人是由于长期在有危险物质的场所工作而引发使人丧失劳动能力的职业病而死亡，诸如癌症、心血管病、呼吸疾病和神经系统紊乱等。

职业教育，尤其是高等职业教育培养的对象是面向生产一线的，具有一定职业技能、技术的生产操作人员和基层管理人员。当前，高职院校的学生大都是"90 后"的年轻人，他们正处在人生最美好的阶段，对周围世界充满强烈的好奇心、尝试欲望和满腔热情。而这一年龄段的学生对事物辨别能力不足，在实践学习和初入实习岗位的过程中往往自控力不够，缺少工作经验和相应的安全技能，成为安全事故的易发群体。

大量的事实和数据残酷和冰冷地表明，作为高职生，如果忽视了"安全技能"这一基础和根本的学习以及安全责任意识的树立，纵使你有十八般武艺，在安全事故面前都是那么的无力和苍白，所有一切也都化作神马浮云。

1.1.2 高职生职业安全教育的必要性

一个合格的高技能人才应当具备相当的理论基础与丰富的实际经验，并能够结合生产第一线的实际需要具备相关操作技能、难题攻关、技术改进等能力。随着现代工业生产的发展，生产过程的大规模化、自动化和复杂化及有毒有害物质的种类和数量的不断增多，人们对安全生产的要求越来越高。

在高职教育中开展职业安全教育，就是在传授专业职业技能的同时，对学生灌输职业安全技能，使其树立职业安全意识，帮助学生了解安全生产基本法律法规常识，掌握职业安全、职业健康的基础知识；了解和学习即将从事的职业及其相关职业群所涉及的行业特点、职业安全技术、职业危害、常见事故处理、必要的自我防护及现场急救的常用方法；牢固树立关注安全、关爱生命和安全发展的观念，形成职业安全和职业健康意识；具有在相应岗位安全生产的能力，养成符合该职业及其相关职业群所要求的安全行为习惯，为成为具有安全素养的高素质劳动者和高技能人才做好准备。

1.1.3 高职生职业安全技能的培养内容

高职院校学生职业安全技能的培养主要是帮助学生掌握职业安全、职业健康以及基础安全知识。对于工科类院校的学生，应该了解和掌握即将从事的职业领域及其相关职业群的职业危害因素、职业安全技术，学会自我防护、懂得现场急救和逃生的常用方法等，养成良好的职业安全作业习惯和行为。

本书将针对当前高职教育的特点，特别是工科类高职学生的实习安全与职业安全的有效结合，系统地介绍大学生职业安全教育涉及的方方面面，包括职业安全的行业特点、相关职业安全技术、职业安全与实习安全、职业健康与职业病以及职业危害与常见事故处理等内容，旨在帮助在校高职学生养成良好的安全职业行为习惯，提高职业安全意识，掌握职业安全知识和防范技能，增强自我职业防范能力。

 思考与练习

（1）一个合格的高技能人才应当具备哪些能力？高职学生为什么要学习职业安全？

（2）什么是职业安全？

1.2 职业安全与事故概述

1.2.1 安全与事故的相关含义

（1）安全：从本质来讲，安全是预知活动各个领域里存在的固有危险和潜在危险，并且为消除这些危险的存在和状态而采取的各种方法、手段和行动。

（2）职业安全：指把职业活动过程中已知的风险控制在人们可接受的范围内。

（3）危险：指人们不希望出现的后果发生的可能性超过人们的接受程度。

（4）危险、有害因素：危险因素是指能对人造成伤亡或对物造成突发性损害的因素；有害因素是指能影响人的身体健康、导致疾病或对物造成慢性损害的因素。

（5）危险源：是导致事故发生的根源。它存在于生产、生活之中，如果控制不当，就会导致人身伤害或财产损失等人们不希望出现的后果产生。

（6）风险：是发生特定危险情况的可能性和后果的组合。

（7）事故隐患：指生产经营单位违反安全生产法律、法规、规章、标准、规程和安全生产管理制度的规定，或者因其他因素在生产经营活动中存在可能导致事故发生的物的危险状态、人的不安全行为和管理上的缺陷。

（8）事故：在生产经营活动中，由人的不安全行为或物的不安全状态突然引发，导致人员伤亡（包括急性中毒）或者造成财产损失的事件。

（9）工伤事故：又称劳动事故，有狭义、广义之分。狭义的工伤事故指职工在工作过程中发生的人身伤害和急性中毒事故，其本质特征是由于工作原因直接或间接造成的伤害和急性中毒事故；广义的工伤事故既包括一般伤害事故和急性中毒，又包括罹患职业病。

1.2.2 职业事故的特性

事故也如其他事物一样，具有自己的特性。只有了解事故的特性，才能预防事故，减少事故给我们带来的伤害和损失。职业事故同其他事故一样，具有以下几个基本特性：

（1）因果性。职业事故的发生总是有原因的，导致职业事故发生的各种原因之间存在一定的因果关系。

（2）偶然性和必然性。职业事故虽是一种随机现象，但其发生和后果往往都具有一定的偶然性和必然性。在某一条件下不会引发职业事故，而在另一条件下则会引发职业事故；同样类型的职业事故在不同的场合会导致完全不同的后果。从概率的角度讲，危险因素的不断重复出现，必然会导致职业事故的发生，任何侥幸心理都可能导致严重的后果。

（3）潜伏性。在职业事故尚未发生或造成损失之前，似乎一切处于"正常"，但这并不表示不会发生职业事故。相反，职业事故此时可能正处于孕育和生长状态。

（4）规律性。职业事故的发生虽具有随机性，但也是具有一定规律的。研究职业事故的规律性使人们预测职业事故的发生并通过采取预防措施预防和控制同类职业事故的发生成为可能。

（5）复杂性。导致职业事故发生的原因、各种原因对职业事故发生的影响等都是错综复杂的，职业事故本身就是一种复杂现象。

1.2.3 职业事故的类型

参照《企业职工伤亡事故分类》（GB 6441—1986），综合考虑起因物、引起事故的诱导性原因、致害物、伤害方式等，企业职工伤亡事故可分为以下 20 类。

（1）物体打击：指物体在重力或其他外力作用下产生运动，打击人体造成人身伤亡事故，如落物、滚石、锤击、碎裂、崩倒、砸伤等伤害，但不包括因爆炸引起的物体打击。

（2）车辆伤害：指本企业内机动车辆和提升运输设备引起的人身伤害事故，如机动车辆在行驶中发生的挤、压、撞、倾覆事故及车辆行驶中上、下车和提升运输中的伤害等。

（3）机械伤害：指机械设备运动（静止）部件、工具、加工件直接与人体接触引起的夹击、碰撞、剪切、卷入、绞、碾、割、刺等伤害，如机械零部件、工件飞出伤人，切屑伤人，人的肌体或身体被旋转机械卷入，脸、手或其他部位被刀具碰伤等。

（4）起重伤害：指各种起重作业（包括起重机安装、检修、使用、试验）中发生的挤压、坠落（吊具、吊重或吊臂）坠落、夹挤、物体打击、起重机倾翻、触电等事故，如在起重作业中，脱钩砸人、移动吊物撞人、钢丝绳断裂、安装或使用过程中倾覆事故以及起重设备本身有缺陷等。

（5）触电：由电流及其转换为其他形态的能量作用于人体，致使损伤和功能障碍，甚至死亡，如人体接触裸露的临时线或接触带电设备的金属外壳、触摸漏电的手持电动工具以及触电后坠落和雷击等事故。

（6）淹溺：指落水事故中发生的人体呼吸阻塞导致的急性缺氧而昏迷窒息、死亡等伤害，如船舶在运输航行、停泊作业和在水上，从事各种作业时发生的落水事故以及在水下施工作业发生的淹溺事故。

（7）灼烫：指生产过程中因火焰引起的烧伤、高温物体引起的烫伤、放射线引起的皮肤损伤，或强酸和强碱引起人体的烫伤、化学灼伤等伤害事故，但不包括电烧伤以及火灾事故引起的烧伤。

（8）火灾：指企业发生火灾事故及在扑救火灾过程中造成本企业职工或非本企业的人员伤亡事故。

（9）高处坠落：指在高处作业中发生坠落造成的伤亡事故，如从各种架子、平台、陡壁、梯子等高于地面位置的坠落或由地面踏空坠入坑洞、沟以及漏斗内的伤害事故。但是由于其他事故类别为诱发条件而发生的高处坠落，如高处作业时由于人体触电坠落，不属于高处坠落事故。

（10）坍塌：指建筑物、堆置物等倒塌和土石塌方引起的伤害事故，如因设计、施工不合理造成的倒塌以及土方、岩石发生的塌陷事故。但不包括由于矿山冒顶、片帮或因爆破引起的坍塌的伤害事故。

（11）冒顶片帮：指在矿山工作面、通道上部、侧壁由于支持不当、侧压力过大造成的坍塌伤害事故。顶板塌落为冒顶，侧壁坍塌为片帮。因二者一般同时发生而称为冒顶片帮。

（12）透水：指在地下开采或其他坑道作业时，意外水源造成的伤亡事故。如地下含水带或被淹坑道涌水造成的事故；或是矿井在建设和生产过程中，地面水和地下水通过裂隙、断层、塌陷区等各种通道涌入矿井，当矿井涌水超过正常排水能力时，就造成矿井水灾。

（13）放炮：指施工时放炮作业造成的伤亡事故，如各种爆破作业、采石、采矿、采煤、修路、开山、拆除建筑物等工程进行放炮作业引起的伤亡事故。

（14）瓦斯爆炸：指可燃性气体瓦斯、煤尘与空气混合形成了浓度达到爆炸极限的混合物，接触火源时引起的化学性爆炸事故。

（15）火药爆炸：指火药、炸药及其制品在生产、加工、运输、储存中发生的爆炸事故。

（16）锅炉爆炸：指固定或承压锅炉，由于锅炉缺水、水垢过多、压力过大等情况造成的物理性爆炸事故。一旦出现锅炉爆炸事故，对周围建筑、人员等损伤极大。

（17）容器爆炸：指承压容器在一定的压力载荷下引起的爆炸事故。如容器内盛装的蒸汽、液化气以及其他化学成分物质在一定条件下反应后导致的容器爆炸。压力容器内盛装的可燃性液化气，因为化学反应失控或环境温度过高等原因，使压力容器的工作压力超过了设计容许的压力，导致压力容器发生物理性破裂，这种破裂对作业环境和作业人员都会产生很大的危害，尤其压力容器溢散出大量高压液化气体立即蒸发，然后与周围的空气混合形成爆炸性气体混合物，其浓度达到一定范围时，遇到火源就会产生化学爆炸。

（18）其他爆炸：凡不属上述爆炸事故均列为其他爆炸事故。如可燃性气体（煤气、乙炔等）与空气混合形成的爆炸；可燃蒸汽与空气混合形成的爆炸性气体混合物（如汽油挥发）引起的爆炸；可燃性粉尘以及可燃性纤维与空气混合形成的爆炸性气体混合物引起的爆炸；间接形成的可燃气体与空气相混合，或者可燃蒸汽与空气相混合遇火源而爆炸的事故；炉膛爆炸、钢水包、亚麻粉尘的爆炸等均属于"其他爆炸"。

（19）中毒和窒息：中毒指人接触有毒物质、吃有毒食物、呼吸有毒气体引起的人体急性中毒事故，如煤气、油气、沥青、化学、一氧化碳中毒等；窒息指在坑道、深井、涵洞、管道、发酵池等通风不良处作业，由于缺氧造成的伤亡事故。

（20）其他伤害：除了上述以外的危险因素引起的伤害，如摔、扭、挫、擦、刺、割伤和非机动车碰撞、冻伤、钉子扎伤、野兽咬伤等。

1.2.4 职业安全相关术语

（1）违章指挥：生产经营单位具有一定生产指挥权力的人员，强迫从业人员违反国家法律、法规、规章制度或操作规程进行作业的行为。

（2）违章操作：从业人员不遵守规章制度，冒险进行作业的行为。

（3）职业病：指企业、事业单位和个体经济组织的劳动者在职业活动中，因接触粉尘、放射性物质或其他有毒、有害物质等因素而引起的疾病。

（4）职业禁忌证：指不宜从事某种作业的疾病或解剖、生理等状态因在该状态下接触某些职业性危害因素时导致原有疾病病情加重、诱发潜在的疾病、对某种职业性危害因素易感、影响子代健康等。

（5）特种设备：指涉及生命安全、危险性较大的锅炉、压力容器（含气瓶）、压力管道、电梯、起重机械、客运索道、大型游乐设施和场（厂）内专用机动车辆。

（6）特种作业与特种作业人员：特种作业是指容易发生人员伤亡事故，对操作者本人、他人及周围设施的安全有重大危害的作业。从事特种作业的人员统称为特种作业人员。

（7）劳动防护用品：指由生产经营单位为从业人员配备的，使其在劳动过程中免遭受或者减轻事故伤害及职业危害的个人防护装备。

（8）特种劳动防护用品：由国家认定的，在易发生伤害及职业危害的场合供职工穿戴或使用的劳动防护用品。

（9）突发事件：指突然发生，造成或者可能造成严重社会危害，需要采取应急处置措施予以应对的自然灾害、事故灾害、公共卫生事件和社会安全事件。按照社会危害程度、影响范围等因素，突发事件分为特别重大、重大、较大和一般四级。

 **思考与练习**

（1）什么是工伤事故？什么是突发事件？二者有何差别和联系？

（2）《企业职工伤亡事故分类》（GB 6441—1986）中将企业职工伤亡事故分为几类？请列举其中 5 类说明。

2 部分行业的职业安全

2.1 冶 金 行 业

冶金是从矿石中提取金属或金属化合物，用各种加工方法将金属制成具有一定性能的金属材料的过程和工艺。冶金工业可以分黑色冶金工业和有色冶金工业，黑色冶金主要包括铁、钢和铁合金（如铬铁、锰铁等）的生产，有色冶金包括其余所有各种金属的生产。

从事炼铁、炼钢、轧钢、铁合金生产作业活动和钢铁企业内与主工艺流程配套的辅助工艺环节的安全生产及其监督管理，适用《冶金企业安全生产监督管理规定》。本节以黑色冶金行业为主要介绍方向。

2.1.1 冶金行业的作业特点及事故基本情况

冶金行业的生产集矿石采选、烧结、焦化、制氧、炼铁、炼钢、轧钢等作业于一体，形成了相应的铁合金、耐火材料、炭素制品和地质勘探、工程设计、建筑施工、科学研究等部门构成的完整工业体系。其生产过程中所涉及的原料、中间产物、产品及催化剂和副产品，很多是有毒、易燃、易爆的。其生产过程具有高温、高压、生产管线长且复杂，立体交叉作业等特点。

2.1.1.1 作业特点

冶金企业生产的主要特点是企业规模庞大，生产工艺流程复杂，上下游工序关联度高、高温、高压、有毒有害及易燃易爆等危险因素、危险源多。生产人员众多，在安全生产管理上稍有疏忽，就会造成设备事故或者人员伤害事故。从金属矿石的开采到产品的最终加工，需要经过很多工序，其中一些主体工序的资源、能源消耗量很大。冶金行业在发展中，由于传统生产工艺技术发展的局限性，以及多年来以粗放生产为特征的经济增长方式，整体工艺技术和装备水平比较落后，人均生产效率较低，并且环境污染也较为严重。随着现代化经济的发展，冶金行业的作业安全概念已不再停留在原先某个车间的危险控制上。组成冶金行业系统的各子系统，规模、范围互不相同，危险的特性、特点亦不相同。

2.1.1.2 冶金企业事故的基本情况

冶金生产企业的伤亡事故主要有机械伤害、物体打击、车辆伤害、高处坠落、起重伤害、煤气中毒和灼伤等；职业危害主要有粉尘、焦炉遗散物、工业毒物、噪声、高温、局部振动和放射等。

冶金生产企业伤亡事故发生较多的生产工序为：辅助生产，约占伤亡事故总数的27.5%；炼铁，约占伤亡事故总数的7%；炼钢，约占伤亡事故总数的10.8%；轧钢，约占伤亡事故总数的21%；其他部门，约占伤亡事故总数的14.2%；矿山，约占伤亡事故总数的 8%。发生事故较少的生产工序为：供热、氧气、燃气、铁合金、供电，约占伤亡事故总数的 2%。

冶金生产企业发生事故较多的类别依次是：机械伤害和其他伤害，约各占事故总数的 18%；物体打击，约占事故总数的 16%；高处坠落，约占事故总数的 14%；起重伤害，约占事故总数的 11%；灼烫，约占事故总数的 10%；提升、车辆伤害，约占事故总数的 6%；触电，约占事故总数的 2%；中毒和窒息，约占事故总数的 2%；淹溺、火灾、坍塌、放炮、爆炸，约占事故总数的 3%。

冶金生产企业发生死亡和重伤事故的原因：主要是违反操作规程或违反劳动纪律，约占死亡人数和重伤人数的 60%；其次是对现场工作缺乏检查或指挥错误，约占死亡人数和重伤人数的 20%；除此之外，还有设备、设施、工具、附件有缺陷，生产场地环境不良，安全设施缺少或有缺陷，劳动组织不合理，教育培训不够、缺乏安全操作知识，技术和设计上有缺陷，劳动防护用品缺少或有缺陷，没有安全操作规程或规程有缺陷等因素。

据相关统计表明，伤亡原因中物的不安全状态占 25%，人的不安全状态占 75%。为了实现冶金企业安全生产，除了重视设备技术原因外，主要还是要以防止人的违章作业为主。

2.1.2　冶金生产中的主要事故类别与原因

2.1.2.1　采矿生产

在 2.4 节详细介绍。

2.1.2.2　选矿生产

在 2.4 节详细介绍。

2.1.2.3　焦化生产

焦化生产中存在的主要安全风险有：有毒有害及易燃易爆气体风险、粉尘风险、火灾爆炸风险、高温及噪声等。

事故类别主要有：火灾、爆炸、中毒、机械伤害及灼烫等。

根据钢铁企业焦化厂事故原因分析可知，易发生事故的主要工序有：焦化生产中的配煤作业、炼焦作业、化学产品回收作业。

（1）配煤作业的风险。

1）运输皮带造成的事故。皮带运输机是配煤作业时使用数量最多的设备。目前，绝大多数使用的皮带运输机是敞开式的，未加装防护罩。皮带运输机转动部件多，两侧人行通道狭窄，运送物料易散落，需要人工清扫。从相关统计数据来看，作业人员被皮带绞伤、绞死的事故中，绝大部分是在清扫皮带时发生的。

2）煤掩埋事故。这主要是由于一些老的储煤槽设计不合理所造成的。

（2）炼焦作业的危害。炼焦作业是焦化生产系统中风险最大且造成人身伤害事故最多的工序，人身安全事故大部分发生在焦炉的周围。其中，与拦焦车和装煤车有关的事故占炼焦作业总事故的 70% 左右。

焦炉是一个巨大的高温设备,焦炉内部温度一般都在1350℃左右,焦炉向四周散失的热量为生产所需热量的8%~12%。其中焦炉炉顶的操作条件最为恶劣,炭化室的装煤盖表面温度可达400~500℃。炉顶人员操作空间的温度高达55℃左右,极易造成中毒及灼烫事故。

(3) 焦化生产中化学产品回收作业的危害。从焦炉炭化室出来的荒煤气,是一种有毒、可燃、成分复杂、极易爆炸的混合气体。它离炉后经气液分离器和初凝器到煤气鼓风机这一段处于负压状态,设备和管道破损后吸入空气会造成人体中毒或爆炸危害。

自煤气鼓风机开始,各个化学产品回收过程基本上是处于正压状态,除泄漏外还有回收产品所造成的危害,如苯、甲苯、二甲苯的静电积聚引起的火灾和爆炸,焦油加工过程引起的爆炸和火灾。

化学产品的回收生产具有腐蚀性强、高温、高压特点,因而其设备及管道阀门等附件在运行中极易腐蚀、磨损,检修任务繁重。因检修而引起的事故,如氰化氢、硫酸氢中毒和生产硫酸铵的饱和器着火爆炸等时有发生。

2.1.2.4 烧结及球团生产

烧结及球团生产中存在的风险主要有:高温风险、高速机械转动风险、粉尘风险、有毒有害气体及物质流风险、作业环境复杂和高处作业风险等。

导致烧结及球团事故发生的原因主要有:设备设施缺陷、技术与工艺缺陷、作业环境差、防护装置缺陷、规章制度不完善和违章作业等。

事故类别为:高处坠落、物体打击、机械伤害、灼烫、触电、起重伤害、中毒及尘肺病等职业病。

(1) 原料准备作业。烧结及球团用料品种繁多、数量大,在备料过程中有很多的风险,例如铁精矿在寒冷地区的运输过程中,精矿冻结,给卸站带来困难,极易发生撞伤或摔伤事故;冻层较厚的矿车,必须送解冻室,解冻时则可能发生火灾或煤气中毒事故。

由于精矿含有一定的水分,黏性大、粒径小,在胶带运输中常发生机头、尾轮挂泥现象,使胶带发生跑偏、打滑等故障,人员在处理故障时易发生绞伤事故。

焦炭和煤等燃料,常用四辊破碎机破碎,若有较大的块焦、块煤、石块等混杂其中,会将漏斗闸门和漏嘴封堵,使给料不均,上辊不但不进料,还易磨损辊皮。人员在清理大块时经常会发生重大伤亡事故。

(2) 烧结机。按照烧结方式不同,烧结机可分为间隙式和连续式两大类。现在广泛采用的是连续式烧结机,此种烧结机由驱动装置、供烧结台车移动行轨和导轨、台车、装料装置、点火装置、抽风箱、密封装置等部分组成。

烧结机的主要事故风险有:

1) 没有机尾摆动架的烧结机,为了调整台机的热膨胀,在烧结机尾部弯道起始处与台车之间,工作状态时形成一定宽度的间隙。由于台车在断开处的撞击,促使台车端部损害变形,增加有害漏风,并增加人员更换台车的工作量,易导致人身安全事故的发生。

2) 由于烧结机体积大,使得与检修人员联系出现失误造成事故。相关统计表明,烧结机在风箱、机头、机尾等处往往易发生伤亡事故。

3) 由于台车在工作过程中既要经受200~500℃的温度变化,又要承受自重和烧结矿的重量以及由抽风负压造成的作用，易产生因热疲劳而损坏的"塌腰"现象；台车的连接螺栓也会出现断裂而使台车破损，人员在更换台车时，易发生人身伤害事故。

4）烧结机在检修过程中，要部分拆卸台车，若拆卸时未对回车道上的台车采取适当的安全措施，往往发生台车自动行走而导致人员伤亡的事故。

5）随着烧结机的长度增大，台车跑偏现象将更为突出，台车轮缘与钢轨的踏面干涉严重时会造成台车脱轨入风箱或台车的回车轨道。

2.1.2.5　高炉炼铁生产

炼铁生产工艺设备复杂、作业环境差、作业种类多、劳动强度大。炼铁生产过程中存在的主要危险源有：烟尘、噪声、高温辐射、铁水和熔渣喷溅与爆炸、高炉煤气中毒、高炉煤气燃烧爆炸、机具车辆伤害、煤粉爆炸、高处作业危险等。

根据相关事故数据统计，炼铁生产中的主要事故发生的次数排序（由高到低）分别为：灼烫、机具伤害、车辆伤害、物体打击、煤气中毒和各类爆炸等事故。此外，触电、高处坠落事故以及尘肺病、硅肺病和慢性一氧化碳中毒等职业病也经常发生。

导致事故发生的主要原因有人为原因、管理原因和物质原因三个方面。人为原因中主要是违章作业，其次是误操作和身体疲劳。管理原因中最主要的是不懂或不熟悉操作技术，劳动组织不合理；其次是现场缺乏检查指导、安全工程不健全以及技术和设计上的缺陷。物质原因中主要是设施工具缺陷、个体防护用品缺乏或缺陷；其次是防护保险装置有缺陷和作业环境条件差。

（1）高炉停炉操作。高炉停炉时主要存在煤气中毒事故风险、煤气爆炸事故和炉内崩料风险等（准确地确定回收煤气的时间，是安全顺行停炉的关键）。

（2）高炉日常变料风险。高炉原燃料性能、品种的改变以及生铁成分、风湿、喷吹量等参数的变化，必然引起炉内热制度和造渣制度的波动，从而影响高炉生产。当上述因素变动不大时，利用日常调剂即可维持正常冶炼。但当上述因素变动显著时，会存在炉内情况不稳定甚至失常的风险，严重的可能导致崩料和爆炸，影响正常的生产作业。因此，必须校正炉料、调整原料配比，以保证正常生产和获得要求的生铁。

（3）造渣制度失常风险。高炉渣应有良好的流动性、脱硫能力与合适的熔化温度，易于与铁分离。这些性能主要受炉渣成分，尤其碱度的影响。而碱度的高低主要取决于硫负荷大小以及对生铁质量的要求。铸造铁炉温高于炼钢铁，所以仅从脱硫考虑，在同样硫负荷条件下，冶炼铸造铁时炉渣碱度可低一些。造渣制度失常将会影响热制度、生铁质量和炉况的顺行，从而影响高炉产量，严重时会造成产量下降甚至停产。

（4）煤气分布失常风险。炉料性质、炉温、喷吹量和其他操作条件的改变，都将导致煤气流分布的变化，严重时会造成煤气分布的失常甚至造成煤气爆炸。

1）边缘气流过分发展风险。边缘气流过分发展、中心气流不足，最终形成中心堆积、炉温降低、炉缸堵塞、生铁含硫升高、焦比上升，严重时会造成中心崩料事故。造成边缘气流过分发展的原因有长期风量不足、鼓风动能小，长期使用发展边缘的装料制度，原料强度差、粉末多，常压改为高压操作时未相应增加风量等。

2）中心气流过分发展风险。中心气流过分发展风险则边缘气流不足，结果是边缘堆积，炉况失常，严重时引发煤气爆炸事故。造成中心气流过分发展的原因有鼓风动能过大、长期使用加重边缘的装料制度、经常使用高炉温高碱度渣操作。

3）管道及偏行风险。当高炉横截面上局部透气性特别好时，可能造成气流分布不均，局部气流特别发展后即成为周围堆积中心疏空的一根管道；而炉料在圆周某一方向急速下降则为偏行。如管道和偏行未得到及时制止，将随之出现崩料或悬料，造成炉况不稳定，产量下降，严重时会造成爆炸事故。

产生管道或偏行的原因是风量和料柱透气性不相适应或设备故障，如风量过大、各风口进风不均、炉料粉末多、炉渣黏稠、设备故障、布料装置缺陷、装料方法不当，结瘤等引起炉内布料和煤气分布不均。

（5）低料线、崩料和悬料风险。高炉冶炼过程失常，往往形成崩料、悬料，破坏顺行。而低料线的操作，也常常成为顺行破坏的重要原因。在日常生产中有时难以杜绝低料线、崩料及悬料，但只要处理及时，措施得当，也可以将损失减少到最低程度。

1）低料线风险。由于各种原因造成料线低于规定数值 0.5m 以上，成为低料线。

2）崩料。炉料下行停止或缓慢下行后突然崩落即为崩料。它有连续崩料和恶性崩料两种。恶性崩料易引发炉体爆炸。

在高炉上部、下部和在炉凉、炉热时发生的崩料，依次称为上崩、下崩和凉崩、热崩。其中下崩和凉崩时的崩料对炉况影响最大，危害最严重。

煤气流分布失常、炉缸热制度破坏、原料质量差、高炉行程调节的失误等，都可能崩料。崩料会破坏炉料的合理分布，引起煤气流失常、料柱透气性恶化、下部热量过量支出而炉凉，因此要及时处理。

3）悬料风险。高炉炉料停止下降，超过 1~2 批料时，即为悬料。如同崩料一样，高炉悬料可发生在上部、下部或炉热、炉凉时。其中以炉凉时悬料危害最大，严重的悬料不仅会减少产量，而且在其突然崩落时可以引发炉体爆炸。

悬料后冶炼强度必然降低，产量也降低，同时增加燃料消耗，危及生铁质量，尤其是炉凉时顽固悬料，处理有很大困难，给生产造成的损失更大，带来的安全隐患也更大，要竭力防止其发生。

（6）煤气爆炸风险。在高炉炼铁生产中主要使用的煤气是高炉煤气，此外也有使用部分焦炉煤气和天然气等的企业。有毒、易燃易爆是各种煤气的共性。炼铁厂是产生和使用煤气的大户，若在管理、使用、操作上稍有疏忽，发生问题，就可能造成煤气中毒、着火、爆炸事故，带来严重后果，危及人身和设备安全。

煤气爆炸实质上是在特定条件下突然发生的剧烈燃烧反应。在反应中温度急剧上升，体积骤然膨胀，产生极大压力，当其压力超过容器所能承受的压力时，容器则被炸毁或安全装置被炸开。煤气爆炸的破坏程度取决于爆炸时的压力，同时与容器的开孔多少有关。开孔多时，释放能量的面积大，破坏程度相应减轻。

煤气发生爆炸的条件是：

1）温度达到着火点以上或是被明火引燃。

2）空气和煤气在着火点以下混合，且混合比例达到爆炸范围。

只要同时具备以上条件，就必然发生煤气爆炸。高炉生产时在特殊操作和处理煤气过程中，很容易形成上述条件。所以国内各大钢铁企业，几乎都发生过煤气爆炸事故，只是爆炸强度及随之产生的破坏程度不同而已。

2.1.2.6　铁水及废钢预处理

（1）铁水预处理。

1）铁水运输线上或铁水罐运行和停车对位时容易发生铁路机车车辆伤害事故。

2）混铁炉出铁至铁水包时，如果作业区地面或受铁坑内有水时，易发生铁水喷溅，从而发生人员烫伤、灼伤事故。

3）起重机械钩挂较重铁水罐时，如果吊具未挂牢固，容易发生起重伤害。

4）混铁炉兑铁水过程中，容易发生铁水喷溅，从而发生人员烫伤、灼伤事故。

（2）废钢预处理。

1）废钢经常粘有油脂或润滑剂类型的污物，在预热过程中不完全燃烧会造成大气污染。

2）废钢加工处理过程中所用的切割、打包、切削压块、落锤破碎设备，若防护措施不当，容易造成机械伤害和物体打击伤害。

3）大块废钢的爆破容易造成爆炸和物体打击、飞溅伤害等事故。

2.1.2.7　炼钢生产

炼钢生产中高温作业线长，生产设备和作业种类多，起重作业和运输作业频繁。其中主要危险源有：高温辐射、钢水和熔渣喷溅与爆炸、氧枪回火燃烧爆炸、煤气中毒、车辆伤害、起重伤害、机械伤害、高处坠落伤害等。

炼钢生产的主要事故类别有：氧枪回火及钢水和熔渣喷溅等引起的灼烫和爆炸、起重伤害、车辆伤害、机具伤害、物体打击、高处坠落以及触电和煤气中毒事故。此外还有由于人为的违章作业和误操作、作业环境条件不良、设备有缺陷、操作技术不熟悉、作业现场缺乏督促检查和指导、安全规程不健全或执行不严格、人员操作技术不熟悉、个体防护措施和用品有缺陷等引起的事故。

2.1.2.8　轧钢生产

轧钢是由将钢锭或钢坯轧制成具有一定形状、尺寸和性能的钢材所需的一系列工序的组成。轧制的产品不同，生产工艺流程也不一样。

在轧钢生产过程中工艺、设备复杂，作业频繁，作业温度高，噪声和烟雾大。其主要危险源有：高温加热设备、高温物流、高速运转的机械设备、煤气和氧气等易燃易爆及有毒有害气体、有毒有害制剂、电气和液压设施、能源和起重运输设备以及作业、高温、噪声和烟雾影响等。

根据冶金行业综合统计，轧钢生产过程中的安全事故在整个冶金行业中较为严重，高于全行业的平均水平，事故的主要类别为：机械伤害、物体打击、起重伤害、灼烫、高处坠落、触电和爆炸等。

2.1.2.9　给排水系统

钢铁企业由于工厂规模大、厂区面积大、地形复杂，取水排水涉及面广，管网线路长，布局复杂，且管道建设年限跨度大，有的技术资料由于历史年代久远而缺失。排水设备、控制通信系统庞大复杂、给排水设备多，维护难度大，给排水材料种类多，管理复杂。加之钢铁行业本身的危险性，大大增加了给排水风险控制的难度。

钢铁企业中给排水系统面临的风险主要有：资料缺失、管道泄漏、管道泄漏引起的次生危害、暴风暴雨、窒息淹漏、雷击、地震及地面沉降、盗窃等。这些风险的存在，给工作人员和居民带来了不同程度的人身安全和生活安全的事故隐患。

2.1.2.10　氧气制备

氧气的制造涉及低温操作、高压操作以及高空作业，而且产品具有易燃易爆的特性以及部分产品属于有毒气体，因此极易致使设备毁坏或财产损失，以及由于中毒、坠落等造成人身伤亡。

氧气制造过程中面临的纯粹风险主要有：火灾爆炸风险高、设备损坏风险显著、生产易受自然条件影响等。

氧气制造是高风险作业，涉及低温操作、高空作业等难度大且危险系数高的工作，生产过程中涉及的气体具有易燃、易爆、有毒等特点。每个生产环节都有各自的危险源，稍微疏于防范，就极易发生危险事故，造成人身伤亡和财产损失。

其对于人身伤害的主要事故类别及原因有：

（1）冻伤。与常态的液体不同，氧气厂的产品有些是以低温液态的形式存放，若发生有毒气体的泄漏或浓度过高，可能导致操作人员的冻伤事故。若容器中液位过高，则容易产生液体飞溅冻伤。另外，化验人员为了检验液化空气、液化氧气中的乙炔含量，需要提取液态产品，也容易造成冻伤事故。

（2）中毒窒息伤害。作为氧气厂的产品，氮气和氩气虽然无毒，但是如果在密闭的空间里其浓度增大到某一程度，也可以导致人员缺氧而窒息。

（3）珠光砂喷砂掩埋伤害。珠光砂是保温隔热材料，充装在空分塔中，对减少塔内冷损失、保证机组的安全运行具有极其重要的作用。但是，当珠光砂内积聚了大量的低温液体，这些液体的突然汽化会造成箱内压力升高而喷砂。所以，珠光砂应保持干燥。

2.1.2.11　内部运输

钢铁企业内部运输的主要特点有：运距短、装卸次数多，调车作业频繁，运量大，品种多，高温、液态金属以及其他熔渣的运输量约占厂内运输量的一半，而且，厂内运输线路情况复杂，道口多，弯道多，曲率半径小，岔道多，视线差，噪声大，粉尘作业点多，人、车混流现象多，上、下班时人流密集等。根据相关事故统计，厂内运输车辆伤害事故占各类事故死亡率总数的20%。

同时，钢铁企业中的渣罐车、铁水车、铸锭车等特种车辆也较多。这些车辆载重量大、运行速度要求慢，有可能由于超速运行至曲线、岔道时，渣铁水溅出伤人或烧毁附近设施和建筑物。在高炉下作业时，牵引或推进特种车辆时如果突然受阻，将会导致车上的钢锭、模子、铁水等错位或倾倒，造成伤人、坏车、毁铁路等事故。

综上所述，冶金生产企业事故发生的原因，主要有设备设施、安全管理、人员操作三个方面的因素。

生产工艺的复杂性决定了危险因素的复杂性。冶金生产过程中既有生产工艺所决定的高热能、高势能危害，又有化工生产所具有的有毒、易燃、易爆问题，深度制冷及高温、高压问题，还有矿山作业、机械加工、建筑、运输生产中容易发生的机械伤害、起重伤害、中毒窒息、火灾爆炸等危险性。

生产设备设施的复杂性决定了生产的危险性。冶金生产过程中有矿山作业必需的各类爆炸、掘进、运输、提升、破碎、通风、选矿等设备；机械加工必需的各类机床和通用起重设施；基建作业必需的搅拌、碾压、浇灌设备和塔吊、升降机；焦化生产和制氧、制氢所必需的各类反应（分馏）塔、反应器、加热炉和储罐、储槽；还有钢铁生产特有的高炉、转炉、电炉、各类轧制设备、专用起重设备等。各种设备在生产、检修过程中，都存在不同程度的危险性。

冶金生产作业的自动化、机械化、半机械化与手工作业的并存与差异造成了其生产的危险性。冶金生产工程项目的建设，因历史时期不同，在设计、施工技术水平上存在差异；同时受到业主当时的经济状况及客观环境的影响，生产设备设施在本质安全化方面存在很大的差别。一般来说，20 世纪八九十年代建成投产的企业所使用的基本上是自动化、本质安全化水平较高的设备；但稍早期建成投产的大型冶金企业的生产设备，则是以机械化和半机械化为主；更早建成的地方中型骨干企业则是机械化、半机械化、手工操作并存。

生产过程对辅助系统的依赖程度高造成了生产危险性。钢铁生产是一个连续性生产的过程，不论从生产角度还是从安全角度考虑，其主体生产设备对辅助系统的依赖程度都很高。如突然停电，特别是较长时间停电，铁水、钢水可能在炉内凝固；蒸汽、氮气系统的压力过低，可能使煤气设备在生产及检修过程中发生事故；消防系统如果存在严重缺陷，可能因火灾预防不力或扑救失败而造成重大人员伤亡和财产损失。

近年来，冶金企业，尤其是大型冶金生产企业，在现代化安全管理、安全生产规章制度的制定与实施、安全生产责任制落实、安全教育培训、伤亡事故管理、"三同时"管理等方面开展了大量的工作，并取得了可喜的成绩。但由于市场经济及机构改革大潮的冲击，安全管理工作还存在着许多问题，如设备、设施安全装备水平下降，隐患较多；对生产过程中存在的危险因素尚未进行认真、系统的辨识；安全管理工作总体上还未跳出传统管理的框架；安全管理机构的设置和人员配置上还存在问题。

轨迹交叉事故模式认为，事故是由于人的不安全行为和物的不安全状态，在一定的空间和时间里相互交叉的结果。该模式揭示，事故的发生由三方面因素造成：人的不安全行为、物的不安全状态、管理因素（即空间和时间的调度）。环境条件和物的状况不良以及管理上的缺陷，可能形成生产中的事故隐患；由于人为原因的触发，就可能形成事故。简而言之，事故的发生主要是物的不安全状态（或称故障）、人的不安全行为（失误）两大因素共同作用的结果。

实际上，人的不安全行为和物的不安全状态互为因果。有时是设备的不安全状态导致人的不安全行为，而人的不安全行为又会促进设备不安全状态的发展，事故的发生往往不是简单的人与物两个系列轨迹交叉，而是呈现非常复杂的情况。例如在冶金生产过程中下列情况往往会引发事故的发生：

——光线不足或工作地点及通道布局不合理；

——设施、设备、工具、附件有缺陷；

——防护、保险、信号装置缺乏或有缺陷；

——劳动防护用品缺乏或有缺陷；

——违反操作规程或规章制度；

——技术上和设计上有缺陷；

——人员教育培训不够，不懂操作技术和知识；

——劳动组织不合理；

——没有安全操作规程或制度不健全；

——对现场工作缺乏检查或指导有错误等。

典型案例

2013 年 6 月，西宁市某钢铁公司高速线材作业区，在恢复生产供高炉煤气时，因煤气盲板阀锁紧装置未完全打开，在开启阀门时导致盲板阀门电动机烧毁。高速线材作业区副作业长和加热炉工段长两人在未做任何确认的情况下就擅自赶往现场处理，操作工也未严格按照要求关闭盲板阀前端的电动蝶阀，因而导致大量煤气泄漏，致使设备副作业长和加热炉工段长两人在现场中毒昏倒。在随后的救援过程中，救援人员也因未正确佩戴防护装备就多人多次盲目地进入现场进行施救。结果导致多人中毒受伤且未能及时救出两名当事人，致使两人在高浓度煤气环境中耽搁了 45 分钟而中毒死亡，17 人受伤。

 思考与练习

（1）冶金行业作业的主要特点是什么？

（2）冶金生产企业事故发生的原因主要有哪几方面？

2.2 建 筑 行 业

2.2.1 建筑行业的作业特点

建筑行业作业特点由建筑施工行业特点所决定，主要表现为以下三点：

（1）产品固定，人员流动。建筑施工最大的特点就是产品固定，人员流动。任何一栋建筑物（构筑物）一经选定了地址，开始破土动工兴建，它就固定不动了，但众多的生产人员要围绕着它上上下下地进行生产活动。建筑产品体积大、生产周期长，有的持续几个月或一年，有的需要三五年或更长的时间。这就形成了在有限的场地上集中了大量的操作人员、施工机具、建筑材料等进行作业的特点，这与其他产业的人员固定、产品流动的生产特点截然不同。

建筑施工人员流动性大，不仅体现在一项工程中。当一座厂房、一栋楼房建设完成后，施工队伍就要转移到新的地点去建设新的厂房或住宅。这些新的工程可能在同一个街区，也可能在不同的街区，甚至可能是在另一个城市内，因此施工队伍就要相应在街区、城市内或者地区间频繁流动。在现代化生产建设中，由于用工制度的改革，施工队伍中绝大多数施工人员是外来务工人员，他们不但要随工程流动，而且还要根据季节的变化进行流动，这就给建筑施工安全管理带来很大的困难。

（2）露天高处作业，手工操作多，体力劳动繁重。建筑施工绝大多数是露天作业。一栋建筑物从基础、主体结构、屋面工程到室外装修等，露天作业约占整个工程的70%。建筑物都是由低到高构建起来的，以民用住宅每层高2.9m计算，两层就是5.8m，现在一般都是七层以上，甚至是十几层、几十层的住宅，更不用说是一些商业建筑。绝大多数施工人员都要在十几米、几十米甚至几百米以上的高空从事露天作业，工作条件差、危险程度较高。

如今，我国建筑业虽然有了很大发展，但至今大多数工种的工作方式仍然没有改变，如抹灰工、瓦工、混凝土工、架子工等仍然以手工操作为主。劳动繁重，体力消耗大，加上作业环境恶劣，如光线、雪雨、风霜、雷电等影响，容易导致操作人员注意力不集中或心情烦躁，在建筑施工作业过程中的违章操作现象十分普遍。

（3）建筑施工变化大，规则性差，不安全因素随工程形象变化而改变。由于每栋建筑物用途不同、结构不同，不安全因素也不同；即使同样类型的建筑物，因工艺和施工方法不同，不安全因素也不同；即使在一栋建筑物中，从基础、主体到装修，每道工序不同，不安全因素也不相同；即使同一道工序，由于工艺和施工方法不同，不安全因素也不相同。因此建筑施工变化大，规则性差。施工现场的不安全因素会随着工程形象进度的变化而不断变化，每个月、每天甚至每个小时都在变化，这给建筑施工作业的安全管理和防护带来诸多困难。

从上述特点可以看出，建筑施工安全必须随着工程进度的变化发展，在施工现场及时调整和补充各项防护设施，才能消除隐患以保证安全。

2.2.2 建筑施工的作业风险

（1）作业风险的全周期性。建筑工程项目从投资决策开始，风险就相伴而生了。虽然在建筑决策和设计阶段还没有真正大规模物资投入，但是由于设计理念的差异、不经意或是错误的评价和估计，形成的不当或者错误，也会对项目本身造成极大的、甚至致命的威胁。

建筑工程项目进入施工阶段后，面临的风险性质发生了变化。大量的人员、设备和物资进入施工现场，规模和范围已经确定，风险造成的损失更加具体和易于评估。但是施工阶段面临的风险因素是最为纷繁复杂的，这些因素可能来自社会环境，也可能来自自然条件；可能是经济层面，也可能是技术层面；可能是物质因素，也可能是精神因素。同时，建筑工程项目自身的各种差异性又会影响同一风险因素造成的损失后果。从损失的后果来看，有可能是财产的损失，有可能是人身的伤亡，还有可能是法律赔偿责任等。

工程项目进入试运行阶段，所面临的风险又有所不同。相对于施工建造阶段和正常运营维护阶段，试运行阶段更接近于后者，风险程度也更高。这些风险因素更多地来自于生产组织和工艺本身，还有一部分来自于设计的缺陷或施工质量。风险的不确定性和客观性注定了风险在建筑施工项目全周期的每个阶段都会存在。"风险无处不在"就是这个道理。

（2）作业的动态变化。对于建筑工程项目来说，作业风险的不确定性和损失性是不断变化的。从施工项目的决策阶段到设计阶段、施工阶段及运行阶段，风险的不确定性会越来越小，但风险的损失性却随之不断增加。

同时，工程项目本身就是一个动态变化的标本。对于这个标本来说，具体的风险因素发生概率和损失概率都在变化。例如：不同季节内同一自然条件下作业风险因素的发生概率变化会很大；同一工程项目，在地基基坑施工阶段，暴雨对其造成的损失概率会很大，但是封顶以后，暴雨造成损失的概率将变小。

（3）露天作业。建筑施工行业大多数是露天作业。众所周知，露天条件相对于处于遮蔽设施之下的作业风险要大，特别是来自自然条件的风险因素，如气温、风、雨、雪、雷电等。对于露天作业，不当使物的致损率高，对于作业工程中人身的伤害事故风险也高。

（4）地域差异。地域差异是地球不同空间内在的自然、经济、人文、社会等诸方面差别的综合反映，包括自然资源、地理位置、自然条件等方面的差别，经济、社会条件等方面的差别，科技水平、文化背景等方面的差别。

地域不同则自然条件和资源不同，人力、设备和材料的组织、措施不同；外部社会条件和周边环境的差异造成外来的社会风险因素不同，作业风险也有所差异。地域的差异同时也表现在生活习惯的差异、差异性的施工技术，逐渐形成的作业习惯差异。

（5）关系复杂。工程项目的建造过程其实也是产品的生产工程，其特点在于产品是单体的、大宗的、固定的。在一个固定的区域，按照时间要求完成工程项目的建造，势必需要方方面面的动用和努力。

现在我国相当规模的建筑施工项目参建方一般都有业主、设计单位、勘探单位、施工单位、监理单位等。有的项目还会包括有咨询管理单位、各种专业分包单位、劳务分包单位、材料供应单位、技术支持单位、政府监管部门等。所有这些独立利益方都围绕项目进行运作，参建方数量越多，发生意外事故和责任事故风险的概率也越大。

2.2.3 建筑施工主要事故类别与原因

从建筑物的建造过程以及建筑施工的特点可以看出，施工现场的操作人员随着从基础—主体—屋面等分项工程的施工，要从地面到地下，再回到地面，再上到高空，经常处在露天、高处和交叉作业的环境中。

建筑施工的伤亡事故主要有高处坠落、物体打击、触电和机械伤害四类。这四个类别的伤亡事故多年来一直居高不下，被称为"四大伤害"。随着建筑物的高度从高层到超高层，其地下室亦从地下一层到地下二层或地下三层，土方坍塌事故增多，特别是在城市里的拆除工程。因此，在"四大伤害"的基础上又增加了坍塌事故。

建筑行业的作业风险多种多样、纷繁复杂，其主要事故、原因与风险主要有以下几种：

（1）自然事故。

1）洪水。风险造成事故损害程度的大小取决于事故发生概率和发生后造成的损失大小。综合两个条件分析，在所有自然风险中，洪水对于工程建设来说是致损性很高的一种。随着现在环境的污染和自然条件的恶化，洪水发生的概率正在升高，造成的事故损失也在增大。

2）暴雨。在我国，暴雨有一定的区域性，但绝大部分省市都有发生。暴雨具有明显的季节性，对于跨年度工期的建筑工程来说，遭受暴雨事故的概率较大。暴雨极易引发山洪，而且造成雨水不能及时外排，导致财产损失或人员伤害的事故。

3）暴风。暴风对建筑施工中一些临时性、措施性的项目或工序容易造成事故，如高空作业、起重作业等。同时，暴风还容易引发高空坠落、物体打击、设备倾覆等安全事故，在建筑施工作业中应引起足够的重视。

4）地震。地震属于巨灾，能造成不同程度损失的人身和财产安全事故。

5）雷击。雷击对参与工程施工建设的人员和机具设备致损性较高，特别容易引发高空作业和接近引雷物体的人员以及机电设备的安全事故。

在建筑工程项目管理及施工过程中，加强防雷安全知识的教育普及和完善防雷设施的建设尤为重要。

6）雪灾。雪灾对施工建设的项目来说，致损性不明显，但会造成成本增加、工期延误等损失。

7）雹灾。冰雹对建筑施工项目的影响不大，但是因为工地上工程一般是露天作业，冰雹会迫使施工作业中断，造成一定的间接损失。冰雹偶尔也会造成人员伤亡事故。还有冰雹发生时，建筑施工人员的紧急避险行为也可能引发其他间接伤害或损失。

8）温度和湿度。相对于其他自然风险，温度和湿度并不是一种激烈的、突发的风险因素，但是对建筑工程来说，温度和湿度的影响并不因此而减小，甚至人身不能明显感知的一些温度、湿度变化就能给工程施工带来损失。

9）其他生物。生物一般不会对建筑施工的项目造成损害，但是作业人员、建筑材料和生产设备在一些环境条件下容易受到生物的侵袭。

（2）意外事故。

1）火灾。在建筑施工作业过程中，社会风险因素导致的事故发生率远远高于自然风险因素导致的事故发生率，其中火灾对工程项目的致损性最高。据相关统计，在建筑火灾中，施工工地火灾占一半以上。

建筑工地火灾的发生有一定必然性，因为在施工过程中有较多的动火作业，包括电焊、氧气切割、保温材料烧制、防水施工等。其中电气原因引发的火灾比例极高。客观上，工程施工需要大量的用电设备，现场往往布设大量的各级电闸箱和临时电缆，这些设施处于露天环境条件下，经常被挪动和触碰，特别容易造成短路或虚接而引发火灾。另外，施工作业人员生活用电也是引发火灾的重要原因。在施工现场，往往宿舍内人员用电、用火、用气混乱的现象非常突出，电线乱接乱拉，有的把电线拉到床头、插座放在床上、灯泡周围有可燃易燃物品等；还有使用"热得快"电热棒、电炉甚至液化气瓶在宿舍内烧水做饭等。同时，建筑工地一般会存放大量的木材、卷材、燃料、溶剂等可燃易燃物资，一旦发生火灾，极易造成群死群伤的安全事故。

2）爆炸。在建筑施工工地上爆炸事故也是时有发生，特别是地下工程施工项目的爆炸风险较高。钻爆法施工的地下工程存在很多诱发爆炸发生的因素，如火工产品的存放、临时搁置、爆破、哑炮、高压风管、瓦斯、空压机等，都可能引发多种多样的物理性或者化学性爆炸事故。

此外，还有电气设备发生短路、工人乱扔烟头引燃易爆气体也是造成爆炸事故的主要原因。

3）地面下陷、不均匀沉降。建筑工程项目发生的地面下陷与不均匀沉降，有可能是由与地质情况有关的自然原因引发，但这往往与工程施工作业本身息息相关。

地面沉陷的自然因素有岩溶洞穴、地下水位变化、湿陷性黄土、振动波等；人为因素包括地下工程支护不足、土压平衡盾构施工土压力控制不当、桩基施工、降水工程等。在我国，岩土力学的研究与实际应用的结合尚有不足，在地下工程实施和大型坑基、深桩基施工作业过程中，很多围护措施更多的是利用经验，分析试验做得较少。至今，在很多城市的地铁施工作业中都或多或少出现地面塌陷的事件。

地面不均匀沉降往往是由于堆填土地基施工质量差、需要换填处理的地基施工质量差、对地基承载力的勘探与计算错误或者失误等因素造成。在建筑施工过程中发生不均匀沉降会对整体基础、刚性节点连接的建筑物结构造成极大损伤。

4）高空坠落。随着现代高大建筑物、构筑物增多，作业人员高空作业和垂直运输开始增多，这成为高空坠落事故发生的现实基础。高空坠落导致人身伤亡事故往往与人对安全的漠视和侥幸心理密不可分。

此外，防护和保险信号等装置缺乏或有缺陷、违反操作规程或劳动纪律、个人防护用品缺乏或有缺陷、作业人员不懂操作技术、设备与工具及附件有缺陷、劳动组织不合理、对现场检查或指导有错误等都容易造成高空坠落事故。

5）机械、物体打击。在建筑施工作业中需要大量的动力设备和上下交叉作业，存在机械、物体打击风险，导致人身伤害。从事建筑工程施工多年的人员，大多都有受伤的记录，其中很大一部分就是由于机械打击或者物体打击造成的。

6）坍塌。建筑施工作业的坍塌事故往往是由于支撑不足而导致的。对于新建工程项目来说，更应该注意的是脚手架等措施项目的防治。

7）设备故障。现代建筑施工作业的施工机械化程度越来越高，工程质量和进度的控制对于机械设备的依赖性也在增加。设备故障往往会造成工程进度延误、引发安全事故等损失。

8）误操作。施工作业人员业务素质不高、精神不集中和心理状态不好都会造成误操作而引发安全事故。在我国，由于施建人员水平良莠不齐，建筑施工工地人员误操作而引发的各类安全事故时有发生。

（3）其他风险。在所有的建筑施工作业过程中，除了上述主要事故及其风险外，还有如招投标、设计缺陷、分包、转包、管理组织、材料质量、劳资纠纷以及社会政治、经济、责任等风险存在而引发的各类安全事故。

❧❧❧❧❧❧❧❧❧❧❧❧❧❧❧❧❧❧❧❧❧❧❧❧❧❧❧❧❧❧❧❧❧❧❧❧

典型案例

2014年1月，某市商业广场建筑施工作业现场，施工维保人员对仓库顶部的电葫芦进行更换作业。早上8：10参加更换作业的高某和刘某二人接受了现场作业管理监督人员对他们进行的安全教育，并签办了《高空作业证》。之后，高某和刘某二人便按照要求系上安全带爬到仓库顶部对电葫芦进行拆除作业。就在二人将电葫芦拆除后，准备下到地面上提吊新的电葫芦进行安装时，刘某从脚手架下来时不慎踩空从 8m 高处跌落到地面物料堆上。后经医生诊断刘某为椎骨压缩性骨折。

思考与练习

(1) 建筑行业的作业特点是什么？
(2) 建筑施工的风险有哪些？
(3) 在建筑行业中有哪些自然事故和意外事故？

2.3 交通运输行业

交通运输业是指使用运输工具将货物或者旅客送达目的地，使其空间位置得到转移的活动。交通运输业包括陆路运输、水路运输、航空运输、管道运输和装卸搬运 5 大类。

2.3.1 铁路运输

铁路是社会经济发展的重要载体之一。在铁路运输生产过程中，保证旅客的生命财产不受损伤，保持货物的完整无缺是铁路运输服务的一项重要质量指标。铁路运输的安全，直接与社会、人民的生命财产安全息息相关。

铁路机车车辆在运行过程中发生冲突、脱轨、火灾、爆炸等影响铁路正常行车的事故，或者铁路机车车辆在运行过程中与行人、机动车、非机动车、牲畜及其他障碍物相撞的事故，甚至是因为管理操作不当而导致的严重晚点情况等，均称为铁路交通事故。

铁道车辆按用途分为客车、货车及特种用途车。铁路运输主要事故类型有行车事故、客运事故、货运事故和路外伤亡事故 4 类。但是按照我国铁路交通事故的统计惯例，铁路运输交通事故包括路外伤亡事故、铁路旅客伤亡事故和铁路职工责任伤亡事故 3 大类。事故诱因主要为调度不当、弯道超速、地质灾害、设备失灵、零件老化、违规施工、违规操作、二次事故、危险物品、恶劣天气等。

2.3.1.1 机车车辆冲突脱轨事故

(1) 机车车辆冲突事故。机车车辆冲突事故的原因主要有车务和机务两方面。

车务方面主要是作业人员向占用线接入列车、向占用区间发出列车、停留车辆未采取防溜措施导致车辆溜逸、违章调车作业等。

机务方面主要是机车乘务员运行中擅自关闭"三项设备"盲目行车、作业中不认真确认信号盲目行车、区间非正常停车后再开时不按规定行车、停留机车不采取防溜措施、列车运行及调车作业不按规定速度行车等。

（2）机车车辆脱轨事故。机车车辆配件脱落，机车车辆走行部构件、轮对等限度超标，线路及道岔限度超标，线路断轨、胀轨，车辆装载货物偏载或坠落，线路上有异物侵限等是导致机车车辆脱轨事故的主要原因。

2.3.1.2 机车车辆伤害事故

机车车辆伤害事故有作业人员机车车辆撞、轧、挤、压、惯性伤害等事故。这类事故主要是由于作业人员安全思想不牢，违章抢道，走道心、钻车底；自我保护意识不强，违章跳车、爬车，以车代步，盲目图快，避让不及，下道不及时；作业防护不到位，作业中不加保护措施，线上作业不设防护，或防护不到位等原因造成。

2.3.1.3 电气化铁路接触网触电伤害事故

此类事故主要是由于作业人员安全意识不牢，作业中违章上车顶或超出安全距离接近带电部位；接触网网下作业时带电违章作业；接触网检修作业中安全防护不到位，不按规定加装地线，或作业防护、绝缘工具失效；电力机车错误进入停电检修作业区等原因造成。

2.3.1.4 营业线施工事故的主要隐患

营业线施工过程中，施工组织缺乏安全预思思维和防范措施，施工安全责任制不落实，施工人员缺乏资质；施工前准备工作超前，施工中安全防护不到位，施工后线路开通条件不具备，盲目放行列车；施工监理不严格，施工质量把关不严，施工监护不落实等引发施工事故。

2.3.2 公路运输

随着我国经济的发展和产业政策的逐步调整，公路运输以其小批量、快速、"门到门"运输的优势，在高价值、高时效的区域内及区域间货物运输中占有重要地位。

2.3.2.1 公路运输的四要素

（1）人：包括驾驶员、行人、乘客及居民。
（2）车：包括客车、货车、非机动车等。
（3）路：包括公路、城市道路、出入口道路及其相关设施。
（4）环境：路外的景观、管理设施和气候条件等。

在四要素中，路和车的因素必须通过人才能起作用，驾驶员是环境的理解者和指令的发出和操作者，是公路运输系统的核心。四要素的协调运动是实现道路交通系统安全运行的可靠基础。

2.3.2.2 公路交通安全设施

交通安全设施对于保障道路行车安全、减少潜在事故起着至关重要的作用。良好的道路交通安全设施系统应具有交通管理、安全防护、交通诱导、隔离封闭、防止眩光等多种功能。一般来说，道路交通安全设施包括交通标志、路面标线、护栏、隔离栅、照明设备、视线诱导标和防眩设施等。

（1）交通标志。道路交通标志有指示标志、警告标志、禁令标志、指路标志、旅游标志、道路施工标志、辅助标志等。

（2）路面标线。路面标线有禁止标线、指示标线、警告标线，是直接在路面上用漆类喷刷或用瓷砖、混凝土预制块等铺列成的线条、符号，与道路标志配合的交通管制设施。路面标线种类较多，有行车道中线、停车线竖面标线、路缘石标线等。标线有连续线、间断线、箭头指示线等，多使用白色或黄色漆。

（3）护栏。护栏按照按地点的不同可分路侧护栏、中央隔离护栏、特殊地点护栏三种；按照刚度的不同可分为柔性护栏、半刚性护栏和刚性护栏三类。公路上的安全护栏既要起到阻止车辆越出路外，防止车辆穿越中央分隔带闯入对向车道的作用，同时又要具备诱导驾驶视线的功能。

（4）隔离栅。隔离栅是阻止人畜进入高速公路的基础设施之一，它使高速公路得以实现全封闭，能够有效地排除横向干扰，避免由此产生的交通延误或交通事故，保障高速公路效益的发挥。隔离栅按其使用材料的不同，可分为金属网、钢板网、刺铁丝和常青绿篱几大类。

（5）照明设备。道路照明主要是为保证夜间交通的安全与畅通，大致分为连续照明、局部照明及隧道照明几种。

（6）视线诱导标。视线诱导标一般沿车道两侧设置，具有明示道路线形、诱导驾驶员视线等用途。

（7）防眩设施。防眩设施的用途是遮挡对向车前照灯的眩光，分防眩网和防眩板两种。

2.3.2.3 公路交通安全事故

公路交通安全事故按事故形态分为侧面相撞、正面相撞、尾随相撞、对向刮擦、同向刮擦、撞固定物、翻车、碾压、坠车、失火和其他 11 种；按事故原因分为机动车、机动车驾驶员、非机动车驾驶员、行人与乘车人、道路和其他六大类；按事故严重程度分为特大事故、重大事故、一般事故和轻微事故四类。

2.3.3 水路运输

我国有广阔的海上水域和广大的内陆水域。水路运输业的安全风险高，一旦发生安全事故，不仅可能造成重大的人身伤亡，而且还会给社会、经济和环境带来巨大的损失。

水运交通事故是指船舶、浮动设施在海洋、沿海水域和内河通航水域发生的交通事故。水运交通事故的概念源于"海事"的概念，有广义和狭义之分。广义的海事泛指航海、造船、海上事故、海上运输等所有与海有关的事务；狭义的海事意指"海上事故"或"海上意外事故"，如碰撞、搁浅、进水、沉没、倾覆、船体损坏、火灾、爆炸、主机损坏、货物损坏、船员伤亡、海洋污染等。

据《水上交通事故统计办法》（中华人民共和国交通运输部令 2014 年第 15 号），水路运输事故主要有以下几类：

（1）碰撞事故。碰撞事故指两艘以上船舶之间发生撞击造成损害的事故。碰撞事故能造成人员伤亡、船舶受损、船舶沉没等后果。

（2）搁浅事故。搁浅事故指船舶搁置在浅滩上，造成停航或损害的事故。搁浅事故的等级按照搁浅造成的停航时间确定。

（3）触礁事故。触礁事故指船舶触碰礁石或者搁置在礁石上造成损害的事故。

（4）触损事故。触损事故指触碰岸壁、码头、航标、桥墩、浮动设施、钻井平台等水上水下建筑物或者沉船、沉物、木桩渔棚等碍航物并造成损害的事故。触损事故可能造成船舶本身和岸壁、码头、航标、桥墩、浮动设施、钻井平台等水上水下建筑物的损失。

（5）浪损事故。浪损事故指船舶因其他船舶兴波冲击造成损害的事故。

（6）火灾、爆炸事故。火灾、爆炸事故指船舶因自然或人为因素致使船舶失火或爆炸造成损害的事故。同样，火灾、爆炸事故可能造成重大人员伤亡、船舶损失等。

（7）风灾事故。风灾事故指船舶遭受较强风暴袭击造成损失的事故。

（8）自沉事故。自沉事故指船舶因超载、积载或装载不当、操作不当、船体漏水等原因或者不明原因造成船舶沉没、倾覆、全损的事故。但其他事故造成的船舶沉没不属于"自沉事故"。

（9）其他引起人员伤亡、直接经济损失的水运交通事故。例如，船舶因外来原因使舱内进水、失去浮力，导致船舶沉没；船舶因外来原因造成严重损害，推定船舶全损；由于船舶机务事故导致水运交通事故等。

但是，船舶污染事故（非因交通事故引起）、船员工伤、船员或旅客失足落水以及船员或旅客自杀或他杀事故不作为水运交通事故。

2.3.4 航空运输

航空运输可以适应人们在长距离旅行时对时间、舒适性的要求以及快速货物运输需求。目前，我国的民航运输处于高速发展时期，除了客货运量逐年增长外，民航机场、民用飞机等均保持较高的发展速度。影响民航运输安全的主要因素有：

（1）人员因素。人员是影响民航安全的关键因素，包括飞行人员和乘机旅客。到目前为止，人员因素仍是发生民航事故的主要因素。

1）飞行人员。飞行人员即航空人员，分空勤人员和地面人员。空勤人员包括驾驶员、领航员、飞行机械员、飞行通信员、乘务员、空中安全员；地面人员包括民用航空器维修人员、空中交通管制员、飞行签派员、航空电台通信员。

驾驶员即机长，与飞行安全的关系最密切也最复杂，负有保证飞机和乘机人员生命、财产安全的法律责任。对他们的任职资格、训练、身体及飞行值勤都有一系列的法规。

客舱乘务员的主要职责是维护客舱安全，有效防止机内犯罪活动，保护乘客的生命和财产安全。一旦航空器发生事故，客舱乘务员要能及时疏导旅客安全撤离飞机，将事故的损失控制到最低程度。

空中安全员（空中警察）的主要职责是实现空防安全、有效制服机上犯罪、防范非法干扰。

2）乘机旅客。乘机旅客对民航安全的影响不容忽视。如果乘机旅客具有较高的安全意识、遵守乘机规章制度、发生危机时有较强的自救能力，则有助于保障民航运输的安全；反之，则会给民航安全带来不利影响。

（2）设备因素。

1）航空器。航空器只有拥有完善设计、优质制造和有效维修并符合国家适航标准才能保证民用航空活动安全、正常地运行。

2）空港。空港由飞行区、候机楼区、地面运输区 3 部分组成，其中飞行区（机场）是航空器起飞和着陆的专用陆地或特定水域，通常设有跑道、滑行道、停机坪等专用建筑。70% 的航空事故发生在飞机起飞和降落的时候，发生地点都在空港附近。跑道道面强度不够、道面打滑、跑道道肩承重不足、净空障碍物等均能导致事故发生。因此，机场只有具备法定条件，并取得使用许可证后方可对适当机型开放使用。

（3）管理因素。民航主管部门以及航空公司的管理工作也对民航安全起着重要的作用。

2.3.5 管道运输

管道运输是一种较为特殊的运输方式，目前我国采用管道运输的主要是石油和天然气。管道运输所涉及货物品类较少且较单一，因此，其在综合运输系统中的影响力小一些。但其由于安全性、稳定性较高，运输成本较低，而且占用土地较少，对环境基本不造成污染，因此，是今后许多输送量较大的气体、液体物的较佳输送方式。

2.3.5.1 管道运输的概念

管道运输是指用加压设施加压流体（液体或气体）或流体与固体混合物，通过管道输送到使用地点的输送系统。管道运输作为一种长距离输送液体和气体物资的运输方式，是一种专门借助管道送气体、液体、固体的运输技术。

2.3.5.2 管道运输安全事故类型

常见的管道运输安全事故主要有管道强度不足造成破坏事故、管道腐蚀穿孔事故、凝管事故、设备事故、自然灾害、违规事故等几类。

当输送管道发生穿孔、破裂、蜡堵、凝管或其他事故时，都可能伴随出现跑油或火灾事故，其后果是很惨重的。例如，管道穿孔、破裂跑油，则会使农田、河流、湖泊等受到污染。此外，工作中操作人员的粗心大意或违反操作规程，也极易发生火灾、爆炸或中毒等安全事故。

2.3.6 起重运输

起重作业是现代工业企业中实现生产过程机械化、自动化、减轻繁重体力劳动、提高劳动生产率的重要手段。

每一种起重机械由于用途不同，在构造上存在很大差异，但都具有实现升降这一基本动作的起升机构。有些起重机械还具有运行机构、变幅机构、回转机构或其他专用的工作机构。物料可以由钢丝绳或起重链条等挠性件吊挂着升降，也可由螺杆或其他刚性件顶举。

2.3.6.1 起重机械的类型

一般来说，起重机械可分为三类：

（1）轻小型起重设备。轻小型起重设备包括千斤顶、滑车、葫芦、卷扬机、桅杆、龙门架、简易缆索起重（走线滑轮）等，多被用于所谓"土法吊"的作业中。这类设备不但制造容易，安装、搬运方便，而且不像其他起重设备那样受电源限制（可用绞磨作为动力源），还能安装外形尺寸特大、重量特重的特殊构件（如大型网架结构）。因此，即使在各种先进建筑起重设备日益发展的今天，这类设备仍不失其存在的价值。

常见千斤顶按其构造及工作原理，可分为齿条式、螺旋式和油压式三种；葫芦一般分为手拉葫芦、手扳葫芦和电动葫芦三大类；卷扬机又称绞车，可用以提升或牵引设备，它既可以单独使用，也可以安装在其他起重机械上作为动力，应用十分广泛。

轻小型起重设备结构简单，但是安全性能较差，许多动作都是靠人操作，因而需要特别注意安全问题。

（2）起重机。常见的起重机有桥式起重机、门座式起重机、塔式起重机、流动式起重机等。

1）桥式起重机。桥式起重机的外观像一条金属的桥梁，所以称为桥式起重机，俗称"天车""行车"，被广泛用于车间、仓库或露天场地。

随着工业技术的不断发展，桥式起重机的种类越来越多。根据使用吊具不同，它可分为吊钩式起重机、抓斗式起重机、电磁吸盘式起重机。根据用途不同，它可分为通用桥式起重机、冶金专用桥式起重机、水电站用桥式起重机、大起升高度桥式起重机等。按主梁机构形式，它可分为箱型结构桥式起重机、桁架结构桥式起重机、管型结构桥式起重机。此外还有由型钢（工字钢）和钢板制成的简单截面梁的起重机，称为梁式起重机，这种起重机多采用电动葫芦作为起重小车。

2）门座式起重机。门座式起重机形像一座门，是一种典型的旋回转臂架类型有轨运行式起重机，广泛用于港口、码头的货物装卸，造船厂的施工和安装及大型水电站的建设工程中。在门形机座的下面可以通过火车。按照一般按用途进行分类，门座起重机有港口通用门座起重机、带斗门座起重机、集装箱门座起重机、船厂门座起重机、电站门座起重机几种。

3）塔式起重机。塔式起重机的起重高度一般为40～60m，最大的甚至超过200m，一般可在20～30m的旋转半径范围内吊运构件和工作物。塔式起重机是一种起重臂设置在塔身顶部的、可回转的臂式起重机，在建筑施工、工程建设、港口装卸等部门都有着广泛的应用，特别是在工业与民用建筑施工中，更是一种不可缺少的建筑施工机械。它可以安装在靠近建筑物的地方，能充分地发挥其起重能力，这是一般履带式或轮胎式起重机所不及的。有的塔式起重机还能附着在建筑物上，随建筑物的升高而升高，这就大大提高了它的起升高度，可满足高层或超高层建筑施工的需要。

塔式起重机的类型较多，若按塔身结构划分，有上回转式、下回转式、自身附着式三类；若按变幅方式划分，有动臂式和运行小车式两类；若按起重量划分，有轻型、中型与重型三类。

4）流动式起重机。流动式起重机是能在带载或空载情况下，沿无轨道路形式、依靠重力保持稳定的臂架型起重机。其因机动灵活，所以广泛地应用于港口、车站、货场、工厂等地的货物装卸，也用于建筑工程施工和设备安装。因此，这类起重机也被称为工程起重机。

流动式起重机按底盘不同，可分为汽车起重机、轮胎起重机、履带式起重机三类；按结构形式不同，可分为回转流动式起重机和不回转式流动式起重机两种；按用途不同，可分为通用流动式起重机、越野流动式起重机和专用（或特殊用途）流动式起重机。

（3）升降机。升降机的特点是重物或取物装置只能沿导轨升降。升降机虽然只有一个升降机构，但在升降机中，还有许多其他附属装置，所以单独构成一类，如电梯、货梯等。

2.3.6.2　起重作业事故类型

相关统计资料表明，起重伤害事故占工伤害事故总数的比例较大。起重作业事故与产业性质或产业部门有关，如铁道、建筑、冶金和机械行业是比较多的。它主要有以下几类：

（1）失落事故。在起重作业中，吊载、吊具等重物从空中坠落所造成的人身伤亡和设备毁坏的事故。

（2）挤伤事故。在起重作业中，作业人员被挤压在两个物体之间所造成的挤伤、压伤、击伤等人身伤亡事故。

（3）坠落事故。从事起重作业的人员，从起重机机体上高空处发生坠落造成的伤亡事故。

（4）触电事故。从事起重作业的人员，遭受电击所发生的伤亡事故。

（5）机毁事故。起重机机体因失去整体稳定性而发生倾翻所造成起重机机体严重损坏以及人员伤亡的事故。

（6）其他事故。其他事故包括误操作事故、起重机之间的相互碰撞事故、安全装置失效事故、野蛮操作事故、突发事故、偶然事故等。

2.3.6.3　起重作业事故常见原因

起重作业事故往往与起重机的类型有关，按照造成事故的专业种类、造成事故的起因物和致害物等，宏观分析起重伤害事故的原因，可概括为：

（1）思想上不够重视。有的人认为操纵起重机并不难，殊不知操纵起重机除了日常操作外，还必须懂得维护保养起重设备，同时还应具有强烈的责任感。

（2）设备方面的问题。

1）起重设备质量不好，设备及索具强度不够，操作人员对起重机及其辅助设备的使用状况缺乏认真检查。

2）起重机没有保险装置和联锁装置，或者这些装置失灵。

3）没有防护装置或防护装置损坏，转动零件裸露。

4）过道、扶梯、驾驶室和着陆台安装不合理。

5）作业人员操作起重机时违反技术操作要求和安全技术规程，违章蛮干。

6）操作人员健康欠佳或情绪不稳，或不听从指挥员指挥、不理解指挥信号而造成误操作，导致事故发生。

2.3.7　厂内运输

厂内运输是工厂生产不可缺少的组成部分。在工厂里，把材料、成品、零件、部件、产品按生产路线、工艺流程进行库房与车间、车间与车间、车间内部各工序之间的运输都称为厂内运输。

据有关的事故统计，由于厂内运输而造成的重伤、死亡等重大工伤事故占重大工伤事故的 30% 左右。从伤亡的人员来看，在运输事故中受伤和死亡的人员，并非都是从事运输工作的人员。由此看来，厂内运输的安全是涉及每个职工的事。

2.3.7.1 厂内运输作业的几个阶段

根据物料的周转情况，厂内运输作业大致可分为以下几个阶段：

把原材料运到工厂→把原材料搬运入库或运到堆放场地→将材料由仓库或堆放场地运到车间或者生产作业班组→零部件在车间内部班组、工序间的转运→零部件在车间与车间之间的转运→将产品由车间运送到库房→将产品由库房发运出厂。

2.3.7.2 厂内运输事故的类别

厂内运输事故主要有以下几种类别：
（1）运输工具、车辆有缺陷和故障，致使运行过程中发生工伤事故。
（2）道路、道口状况不良或不符合安全标准造成工伤事故。
（3）工作现场不良，如照明度不足、障碍物太多等，引起事故。
（4）运输车辆上放置的货物位置不当或者捆绑不牢固所造成的事故。
（5）从车辆上卸下的货物摆放不整齐、不牢靠或堆放太高，发生倾倒所造成的事故。
（6）不遵守安全操作规程和交通规则所造成的事故。
（7）现场工作组织不善，指挥不当，发生事故。
厂内运输易发生的事故还有撞车、翻车、轧辗以及在搬运、装卸、堆垛中物体的打击等。

2.3.7.3 厂内车辆伤害事故规律

（1）与时间有关：每天 7：00~15：30 的事故最多。
（2）和驾驶员的年龄有关：一般 18~40 岁的人居多，其中 18~25 岁的占 25%，25~40 岁的占 32.5%。
（3）伤者受伤部位以腿、脚为最多。

2.3.7.4 造成车辆伤害事故的原因

车辆事故可分为碰撞、碾轧、乱擦、翻身、坠车、爆炸、失火、出轨和搬运装卸中的坠落及物体打击等。造成车辆伤害事故的原因主要有：
（1）违章驾车。事故的当事人，由于思想等方面的原因，不按照有关规定行驶，扰乱正常的厂内搬运秩序致使事故发生，如酒后驾车、疲劳驾车、非驾驶员驾车、超速行驶、争道抢行、违章超会车、违章装载等。
（2）疏忽大意。当事人由于心理或生理方面的原因，如情绪急躁等原因，没有及时、正确地观察和判断道路情况而造成失误，进而导致事故。
（3）车况不良。车辆的安全装置等部件失灵或不齐全，带"病"行驶。

（4）道路环境差。厂区内的道路因狭窄、曲折、物品占道或天气恶劣等原因使驾驶员操作困难，导致事故增加。

（5）管理不严。由于车辆安全行使制度没有落实、管理规章制度或操作规程不健全、交通信号、标志、设施缺陷等管理方面的原因导致事故发生。

典型案例

（1）2017 年 8 月，云南省某县境内，一辆重型吊车在高速公路上行驶，由于驾驶员连夜开车，在疲惫驾驶的情况下发生了误操作，冲向对面车道，与一辆小货车发生碰撞，导致 7 人死亡、5 人受伤，其中 2 人伤势危重。后经安监部门核实，该小货车核载 3 人，实载 12 人，事故中死伤人员均为小货车所载人员。

————— ※　※　※ —————

（2）2017 年 9 月，呼伦贝尔牙克石市境内 G10 公路 1049 公里处，一辆赤峰至海拉尔的客车，与一辆因躲避公路上突然出现的马匹的带挂货车相撞，造成 8 人死亡，客车上的 32 名乘客全部送往医院检查救治（其中 5 人重伤）。

————— ※　※　※ —————

（3）2013 年 9 月 26 日中午 13：30 分左右，某生产新区质检站职工张某按照工作要求，照常进入到厂区去检验成品钢材，当其走到棒材冷床平台下的安全通道时，被驾驶员邬某驾驶的载运废钢渣斗的叉车，在车速较快的情况下，从背后撞倒。之后邬某采取紧急制动，载运的废钢渣斗随即从叉车叉臂上飞出，又掉落在叉车叉臂前方的张某身上。经医院诊断张某左胫腓骨开放性粉碎性骨折伴血管、神经、肌腱损伤，且全身多处软组织损伤。

 **思考与练习**

（1）交通运输业包括哪几大类？在公路运输四要素中，为什么人的因素最为重要？

（2）公路交通安全事故按照事故原因可分为哪几类？影响民航运输安全的主要因素有哪些？

（3）什么是起重作业？起重作业的事故类型有哪些？

（4）厂内车辆伤害事故的规律是什么？应该如何预防？

2.4　矿山（非煤）行业

矿石生产是投入人力、物力和财力进行矿石开采和选矿工作的过程。开采矿石或生产原料的场所，一般包括一个或几个露天采场、地下矿山和坑口，以及保证生产所需的各种附属设施（包括选矿厂、尾矿库和排土场等）。

按照开采方式的不同，矿山可分为露天矿山、地下矿山及两者联合开采矿山。

按照矿山规模的大小，矿山可分为大型矿山、中型矿山和小型矿山。

按照采矿种类的不同,矿山分为煤矿和金属非金属矿山。煤矿是生产煤炭的矿山,而金属非金属矿山则是开采金属矿石、放射性矿石、建筑材料、辅助原料、耐火材料及其他非金属矿物(除煤炭外)的矿山。本节以金属和非金属矿山为主要介绍方向。

2.4.1 矿山行业的作业特点

采矿是自地壳内或地表开采矿产资源的技术科学,一般指金属矿或非金属矿床的开采。金属矿床大都埋于地下,也有的露出地表或埋藏较浅。根据矿床埋藏的深度,矿石的开采方法分为露天开采法和地下开采法两大类别。露天开采即在露天条件下,将埋藏较浅的矿石,从矿坑露天矿、山坡露天矿或剥离露天矿进行开采;地下开采即将埋藏较深的矿石,在地下采用自然支护、人工支护及崩落采矿方法将矿石开采出来。矿山行业作业显著特点主要体现在对矿石的采选作业过程中。

2.4.1.1 矿石的开采作业

从矿石开采出来的矿石,不仅含有铁矿物,而且含有其他矿物、脉石及有害杂质。选矿则是将铁矿石中的含铁矿石与脉石等分离,提高矿石品位,降低有害杂质含量,并尽可能综合回收其他有用矿物。

在露天矿生产过程中最重要的是掘沟、剥离和采矿三个过程,其次还包括穿孔、爆破、采装、运输、排土等生产工序。

在地下矿生产中除采矿、掘进、提升运输等主要生产环节外,还有辅助生产工作,如矿井通风、矿井排水、矿山压缩空气供应、矿井供水、矿井供电等。辅助生产为主要生产创造正常的工作条件并与主要生产同时进行,它们也是矿井生产十分重要的组成部分。

地面新鲜空气进入矿井后,由于被凿岩在爆破、装载、运输等作业过程中产生的烟尘以及坑木腐朽、矿石氧化等产生的有害气体所污染,因而变成井下污浊空气。其成分与地面新鲜空气差别较大,主要是粉尘增多、有害气体含量增加、空气含氧量降低。为了降低井下空气粉尘含量及有害气体浓度,提高含氧量,以达到国家规定的卫生标准,必须进行井下通风,即不断地将地面新鲜空气送入井下,并将井下污浊空气排出地表,调节井下温度和湿度,创造舒适的劳动条件,保证井下工作人员的健康与安全。

2.4.1.2 矿石开采的主要设备

在采矿工作中,由矿体上将矿石剥离下来,并将其装入运输设备中的落矿和装矿工作,是整个矿山生产过程中最为繁重和重要的工作环节。在矿山作业中用于采掘工作的机器和设备,称为"采掘机械"。根据所开采矿岩的坚固程度和矿体赋存条件,以及采矿工艺对各个环节的要求,目前,在矿山采用各种类型的采掘机械,有供钻爆破孔用的钻孔机械、挖掘土壤和装载矿岩用的挖掘机械、装载和转运矿岩用的装载机械以及钻凿天井、竖井和平巷用的岩巷掘进机械等。此外,矿山作业中还使用运输与提升设备、通风设备、排水设备、爆破设备等。

在选矿生产中,主要有破碎设备、磨矿设备、细粒筛分分级设备、磁选设备、重选设备、浮选设备、过滤脱水设备等。

2.4.2　矿山主要事故类别与原因

2.4.2.1　矿山事故定义和类别

矿山事故是指在矿山企业生产过程中，由于危害因素的影响，突然发生的伤害人体（含急性中毒）、损坏财物、影响生产正常进行的意外事件。

根据矿山事故所造成的后果的不同，矿山事故有生产事故、设备事故、人身伤亡事故和险肇事故（或称未遂事故）四种。人身伤亡事故，通常称为伤亡事故或工伤事故、工亡事故，又称为因工伤亡事故。

2.4.2.2　矿山事故的分类

矿山事故可按照事故发生的原因、事故性质、事故伤害程度、事故严重程度和事故责任性质进行分类。

（1）按事故发生的原因分类（2类）。

1）自然界因素：包括地震、山崩、海啸、台风等因素所引起的事故；

2）非自然界因素：包括人的不安全行为、物的不安全状态、环境的恶劣、管理的缺陷以及对异常状态的处置不当等因素引起的事故。

（2）按事故性质分类（20类）。物体打击（指落物、滚石、锤击、碎裂、崩块、击伤等伤害，不包括因爆炸而引起的物体打击）；车辆伤害（包括挤、压、撞、倾覆等）；机械伤害（包括机械工具等的绞、碾、碰、割、戳等）；起重伤害（指启动设备或其操作过程中所引起的伤害）；触电（包括雷击伤害）；淹溺；灼烫；火灾；高处坠落（包括从架子上、屋顶坠落以及平地上坠入地坑等）；坍塌（包括建筑物、堆置物、土石方等的倒塌）；冒顶片帮；透水；放炮；火药爆炸（指生产、运输、储存过程中发生的爆炸）；锅炉爆炸；瓦斯爆炸（包括煤粉爆炸）；容器爆炸；其他爆炸（包括化学物爆炸、炉膛、钢水包爆炸等）；中毒（煤气、油气、沥青、化学、一氧化碳中毒等）；其他伤害（扭伤、跌伤、冻伤、野兽咬伤等）等。

（3）按伤害程度分类（3类）。

1）轻伤：损失工作日低于105日的失能伤害。

2）重伤：损失工作日等于或超过105日的失能伤害。

3）死亡。

（4）按事故严重程度分类（3类）。

1）轻伤事故：指只有轻伤的事故。

2）重伤事故：指负伤者中有人重伤、轻伤而无人员死亡的事故。

3）死亡事故：指发生人员死亡的事故。

（5）按事故责任性质分类（3类）。

1）责任事故：指由于有关人员的过失所造成的伤害事故。

2）破坏事故：指为了达到某种目的而蓄意制造出来的事故。

3）自然事故：指由于自然界的因素或属于未可知领域的因素所引起的事故，它是当前人力尚不可抗的伤害事故。

2.4.2.3　采矿作业事故类别与原因

采矿业是典型的高危行业，在其生产作业过程中存在着各种不安全因素。在采矿作业中，最常见的危险有材料搬运、人员滑跌或坠落、机械设备、拖曳和运输、坍塌和滑坡，此外还有矿井水灾、瓦斯或粉尘爆炸、水危害、炸药和爆破事故、中毒和窒息等。尽管这些危险、有害因素和事故发生的可能性小，但一旦发生事故，后果很严重。

（1）岩层坍塌。岩层坍塌包括巷道的片帮和冒顶、露天工作面的片帮、矿井工作面的片帮和冒顶、露天的滑坡等。片帮和冒顶是地下开采中最严重的事故，也是普遍的事故之一。

随着矿山开采工作的进行，空区面积和体积将不断增大。如果集中应力超过矿石或围岩的极限强度时，围岩就会出现裂缝，发生片帮、冒顶、巷道支柱变形，严重时会将矿柱压垮、矿房倒塌、巷道破坏、岩层整体移动，造成顶板大面积冒落、地表大范围开裂、下沉和塌陷，其危害是非常巨大的。

（2）矿井水灾。矿井水灾指矿山突然发生涌水。水的涌入是井下作业区的灾难事故，能淹没整个矿井，甚至会引起地面大范围的陷落。一般水灾由地表水或地下水引起。地表水包括降雨、降雪及河、湖、塘、沟渠、水库中的水；地下水包括含水层、溶洞、老采区、旧巷道、断层、破碎带中的水。

（3）矿山爆破风险。爆破伤亡事故是常见的矿山伤亡事故之一。造成矿山爆破事故的主要原因有以下几个方面：

1）管理不严造成火药库爆炸。有的矿山，火药与雷管一起保管，有的甚至在库内用灯泡烘烤雷管、炸药，这都有可能引起火药库爆炸。

2）火药燃烧中毒事故，如某矿在大爆破运药过程中，由于电石灯坠落至药堆后面引燃火药，加之扑灭过程处理不当，因而造成多人中毒身亡事故。

3）由于起爆材料质量不良或点炮拖延时间造成的迟爆或早爆事故。

4）残眼及盲炮处理不当引走爆炸，占各类爆破事故的比例比较大，在国外矿山也经常发生这类事故。

5）爆破后过早地进入爆破工作面或爆破过程返回爆破工作面看回火，引起的爆破伤亡事故。

6）其他，如露天矿的爆破飞石、雷电、静电、杂电等电气爆破事故以及硫化矿药包自爆等。

（4）矿井运输和提升风险。矿山机车运输产生的伤亡事故主要是由于道路铺设不合规程要求，有的巷道过窄、坡度过陡等；另外就是照明和信号不合要求及驾驶员缺乏训练等。许多矿井（特别是中、小型矿井）由于提升装置及设备比较陈旧，加上管理方面的原因，竖井跑罐、过卷等重大伤亡事故也时有发生。

（5）矿山火灾、中毒风险。造成矿山火灾事故的直接原因，大多数是由于电气设备引燃，其次是由于明火或焊接火花引起，上述事故占矿井外因火灾事故的60%以上。我国金属矿山火灾造成的伤亡事故，绝大多数是由于缺乏防火、防毒计划，防治措施失当，导致多人中毒伤亡。

（6）爆炸事故。在潮湿的或含有某种爆炸性气体的环境中使用的电气设备是危险因素。在矿山作业中的电气设备和装置的设计须符合特殊安全规定。

（7）滑坡、泥石流风险。我国矿山大多数位于山区，在矿产资源开发和建设中，常受到滑坡、泥石流等严重危害。造成危害的原因有：一是矿山、矿区位于老滑坡体和泥石流堆积扇上；二是矿山的不合理开采，引起崩塌、滑坡和泥石流。此外，矿山建设中普遍加陡边坡、抬高河床、废石堵塞沟床等都是促使滑坡泥石流活动的因素。

（8）材料搬运事故。材料搬运事故是作业人员在移动、提举、搬运、转载和存放材料、供应品、矿石或废料时发生的事故。它主要是由于人使用不安全的工作方法或判断失误引起的。在地下矿井、地面矿场以及选矿厂中，搬运事故是最容易发生的事故之一。

特别容易发生材料运输事故的作业有：井下的巷道支护及支护拆除作业；井下的工作面支护和支护拆除作业；材料、矿石的装卸作业；材料、矿石的运输作业；掘进作业；开采作业；狭窄空间的其他作业。

（9）人员滑跌或坠落。人员滑跌或坠落也是采矿业中容易发生的事故之一。容易发生人员滑跌或坠落的场所主要有：露天矿井的台阶；立井或斜井的人行道；立井或斜井的平台；露天矿山的行人坡道；积水的采、掘工作面；倾角较大的采、掘工作面。

（10）机械伤害。在操作机器、移动设备、使用机械运输、在机械设备周围工作时发生的伤害事故占伤残事故的第三位，这类事故既普遍又严重。随着采矿工业机械化程度的提高，特别是大型和重型机械进入采矿场所，机械对其操作和周围人员伤害的可能性也随之不断增大。

（11）拖曳伤害。拖曳伤害在所使用的各类运输设备上都有可能发生，如胶带运输机、链条输送机、轨道矿车、运输提升机、卡车和其他车辆。

（12）井下柴油机污染。柴油设备具有生产能力大、效率高、机动灵活等特点，并可省去输风、输电设备。但柴油设备污染作业环境较为严重。柴油废气是柴油在高温、高压下进行燃烧时所产生的各种成分的混合体，其中有毒、有害成分有氮氧化物、一氧化碳、二氧化碳、醛类、油烟、碳氢化合物、多环芳香烃及 3,4-苯并芘等。其中一氧化碳和氮氧化合物等可引起急性和慢性中毒，甚至死亡，二氧化碳与 3,4-苯并芘混合还有强烈的致癌作用。柴油废气有害成分种类、浓度的不同以及接触时间的长短，可对人的神经系统、血液、循环系统、呼吸系统等造成不同程度的危害。

（13）非铀金属矿山的辐射。不仅是含铀金属矿山存在着氡及氡子体的辐射危害，一些多金属共生的非铀金属矿山也存在着辐射的危害问题。因此，某些矿山井下矿工的肺癌发病率相当于正常人群的 4~6 倍。存在氡及氡子体危害的非铀金属矿中，约有 1/3 的作业地点氡子体潜能值超过国家安全标准。金属矿山氡及其子体的分布很不均匀，往往积聚在通风不良的采场和独头工作面。分析一些矿山的实测结果，独头区比系统风流区氡浓度平均高 26 倍，氡子体平均高 32 倍。在铀局部富集处，氡及氡子体的浓度可超过标准几十倍甚至上百倍。这些地点多是个人密集的地区。

（14）硅尘。矿山生产过程产生大量含游离二氧化硅的微细粉尘，矿工吸入这些粉尘引起肺部病变而得硅沉着病及硅肺病。导致矿山硅肺病的因素有：粉尘的质量浓度；粉尘分散度；游离二氧化硅含量；粉尘矿物成分，即粉尘中是否含有毒矿物成分或放射性矿物成分；接尘累积时间。

在采矿工程中，凿岩、爆破、装卸矿等过程会产生大量微细粉尘，其中小于 5μm 的粉尘称做呼吸性粉尘。我国对粉尘颗粒一般划分为 4 个范围，即 2μm 以下、2~5μm、5~

10μm、10μm 以上。小颗粒越多，分散度就越高。井下粉尘的分散度较高，在湿式作业的条件下，5μm 以下的粉尘占 80%～90% 以上。根据矿山测定，在湿式凿岩时，井下粉尘产生的比例是：凿岩占 41.3%，爆破占 45.6%，装运矿（岩）石占 13.1%。二氧化硅是最常见的硅的氧化物，是许多矿石或岩石的重要组成部分。金属矿山井下粉尘中的游离化硅含量一般为 39%～70%，少数可达 90% 以上。

（15）致病、致癌金属粉尘。属于高毒的金属元素有汞、铀、铟、镉、铊等 13 种，加上中毒和低毒的金属元素共有 50 多种。可能产生有害粉尘的含以上金属元素的矿物约有 30 多种，这些矿物是：辰砂、黑铀矿、钒钾铀矿、沥青铀矿、辉砷铀矿、硫砷铜矿、雄黄、砷黄铁矿、砷钴矿、钒铅矿、绿柱矿、硅铍矿、镍黄铁石矿、铬铁矿、赤铁矿、黑钨矿等。吸入这些金属矿物粉尘，可以产生明显的职业危害。它们大多数可致使肺部发生明显的病变，一部分可以致癌，例如，吸入含铀、含砷、含镍、含铬、含钴等金属矿物粉后，均有较明显的肺癌发病率。

（16）水的污染。矿井水不但对设备有腐蚀损坏作用，而且对人也有明显的危害。矿井水排到地表后，有的直接流入江、河、湖泊，有的直接渗入到农田、居民饮用水区、果园等处。除了酸性水所造成的直接危害外，许多有色重金属如汞、镉、铅、砷以及放射性元素，随着水流四处渗漏，直接或间接为植物或动物所吸收，再转移到人体，也会造成无穷的后患。还有废石堆、矿砂坝，经过雨水洗涤或冲刷，有毒物质渗流到江、河、湖泊、农田、居民饮用水区、果园等处，同样也会造成上述危害，即使采矿生产停止后，含有有毒重金属的水或酸性水仍将不断从平窿口、废石堆、矿砂坝等地继续流出或渗出。所以即使是废弃的矿石，仍然存在着遗留的巨大污染源。

（17）其他风险因素。其他风险因素包括手工工具使用不当、物件或材料跌落、气焊和电弧焊或切割、酸性或碱性物质的灼伤、飞溅颗粒物、高温、冻伤等。

2.4.2.4　选矿系统事故类别与原因

选矿系统的主要风险同采矿系统有类似之处，如运输风险、机械伤害等，但对于选矿厂，最大的危险源是选矿产生的尾矿库。

金属矿床开采后，一般都要经过选矿工艺，提取有用的金属元素，而排弃大量的尾矿。因此，金属矿山都需要修造足够容量的尾矿库，以容纳选矿后排弃的尾矿。尾矿库是一个具有高势能的人为泥石流等危险源，是矿山的主要危险源之一。在长达十多年甚至数十年的期间里，各种天然的（雨水、地震、鼠洞等）和人为的（管理不善、工农关系不协调等）不利因素时时刻刻或周期性地威胁着它的安全。事实一再表明，尾矿库一旦失事，将给工农业及下游人民生命财产安全造成巨大的灾害和损失。据统计，在世界上的各种重大灾害中，尾矿库灾害仅次于地震、霍乱、洪水和氢弹爆炸等灾害，位列 18 位。尾矿库的风险概括起来有以下几种类型：

（1）库区渗漏、坍岸和泥石流。

（2）坝基、坝肩的稳定和渗漏。

（3）尾矿堆积坝的浸润线溢出，坝面沼泽化、坝体裂缝、滑塌、塌陷、冲刷等。

（4）土坝类的初期坝坝体浸润线高或溢出，坝体裂缝、滑塌、塌陷、冲刷成沟。

（5）透水堆石初期坝出现渗漏浑水及渗漏稳定现象。

（6）浆砌石类坝体裂缝、坝基渗漏和抗滑稳定问题。

（7）排水沟筑物的断裂、渗漏、跑浑水及下游消能防冲、排水能力不够等。

（8）回水澄清距离不够，回水水质不符合要求。

（9）尾矿库的抗洪能力和调洪库容不够，干滩距离太短，尾矿库没有足够的抗震能力。

（10）尾矿尘害及排水污染环境。

在选矿生产过程中，导致尾矿库风险产生的原因概括起来有设计不周、施工不良、管理不善和技术落后等因素。

典型案例

2008 年初以来，山西省临汾市襄汾县新塔矿业有限公司的 980 沟尾矿库下游曾多点出现渗水。但该公司一直只是使用黄土贴坡堵水，使得尾矿堆积坝体逐渐升高，形成一个高势能饱和体，整个尾矿库呈饱和状态。由于库内水位过高，在渗透压力下的黄土子坝受到浸水并开始软化。9 月 8 日上午 7 时 58 分，坝面多处出现拱动现象，整体溃坝，数十秒内坝体绝大部分垮塌，约 19 万立方米尾矿连同尾矿水下泻，瞬间吞没了下游的集贸市场、办公楼、居民住宅楼等，波及范围达 35 公顷，最大影响距离 2.5 千米，造成了 277 人死亡、33 人受伤、4 人失踪，直接经济损失 9619.2 万元的重大人员伤亡和经济损失。

思考与练习

（1）什么是矿山事故？根据矿山事故所造成的后果的不同，矿山事故分为几种？

（2）选矿生产系统的主要风险有哪些？

2.5　机械制造业

机械制造水平是国家工业化水平和发达程度的重要标志。机械制造工业涉及范围广泛，产业工人队伍庞大，据不完全统计，全国有 150 万～200 万劳动者从事机械制造产业。其基本生产过程为铸造、锻造、热处理、机械加工和装配等，包括运输工具、机床、农业机械、纺织机械、动力机械和精密仪器等各种机械的制造。一般铸造、锻造、热处理、机加工及装配车间，作业工种混杂、作业环境复杂、职业危害大致相同。

2.5.1　机械制造的作业特点

2.5.1.1　铸造

铸造是将液体金属浇铸到与零件形状相适应的铸造空腔中，待其冷却凝固后，获得具有一定形状、尺寸和性能金属零件毛坯的成型方法。铸造是人类掌握比较早的一种金属热加工工艺，已有约 6000 年的历史，是比较经济的毛坯成型方法，尤其是对于形状复杂的零件更能显示出它的经济性，如汽车发动机的缸体和缸盖、船舶螺旋桨以及精致的艺术品等。有些难以切削的零件，如燃汽轮机的镍基合金零件不用铸造方法无法成型。

随着工业技术的发展，大型铸件的质量直接影响产品的质量，因此，铸造在机械制造业中占有重要的地位。铸造工艺可分为手工造型和机械造型两大类。

（1）手工造型。手工造型是用手工或手动工具完成紧砂、起模、修整及合箱等全部造型工序。手工造型操作灵活、适应性广、工艺装备简单、成本低，但其铸件质量差、生产率低、劳动强度大、技术水平要求高，所以主要用于单件小批生产，特别是重型和形状复杂的铸件。

（2）机械造型。机械造型一般按造型方法来分类，习惯上分为普通砂型铸造和特种铸造两类。机械造型生产率高，质量稳定，工人劳动强度低，劳动者接触粉尘、化学毒物和物理因素的机会少，职业危害相对较小。

2.5.1.2 锻压

锻压是锻造和冲压的合称，是利用锻压机械的锤头、砧块、冲头或通过模具对坯料施加压力，使之产生塑性变形，从而获得具备所需形状和尺寸的制件的成型加工方法。高温下作业、辐射量大、产生烟尘、冲击力、作用力大、锻造工具堆放在一起、噪声与振动大等是锻压作业的环境特点。噪声是锻压作业工序中职业病危害因素最大的一种。锻锤（空气锤和压力锤）产生的强烈噪声，一般为脉冲式噪声，其强度多达 100dB（A）以上。锻造炉以及锻锤工序中加料、出炉、锻造过程可产生金属粉尘、煤尘等，尤以燃料工业窑炉污染较为严重。燃烧锻炉可产生一氧化碳、二氧化硫、氮氧化物等有害气体。

2.5.1.3 热处理

热处理工艺是采用加热和冷却的方法改变材料的组织、性能及内应力状态的一种热加工工艺，是机械制造业中提高产品的性能、使用寿命和可靠性的关键环节。对于金属来说，热处理工艺是使金属零件在不改变外形的条件下，改变金属的性质（硬度、韧度、弹性、导电性等），达到工艺上所要求的性能，从而达到改善材料性能、提高产品质量的目的。与其他加工工艺相比，热处理一般不改变工件的形状和整体的化学成分，而是通过改变工件内部的显微组织或改变工件表面的化学成分，赋予或改善工件的使用性能。其特点是改善工件的内在质量，而这一般不是肉眼所能看到的。

热处理工艺主要包括正火、淬火、退火、回火和渗碳、调质处理、钎焊等基本过程，一般可分为普通热处理、表面热处理（包括表面淬火和化学热处理）和特殊热处理等几类。热处理大都是高温作业，具有与铸造和锻造在高温及机械方面相类似的特点。热处理主要的危害来自于热处理中所用的辅助材料，这些辅助材料都有强烈的腐蚀性和毒性，很多还是易燃易爆物，操作及使用不当，极易给人带来伤害。例如，机械零件的正火、退火、渗碳、淬火等热处理工序要用品种类繁多的辅助材料，如酸、碱、金属盐、硝盐及氰盐等。这些辅料都是具有强烈的腐蚀性和毒性的物质。还有，热处理车间内各种加热炉、盐浴槽和被加热的工件都是热源。这些热源可造成高温与强热辐射的工作环境。多数热处理车间的机械设备在运行时也产生噪声，但噪声强度不大，噪声超标现象较少见。

2.5.1.4 机械加工

机械加工是利用各种机床对金属零件进行车、刨、钻、磨、铣等冷加工；在机械制造过程中，通常是通过铸、锻、焊、冲压等方法制造成金属零件的毛坯，然后再通过切削加工制成合格零件，最后装配成件。机械加工主要有手动加工和数控加工两大类。手动加工是指通过机械工人手工操作铣床、车床、钻床和锯床等机械设备来实现对各种材料进行加工的方法。手动加工适合进行小批量、简单的零件生产。数控加工（CNC）是指机械工人运用数控设备来进行加工，这些数控设备包括加工中心、车铣中心、电火花线切割设备、螺纹切削机等。数控加工以连续的方式来加工工件，适合于大批量、形状复杂的零件。

A 一般机械加工

传统的机械加工方法主要有车、铣、刨、磨、钻、镗等，在生产过程中存在的职业危害相对较小，主要是金属切削中使用的乳化液和切削液对工人的影响。通常所用的乳化液是由矿物油、萘酸或油酸及碱（苛性钠）等所组成的乳剂。因机床高速转运，乳化液四溅，易污染皮肤，可引起毛囊炎或粉刺等皮肤病。绝大多数机床产生的机械噪声在 65～80dB（A）之间，噪声超标现象较少见。

B 特种机械加工

特种机械加工是指那些不属于传统加工工艺范畴的加工方法，它不同于使用刀具、磨具等直接利用机械能切除多余材料的传统加工方法。特种机械加工是近几十年发展起来的新工艺，是对传统加工工艺方法的重要补充与发展，目前仍在继续研究开发和改进。

特种机械加工亦称"非传统加工"或"现代加工方法"，泛指用电能、热能、光能、电化学能、化学能、声能及特殊机械能等能量达到去除或增加材料的加工方法，从而实现材料被去除、变形、改变性能等。其加工范围不受材料物理、力学性能的限制，能加工任何硬的、软的、脆的、耐热或高熔点金属以及非金属材料。

特种机械加工的职业危害因素与加工工具有关，如电火花加工产生的金属烟尘、激光加工产生的高温和紫外辐射等。

2.5.1.5 机械装配

机械装配是机器制造和修理的重要环节，是指按照设计的技术要求实现机械零件或部件的连接，把机械零件或部件组合成机器。常用的装配工艺有清洗、平衡、刮削、螺纹连接、过盈配合连接、胶接、校正等。此外，还可应用其他装配工艺，如焊接、铆接、滚边、压圈和浇铸连接等，以满足各种不同产品结构的需要。

简单的机械装配工序职业危害因素很少，危害基本同一般机械加工。但复杂的装配生产过程中存在的职业危害因素主要与特殊装配工艺有关。如需使用各类电焊，则存在电焊职业病危害问题；如需使用胶黏剂，则存在胶黏剂的职业病危害问题；如需使用涂装工艺，则存在涂装工艺的职业病危害问题。

2.5.2 机械制造业的主要职业危害

机械制造业为整个国民经济提供技术装备，是国家重要的支柱产业。但机械制造过程中的铸造、锻造、热处理、机械加工和装配等工艺，均存在各种职业病危害因素，对作业人员的健康影响突出。机械制造业最常见的职业危害因素主要有以下五种：

（1）生产性粉尘。主要粉尘作业是铸造，在型砂配制、制型、落砂、清砂等过程，都可产生粉尘，特别是用喷砂工艺修整铸件时，粉尘浓度很高，所用的石英危害较大。在机械加工过程中，对金属零件的磨光与抛光过程可产生金属和矿物性粉尘，引起磨工尘肺。电焊时焊药、焊条芯及被焊接的材料在高温下会产生大量的电焊粉尘和有害气体，长期吸入较高浓度的电焊粉尘可引起电焊工尘肺。

（2）高温、热辐射。机械制造厂的高温和热辐射主要在铸造、锻造和热处理工序。加热炉温度高达 1200℃，锻件温度也在 500～800℃ 之间，热处理的工艺温度也可达 1300℃，作业场所产生的强烈热辐射，形成了高温作业环境，严重时还能导致发生中暑。

（3）有害气体。调查发现，虽然有的生产作业车间采取了全面通风，但由于未采取局部通风和净化处理装置，或因机械通风的位置高、未考虑有害物质的密度，或净化处理、机械通风的气流组织不合理等原因，仍会导致作业环境的化学有毒物质超标。如熔炼炉和加热炉产生的一氧化碳和二氧化碳；用酚醛树脂等作黏结剂时产生的甲醛和氨；黄铜熔炼时产生氧化锌烟；热处理时产生的有机溶剂蒸气，如苯、甲苯、甲醇等；电镀时产生的铬酸雾、镍酸雾、硫酸雾等；电焊时产生的一氧化碳和氮氧化物；喷漆时产生的苯、甲苯、二甲苯蒸气等都对人体健康有一定的危害。

（4）噪声和紫外线。机械制造过程中，使用的砂型捣固机、风动工具、各种锻锤、砂轮磨光、铆钉等工器具，均可产生强烈的噪声；或是用气枪吹干切削液产生的噪声强度过大，使用频繁，未采取隔声、消声装置等。而电焊、气焊、亚弧焊及等离子焊接作业产生的紫外线，如防护不当也会引起电光性眼炎。

（5）重体力劳动和外伤、烫伤。在机械化程度较差的企业，浇铸、落砂、手工锻造这些生产作业都是较繁重的体力劳动，同时操作人员要在高温下作业，容易引起人体体温调节和心血管系统的改变。而铸造和锻造的外伤及烫伤率较高，多是由于铁水、钢水、铁屑、铁渣飞溅所致；在机加工车间发生的眼、手指外伤等情况也较多。另外金属切削的过程中使用的冷却液对操作人员的皮肤也有一定的影响。

 **思考与练习**

（1）机械制造业的基本生产过程是什么？其基本作业特点有哪些？
（2）机械加工分为几类？各自有何特点？
（3）机械制造业的主要职业危害是什么？

3　职业安全技术

3.1　电气安全技术

所谓电气安全，就是建立一个具有组织措施、技术措施和技术手段的安全体系，保证人身不受电流、电弧、电磁场和静电等的危害，以保证电气设备的安全运行。

保证电气安全的基本条件有：电气设备的结构和安装均符合相关规程和标准（电工产品标准和技术规范）；拥有安全技术手段和防护用品；采取有关电气安全的组织措施和技术措施；具有经过严格安全技术培训和考核的电气工作人员。

电气安全技术是电工作业人员独立上岗时必须掌握的安全知识和安全操作技能，也是保证电工作业人员能够安全作业的最基础的技术要求。电工作业人员在独立上岗前，必须经过严格的安全技术培训和考核，取得上岗操作证后方可作业。

电气事故从劳动保护的角度出发，可分为设备事故和人身事故两种。其中人身事故有电流伤害事故、电磁场伤害事故、雷电事故、静电事故等。

3.1.1　防止触电的技术措施

防止触电的安全保护措施，包括组织措施和技术措施。在安全技术方面，主要包括防止直接接触带电体的技术措施（如绝缘、屏护、安全间距、安全标志等）和防止间接接触触电所采用的接地、接零和防止漏电等保护措施。

3.1.1.1　电气绝缘

电气绝缘是用绝缘材料把带电部分封闭或隔离起来，实现带电体相互之间、带电体与其他物质之间或人体之间的电气隔离，使电气设备及线路正常工作，防止人身触电，如输电线路的外包绝缘、敷设线路的绝缘子、塑料套管、包扎裸露线头的绝缘布等。

绝缘是最普通、最基本也是应用最为广泛的安全保护措施。优良的绝缘材料、良好的绝缘性能、正确的绝缘措施，不仅可以保证电气设备和电气线路的正常运行，而且还能保证在正常情况下人身与设备的安全。绝缘性能的降低以致破坏，会导致电气事故和人身触电事故的发生。

3.1.1.2　屏护、间距及标志

绝缘是一种有效的防护措施，但对于一些裸露的带电部分不便采用绝缘防护。另外，对于一些高压带电体，只要人体接近到一定距离便会闪络放电，产生电弧，造成电击和电伤。因此，在防止触电的技术措施中往往还需要采取屏护措施，规定安全距离，设置安全标志，以防止人体偶然触及或接近带电体所造成的触电伤害事故。

A 屏护

屏护是用遮拦、护罩、护盖、挡板、电气箱、匣等防护装置将带电部位或场所同外部隔离开来。

屏护的主要作用是防止触电事故和电弧伤人、弧光短路等事故。

屏护分为永久性和临时性两种。变配电设备均应有完善的屏护，室外变压器和公共场所的变配电设备，均应装设遮拦。

凡用金属材料制作的屏护装置，必须将屏护装置接地或接零。被屏护的带电部位要有明显标志，标明规定的符号和颜色，并挂上相应的警示牌。

B 间距

间距又称安全距离，是为了防止触电或短路而规定的带电体之间、带电体与地或其他设施之间以及人体与带电体之间所必须保持的最小距离或最小空气间隙。

安全间距包括线路间距、设备间距和检修间距。

（1）线路的安全间距。线路的安全间距包括架空线路间距和户内线路间距。

不同电压等级或不同用途的线路同杆架设施规定：电力线路应在通讯线路之上，高压线在低压线之上。而且通信线与低压线之间的距离不得小于 1.5m，低压线路之间不得小于 0.6m，低压线与高压线之间不得小于 1.2m。

（2）设备间距。设备间距包括变配电设备之间、用电设备之间和设备与墙壁之间的距离。

（3）检修的安全距离。为了防止在检修中，检修人员所携带的工具触及或人体过分接近带电体，必须保证有足够的检修距离。

在低压工作中，人体或携带工具与带电体的距离不应小于 0.1m。

在高压无遮拦操作中，人体或携带工具与带电体之间的最小距离为：10kV 及以下者不应小于 0.7m；20~35kV 不应小于 1.0m。用绝缘杆操作时，上述距离可分别减为 0.4m 和 0.6m。当不能满足上述距离时，则应装设临时遮拦。

在线路上工作时，人体及携带的工具与邻近线路带电体的最小距离为：10kV 及以下者为 1.0m；35kV 为 2.5m。

C 标志

电气作业安全要求，在容易发生错误、产生混淆和有触电危险之处，必须设置有明显的安全标志。

对安全标志的基本要求是：标准统一或符合传统习惯，并简明扼要、醒目清晰，便于管理。

安全标志是用以表达特定安全信息的标志，由图形符号、安全色、几何形状（边框）或文字构成。在电气安全技术里，安全标志常分为识别性和警戒性两大类，此外还将文字和编号用于线路、设备和装置的识别、标记和管理中。

颜色标志又称安全色，用不同的颜色表示不同的含义，使人能迅速注意和识别。常用的几种安全色及意义如下：

（1）黄色——表示注意危险，如"当心触电""注意安全"等。

（2）红色——表示禁止、停止和消防，如信号灯、信号旗、停机按钮、消防器材等。

（3）绿色——表示安全、工作、运行等意义，如"在此工作""已接地"等。

（4）蓝色——表示强制执行，如"必须戴安全帽""必须穿防护服"等。

（5）黑色——多用于文字、图形、符号，带有警告的意思。

为了使安全色更加醒目、明显，常常用几种颜色来相互陪衬对比。如用黄色和黑色条纹交替，使危险的警告更加明确和醒目。

按照《电力工业技术管理法规》和有关规程规定，电气母线和引下线应该涂漆，并按相分色：L_1 为黄色，L_2 绿色，L_3 为红色。零线或接地线为黑色。母线涂漆的目的有三个：区别相序、绝缘和防腐蚀、表示有电。

用文字、图形及安全色做成的标示牌称安全牌，是标志的一种重要形式。它可分为禁止、指令、提示、警告四类，如图 3-1～图 3-4 所示。

图 3-1 禁止类标示牌

图 3-2 指令类标示牌

图 3-3 提示类标示牌

安全标志是保障人身和设施安全的主要措施，也是电气作业人员在作业过程中的安全用具之一，在使用过程中是严禁拆除、更换和移动的。

所有安全标志的安装位置都不能存在有对人员的危害，不能设置于移动物体上，如门、窗等，因为物体位置的任何变化都可能会使人对标志观察变得模糊不清。安全标志上

当心触电　　　　　　　注意安全　　　　　　　当心坑洞

图 3-4　警告类标示牌

所显示的信息不仅要正确，而且要清晰易读；安装位置能够保证观察者在首次看到标志及注意到此危险时有充足的时间。例如，警告不要接触开关或其他电气设备的标志，应设置在它们近旁；而大厂区或运输道路上的标志，应设置于危险区域前方足够远的位置，以保证在到达危险区之前就可观察到此种警告，从而有所准备。对于已经安装好的标志不能被任意移动或是解除，除非位置的变化有益于安全标志的警示作用。

安全标示牌样式示例见表 3-1。

表 3-1　标示牌样式示例

序号	名　称	悬挂处所	样　式
1	禁止合闸 有人工作	一经合闸即可送电到施工设备的开关和隔离开关操作手柄上	
2	禁止操作 有人工作	正在施工线路的开关和隔离开关的手柄上	
3	在此工作	室内和室外工作地点或施工设备上	
4	止步 高压危险	工作地点临近带电设备的遮拦上，室外工作地点的围栏上；禁止通行的过道上；高压试验地点室外架构上	
5	由此上下	工作人员上、下的铁架、梯子上	

序号	名 称	悬 挂 处 所	样 式
6	禁止攀登 高压危险	工作邻近可能上下的铁架上，运行中变压器的梯子上	
7	接 地	看不到接地线的工作设备上	

3.1.1.3 保护接地与保护接零

电气设备的金属外壳、构架、底板等部分在正常情况下是不带电的，但因绝缘损坏或其他原因导致这些原本不带电的金属部分变成带电体，则有可能造成人身触电或跨步电压触电事故。为避免或减少此类事故的发生，在工程上广泛采用"保护接地"或"保护接零"的安全措施。

工矿企业中的电力系统，1~10kV 的高压线路，多采用中性点不接地的形式；而 1kV 以下低压线路，则多采用中性点直接接地的三相四线制，也有少数采用中性点不接地制。

保护接地适用于中性点不接地的系统、三线制系统、对地电压超过 150V 的直流电网，保护接零主要适用于电网中性点接地的低压系统。

（1）保护接地。对于不直接接地的电力系统，从保安角度考虑，应采用接地保护。所谓接地保护就是把故障情况下可能呈现对地危险电压的金属部分（如电机、电器的外壳、底座、传动装置、框架、金属遮拦、电缆头、布线钢管、电容器箱等）均与大地紧密连接起来，以保障人员人身安全。其实质是当发生短路后大部分电流通过小电阻流入地中，而只有极小部分电流通过人体，以达到对人员人身安全防护的目的。

（2）保护接零。在中性点接地系统中采用保护接地存在极大的局限性，一般是很难达到安全保护作用的，因此在中性点接地的供电系统，尤其 380/220V 的三相四线制低压供电系统中则广泛采用接零保护。所谓保护接零，就是把电气设备在正常情况下不带电的金属部分，与电网的零线紧密连接起来。接零保护的实质是短路保护。

3.1.1.4 漏电保护

前面介绍的绝缘、间距、屏护、安全电压、接地接零保护等都是为了防止人员人身触电的保护措施，但这些措施都不能从根本上杜绝触电事故。目前认为，防止人身低压触电事故最有效的办法是：当人遭受电击，在足以危及生命之前，触电线路能及时准确地向保护装置发出信号，使之迅速而且有选择地切断电源，解脱事故部分，以避免人员触电事故的发生。这种措施即称漏电保护或触电保护，其装置称为漏电保护装置或漏电保护器、漏电断路器等。

3.1.2 静电安全防护

静电是相对静止的电荷，是一种常见的带电现象，如雷、电容器残留电荷、摩擦带电以及生产中用于静电喷漆、除尘、植绒、复印等高压静电都属于这种静电的电荷。静电虽然在多方面得到应用，但在生产工艺过程中及人体所产生的静电积累，对人员人身安全已经构成严重威胁，如爆炸和火灾、静电电击可使人受惊而发生事故、妨碍生产等。

在生产工艺过程和生活中，不产生静电是不可能的，而产生静电的危险在于静电电荷的积累以及由此产生的火花放电。消除静电危害的方法就是在发生火花放电之前，为产生的静电荷提供一条通路，使之泄漏和中和，以限制静电的积累。为此常用的方法有如下几类：

（1）泄漏。泄漏是利用相关技术措施将带电体上的电荷向大地泄漏、消散，以避免静电的积累。可采用静电接地、空气增湿和加抗静电添加剂的方法。

（2）静电中和法。利用设置在带电体附近的静电消除器使空气电离产生电子和离子，将该处静电荷中和掉，以消除静电。常用的静电消除器有感应式静电消除器、高压放电式静电消除器、离子流静电消除器、发射线静电消除器等。

（3）工艺控制。这种方法是从材料选择、工艺设计、设备结构等方面采取适当措施控制静电的产生和积累，使之不超过危险程度。例如，适当选用不同材料，使生产过程中因摩擦产生不同极性的电荷得以相应中和，从而消除静电危险。

（4）防止人体带电。凡有爆炸和火灾危险的区域，操作人员必须穿防静电鞋或导电鞋、防静电工作服；凡需防止人体带电的一般场所，操作人员应穿防静电鞋，操作区地面铺设导电地面，并经常保持其导电性能。工作中应尽量避免做与人体带电有关的事情。例如，接近或接触带静电体以及与地相绝缘的工作环境中，不要穿、脱工作服等；在有静电危险场所作业、巡视、检查，不得携带与工作无关的金属物品。

3.1.3 高频辐射防护

高频技术，尤其是微波工程已进入到工业、农业、医学、军事、气象、天文、无线电等方面，还进入了家庭，与人们关系越来越密切。与此同时，电磁辐射源所产生的辐射到处存在，各种可能的危害也相应产生，可对人员造成伤害或死亡。

高频辐射除了对人体造成危害，还能干扰通信、测量等电子设备的正常工作，引发事故，而且还可能因电磁感应产生高频火花，造成火灾，或致使电引爆器件意外引爆，造成灾难性的爆炸。

为了防止电磁场的危害，通常采用屏蔽发生源、控制与发生源间距离以及个人防护三类措施。目前在各类有电磁场危害的场所主要是采取各种屏蔽措施，根据工作现场的特点，采用不同结构形式和不同材料的屏蔽装置。除此之外，还可以考虑改善高频设备的工艺结构和高频设备的配置，以降低现场的电磁场强度。

3.1.4 电气防火和防爆

电气火灾和爆炸事故在火灾和爆炸事故中占有很大比例。电气火灾和爆炸事故的发生，除了能造成人身伤亡和设备损坏外，还有可能造成大规模或长时间的停电，严重影响正常生产秩序和人们的生活。

火灾和爆炸是两种不同的物理现象,在实际中火灾和爆炸常伴随在一起发生,故常被人们混淆。发生火灾和爆炸的条件虽然不同,但触发因素确有其相同点,都可能是由于高温或电弧火花而引起。引起火灾和爆炸的原因很多,从生产过程来看主要有设备缺陷、管理不严、操作错误等因素,但从直接因素来分析主要还是危险温度以及电火花和电弧。

防火和防爆措施无论是在生产还是在生活中都是一项综合性措施。例如,选用合适的电气设备和保护装置,并使之支持运行;保持必要的防火间距以及良好的通风环境等,这些措施都必须以危险物品和危险场所的划分和分类分级为依据。电气防火和防爆的内容主要有:

(1) 选用电气设备。应根据不同场所的特点来选择适当的防爆型电气设备。防爆型电气设备,据其结构和防爆性能的不同,可分为隔爆型、增安型、本质安全型、正压型、充油型、充砂型和防爆特殊型七种类型。

在有爆炸危险的场所,要根据危险场所的等级、设备种类和使用条件来选择地区设备;在有火灾危险场所和有爆炸危险场所的电气线路也要符合防火防爆要求;所有绝缘导线和电缆的额定电压不得低于电网的额定电压,且不得低于 500V。

(2) 保持防火间距。电气设备选择合理的安装位置,保持必要的安全距离,也是防火防爆的一项重要安全技术措施。

为了防止电火花与电弧或危险温度引燃可燃物,应将可燃物与燃源之间保持一定的距离。在室内,电气设备的安装位置,尽量避开易燃物或易燃建筑物件;在室外,变配电装置与建筑物、爆炸危险场所建筑、易燃和可燃液体贮藏位置、液化石油气罐等的间距均应符合规定的安全距离。

(3) 保持电气设备正常运行。保持电气设备正常运行,主要是指保持电气设备的电压、电流、温升等参数不超过允许值;在爆炸危险场所,所用导线允许载流量不得低于线路熔断器额定电流的 1.25 倍;保持绝缘良好,各导线连接部位可靠,且保持接触良好和电气设备的清洁。

(4) 通风。在有爆炸危险的场所,良好的通风装置,能够降低爆炸性混合物的浓度和爆炸危险程度。通风一般采用自然通风和机械通风。一般在变压器室多采用的是自然通风,而有爆炸危险的场所多采用机械通风。

(5) 接地。在爆炸危险场所,其接地或接零都较一般场所要求较高,因此需特别注意。

(6) 合理选用保护装置。对易发生火灾和爆炸的危险场所要求有比较完善的短路、过载、接地等保护。过流保护装置的动作电流在不影响电气设备正常工作的情况下,应尽量整定得小一些。

对于有通风要求的场所,应装有联锁装置,以保证开动时,先通风而后其他设备投入工作;停止时,其他设备先停止工作再停通风。还可装设自动检测装置,当场所内爆炸性混合物接近危险浓度时,发出信号或警报,以便工作人员采取措施,消除危险。

(7) 采用耐火设施。变配电室、酸性蓄电池室、电容室应为耐火建筑;临近室外变配电装置的建筑物外墙也应为耐火建筑。开关箱、配电盒等电气装置宜使用金属材料;木质开关箱表面应衬以白铁皮;电热器应有耐热垫座。

此外,密封也是一种防爆措施。它有两种方式:一是把危险物质尽量装在密闭容器内,限制爆炸性物质的逸散;二是把电气设备或电气设备可能引爆的部件密封起来,消除引爆的因素。

3.1.5 防雷

无论是对于生产还是对于人们的正常生活，雷电都具有很大的破坏性。其电压可高达数百万到数千万伏，其电流可达数十万安。雷电可能会造成人畜死伤、建筑物损毁或燃烧、线路停电、电力设备损坏等。为了尽可能避免雷电造成不必要的伤害和事故，作为生产技术人员必须了解各种防雷装置的作用、性能及其主要措施。

3.1.5.1 防雷装置的种类

（1）防直击雷装置。避雷针（线）是经常采用的防直击雷装置。装设避雷针是防止直击雷的有效方法，主要用来保护露天配电设备以及建筑物和构筑物；避雷线主要用来保护电力线路。

（2）避雷器。避雷器主要用来保护电力设备并用作防止雷电侵入波动的主要保护电器。避雷器的类型有保护间隙、管型避雷器、阀型避雷器和磁吹避雷器四种。其中保护间隙和管型避雷器使用最为广泛。

3.1.5.2 防雷措施

防雷包括电力系统的防雷、建筑物以及其他设施的防雷。根据不同的保护对象，对于直击雷、感应雷和雷电侵入波均应采取相应的防雷措施。

（1）防直击雷。对于使用或储存有爆炸危险物质的工业建筑物或构筑物；重要的民用建筑物，如国家重要机关、大会堂、展览馆、机场等；易受雷击的建筑物或构筑物；有爆炸或火灾危险的露天设备，如露天油罐、露天储气罐等；高压架空电力线路、发电厂和变电站等，应采取使用避雷针、避雷线、避雷网、避雷带等防护直击雷电的措施。

（2）防感应雷。雷电感应（特别是静电感应）也能产生很高的冲击电压，在电力系统中应与其他过电压同样考虑；在建筑物和构筑物中，主要应考虑发电火花引起的爆炸和火灾事故。

为了防止静电感应产生的高压，应将建筑物内的金属设备、金属管道、结构钢筋等接地。此外，根据建筑物的不同屋顶，还应采取相应的防静电感应措施，如将金属屋顶妥善接地，屋顶的屋面钢筋焊成网络，连成通路，并予以接地等。

（3）防雷电侵入波。由雷电侵入波所造成的雷电事故很多，在低压系统中，这种事故占雷电伤害事故的70%以上。一般有变配电装置的保护、低压线路终端的保护、架空管道上雷电侵入波动防护三种方法。

此外，发生雷电时，应避免接触或靠近位于高处的金属物或与之相连的金属物体；不要在河边或洼地停留，不要露天游泳，不能在室外变电所或室内的架空引入线上进行检修和试验。在野外遇到雷电时，不要站在高大的树木下，应寻找屋顶下有空间的房屋躲避，将身上和手中的金属物抛掉。如无合适场所躲避，也可双脚并拢，单个蹲下。

3.1.6 电工安全用具

电工安全用具是用来直接保护电气作业人员人身安全的各种专用电工工具和用具。为了避免触电、灼伤、坠落等工伤事故的发生，在从事电气相关工作时，操作人员除了严格执行安全规程外，均应严格采用适当的安全用具，并了解电工安全用具的性能和使用方法。

3.1.6.1 安全用具的种类

电工安全用具有起绝缘作用的绝缘安全用具、验电或测量用的携带式电压和电流指示器、防止坠落的登高作业安全用具，还有保证检修安全的临时接地线、遮拦、指示牌以及防止灼伤的护目镜等防护安全用具。

在电气作业中，绝缘安全用具分为基本安全用具和辅助安全用具。

（1）基本安全用具。在电气作业中，基本安全用具的绝缘强度能长期承受得起设备的工作电压，因此它们能与带电部分接触，可用于直接操作带电设备。常用基本安全用具有绝缘杆和绝缘夹钳（见图 3-5）。

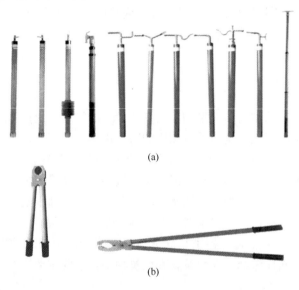

(a)

(b)

图 3-5 基本安全用具
(a) 绝缘杆；(b) 绝缘夹钳

绝缘杆主要是用来操作高压隔离开关、操作跌落熔断器、安装和拆除临时接地线以及进行测量和试验等工作。用绝缘杆进行带电操作时，操作人员还应戴绝缘手套。

绝缘夹钳主要用于 35kV 及以下的电力系统中，用于拆除和安装管型熔断器及其类似工作。使用绝缘夹钳时，要求操作人员除了戴护目眼镜和绝缘手套外，还要站在绝缘垫或绝缘站台上。

（2）辅助安全用具。辅助安全用具的绝缘强度不能承受电气设备的工作电压，只能加强基本安全用具的安全保护作用，或是用来防止跨步电压触电或电弧灼伤，如绝缘垫、绝缘站台、绝缘手套和绝缘鞋等（见图 3-6）。这里需要特别注意，不能用辅助安全用具直接操作高压电器设备。

作业人员在操作过程中，应根据现场情况正确选用安全用具。各种安全用具的绝缘性能、机械强度、材料、结构和尺寸均应符合规定要求。

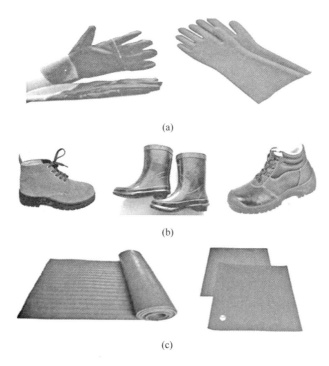

图 3-6　辅助安全用具
（a）绝缘手套；（b）绝缘鞋；（c）绝缘垫

此外，在使用安全用具前，一定要检查用具是否良好。应当注意的是坚决不许用其他工具代替安全用具，也不能把安全用具当作一般工具使用。

3.1.6.2　携带式电压和电流指示器

携带式电压指示器又称验电器或试电笔，如图 3-7 所示，是检验导体或设备是否有电的专用工具。验电器是电气作业人员必备的安全用具。

图 3-7　验电器

携带电流指示器又称钳形电流表或钳表，如图 3-8 所示，是用来在不断开线路的情况下测量线路电流的。

3.1.6.3　防护安全用具

防护安全用具是在施工、检修、测试等工作中直接保护作业人员人身安全的用具。它主要有：

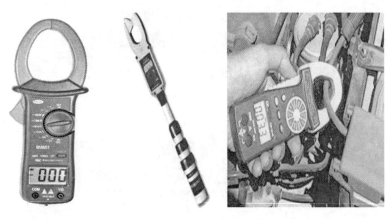

图 3-8　钳形电流表

（1）临时接地线。临时接地线（见图 3-9）一般装设在被检修区段两端的电源线路上，以防止突然来电。临时接地线还用来消除邻近高压线路所产生的感应电，以及用来放尽线路或设备上的残存静电和电力电容器停电以后尚未放尽的电荷。

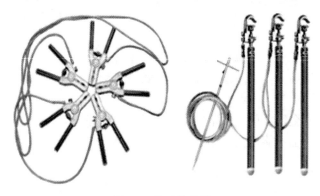

图 3-9　临时接地线

（2）遮拦。遮拦（见图 3-10）或隔离板是用来防止作业人员在工作时无意碰到或过分接近带电体而发生触电事故。如果安全距离不够时，也可用遮拦作为安全隔离装置。

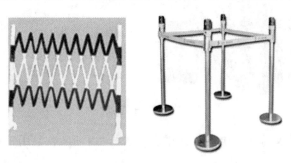

图 3-10　遮拦

（3）标示牌。标示牌用绝缘材料制成，其作用是警告工作人员不得接近带电部分，并指出工作人员准确的工作地点，提醒作业安全措施以及禁止向某段线路或设备送电的信息。

标示牌的悬挂和拆除，必须按电气工作负责人的命令或工作票来执行，作业过程中严禁随便移动、悬挂和拆除。

（4）护目眼镜。护目眼镜（见图 3-11）是用来防止电弧或电弧光对眼睛的伤害。当电气工作人员拆装管状熔断器、电弧焊接、使用喷灯、电缆施工等作业时均应佩戴护目眼镜。护目眼镜的玻璃应是耐热的，并有一定的机械强度。注意不能使用一般的眼镜来替代护目眼镜！

图 3-11 护目眼镜

3.1.7 登高安全用具

电气作业人员在工作过程中经常使用的登高作业安全用具有梯子（见图 3-12a）、高凳、脚扣、登高板和安全腰带（见图 3-12b）等。

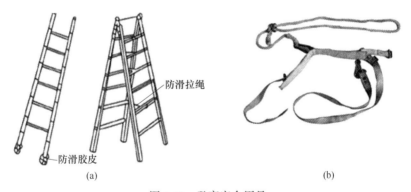

防滑拉绳

防滑胶皮

（a）　　　　　　　　　　　　　　　（b）

图 3-12 登高安全用具

（a）梯子；（b）安全腰带

安全用具是直接保护作业人员人身安全的，必须保持其良好安全的性能。为此，作业过程中必须正确使用安全用具，并要对其进行经常和定期的检查和试验。

典型案例

（1）2010 年 6 月，某钢铁联合企业对棒材作业区加热炉进行检修。由于加热炉炉底机械传动室照明不足，调度室通知电工班到加热炉底接一盏照明灯。随即电工邓某、胡某两人进入加热炉底部接照明灯。进入加热炉底，邓某负责接电源线，胡某在架子上固定照明灯。10 时 40 分左右，在加热炉下检查冷管的棒材作业区副作业长张某突然听到"啊"的一声大叫，转过身看到邓某倒在地上，左右手各抓着一根电线头。张某马上意识到邓某触电了，立即跑过去将邓某手里的电线甩开，叫胡某下来帮忙，立即给邓某做人工呼吸，并打电话通知了 120 急救。经 120 医务人员赶到现场实施抢救，邓某经抢救无效死亡。

事故原因分析：

1）加热炉炉底昏暗，照明不足，灰尘较多，现场作业环境较差。

2）电工工作人员安全意识不强，违反电工安全操作规程，现场接线带电工作，存在经常性、习惯性违章情况。

3）在安排工作时，未同时安排、提醒安全注意事项或应采取的安全措施。

4）未履行电工作业安全监护要求，联保互保制度不落实。

————————※ ※ ※————————

（2）2010 年 6 月，某厂进线电源及母线段按停电手续正常停电。确认停电后，相关人员办理了工作票，开始检修作业。下午 15 时接到相关人员反映，T05 的瓦斯继电器不动作，要求进行检查。电气工程师段某和高某两人一同去变压器房检查 T05 的瓦斯继电器，在此过程中，又有人员反映 T06、T08 的瓦斯继电器也不动作，要求检查，两人随即对 T05、T06 的瓦斯继电器进行检查。检查完后，高某先行离开了 T06，当段某走出 T06 时，发现 T07 变压器室门已敞开着，随即看到 T07 内有弧光发出，赶到 T07 变压器室楼梯口时，发现高某已扑倒在变压器室内。段某马上通知有关人员赶到现场，并立即通知断电后将高某抬出，全力组织现场抢救并通知 120 急救中心。急救车到达后将高某送往医院，高某经抢救无效死亡。

事故原因分析：

1）安全防范意识不强，操作人员违反电工安全操作规程。

2）变压器室停、送电的管理存在缺陷和漏洞。

3）电气检修检查、确认制度落实不到位，未认真执行停、送电及检修过程中电气设备的挂牌制度和确认制度。

4）未履行电工作业安全监护要求，联保互保制度不到位。

5）电工的特殊防护用品穿戴、使用不规范（绝缘体、绝缘手套、验电器等的使用和检查）。

————————※ ※ ※————————

（3）南京某公司业务楼工人艾某，使用电钻打孔，所用手电钻没有接零保护线，也没有安装触电保安器，在打孔前又没有检查线路、插头，而且还未戴绝缘手套。打孔开始不久，只听他大叫一声触电倒地，造成死亡。

事故原因分析：手电钻没有接零保护或安装触电保安器，在打孔时因振动接线不牢，造成火线碰外壳；艾某未按安全要求戴绝缘手套。

————————※ ※ ※————————

（4）某公司职工宋某，发现申报的开头和到货的开头型号不一致，于是独自一人到 380kV 高压配电室用钢卷尺量开头长度，引起相间短路，产生的电弧将其左手手臂及腹部灼伤。

事故原因分析：宋某个人作业安全意识不强，独自一人进入高压配电室，严重违章作业，导致事故发生。

思考与练习

（1）什么是电工安全技术？防止触电的技术措施有哪些？

（2）什么是电工安全用具？它有哪些种类和作用？

3.2 机械安全技术

在各行各业的实际生产过程中，都使用着各种不同的机械设备，对机械设备安全的要求也不尽相同。机械代替手工操作，能够改善劳动条件，减轻劳动强度，提高劳动生产率。但是，机械结构上的缺陷、组织分布不合理、人员操作时不遵守安全技术操作规程等，有可能导致安全事故发生。所以，机械安全有两层含义，一方面是指机械设备本身应符合安全要求，另一方面是指机械设备的操作者在操作时应符合安全规定要求。

3.2.1 机械设备造成伤害事故的种类

（1）机械设备零部件做旋转运动时造成的伤害，如绞伤和物体打击伤。

（2）机械设备零部件做直线运动时造成的伤害，如压伤、砸伤和挤伤。

（3）刀具造成的伤害。刀具直接造成的伤害，包括在前两类伤害中，不再重复。但还应注意，在生产中刀具产生的切屑也会给操作者造成伤害：

1）烫伤——刚切下来的切屑温度很高，可达 $600 \sim 700℃$，容易造成烫伤。

2）刺、割伤——各种金属切屑都有锋利的边缘，会造成刺伤或割伤；飞起的切屑还可能会伤害眼睛。

（4）被加工零件固定不牢，甩出机床打伤人。

（5）手用工具使用不当造成伤害。

3.2.2 机械设备的基本安全要求

（1）机械设备的布局要合理，便于操作人员装卸工件、加工观察和清除杂物，同时还应便于维修人员的检查和维修。

（2）机械设备的零部件的强度、刚度必须符合安全要求，安装牢固，不应经常发生故障。

（3）机械设备根据有关安全要求，必须装设有合理、可靠、不影响操作的安全装置。例如：

1）对于做旋转运动的零部件装设有防护罩或防护挡板、防护栏杆等安全防护装置，以防发生绞伤。

2）对于超压、超载、超温度、超时间、超行程等能发生危险事故的零部件，装设有保险装置，如超负荷限制器、行程限制器、安全阀、温度继电器、时间断电器等等，以便当危险情况发生时，由于保险装置的作用而排除险情，防止事故的发生。

3）对于某些动作需要对人们进行警告或提醒注意时，应安设信号装置或警告牌等，如电铃、喇叭、蜂鸣器等声音信号，此外，各种灯光信号、各种警告标志牌等都属于这类安全装置。

（4）对于某些动作顺序不能搞颠倒的零部件装设有联锁装置。即某一动作，必须在前一个动作完成之后，才能进行，否则就不可能动作。这样就保证了不致因动作顺序搞错而发生事故。

（5）机械设备的电气装置必须符合电气安全的要求，主要注意以下几点：

1）供电的导线必须正确安装，不得有任何破损或露铜的地方。

2）电机绝缘良好，其接线板装有盖板防护，以防直接接触。

3）开关、按钮等完好无损，其带电部分无裸露外现。

4）有良好的接地或接零装置，且连接的导线牢固，无断开的地方。

5）局部照明灯使用 36V 的电压，不得使用 110V 或 220V 电压。

（6）机械设备的操纵手柄以及脚踏开关等应符合如下要求：

1）重要的手柄装有可靠的定位及锁紧装置，同轴手柄有明显的长短差别。

2）手轮在机动时能与转轴脱开，能够防随轴转动打伤人员。

3）脚踏开关装有防护罩或藏入床身的凹入部分内，以免掉下的零部件落到开关上，启动机械设备而伤人。

（7）机械设备的作业现场要有良好的环境，即照度要适宜，湿度与温度要适中，噪声和振动要小，零件、工夹具等要摆放整齐。因为这样能促使操作者心情舒畅、专心无误地工作。

（8）每台机械设备根据其性能、操作顺序等制定有相应的安全操作规程和检查、润滑、维护等制度，以便操作者遵守。

3.2.3 机械设备操作安全技术

要保证机械设备不发生人员伤害事故，不仅机械设备本身要符合安全要求，而且更重要的是操作者必须是严格遵守安全操作规程的。机械设备的安全操作规程因其种类不同而内容各异。

3.2.3.1 基本安全技术

（1）操作人员正确穿戴好个人防护用品。该穿戴的必须穿戴，不该穿戴的一定不要穿戴。例如机械加工时要求女工戴防护帽，如果不戴就可能将头发绞进去；但同时不得戴手套，如果戴了，机械的旋转部分就有可能将手套绞进去，将手绞伤。

（2）操作前，先检查所用工具是否完好，不能使用带病、不安全的工具。使用小型机具必须先检查是否完好，确认后严格按照小型机具安全操作技术要求作业。操作前必须对机械设备进行安全检查，而且要空车运转一下，确认正常后，方可投入运行。

（3）检查、检修设备时，必须认真查看是否断电，确认断电并挂出警示牌或设专人监护后，再进行工作。机械设备在运行中也要按规定进行安全检查，特别是对紧固的物件看看是否由于振动而松动，以便重新紧固。

（4）接触易燃易爆设备时，不能打火吸烟或进行其他明火作业，废油不能乱倒。

（5）机械安全防护装置必须按规定正确使用，绝对不能将其拆掉不使用。2m 以上高空作业，应采取相应安全防护措施，系好安全带，并专人监护。

（6）机械设备运转时，操作者不能离开工作岗位，以防发生问题时无人处置。

（7）工作结束后，关闭开关，并清理好工作场地，将零件、工夹具等摆放整齐，打扫卫生。

3.2.3.2　机加工安全技术

A　机床安全技术

（1）工作前按规定穿戴好防护用品，扎好袖口，开机不能戴手套，女性头发应挽在帽子内，不能穿凉鞋、高跟鞋等。

（2）开动机床前检查机械、电器部分的防护装置是否可靠，否则不能开动。

（3）加工材料按指定地点堆放，保持场地清洁卫生、通道畅通。

（4）工、夹、刀具及工件必须装夹牢固，机床开动前必须仔细观察周围情况，操作者要站在安全位置，以防止夹件和铁屑伤人。

（5）机床开动后，手不能接触运行工件、刀具和传动部分，不能隔着机床传递物品和取拿物品。

（6）调整机床速度、行程，装夹工件和刀具及擦拭机床都必须停机进行。不能用手直接清除铁屑，必须使用专用工具清扫。

（7）两人同时在一台机床工作时，必须由一人负责安全，统一指挥。

（8）机床需照明时必须用 36V 以下电源，并有良好的接地线。

（9）切忌不能用机械设备直接吊物加工。

B　车床（见图 3-13）安全技术

（1）工作前按规定穿戴好防护用品，扎好袖口，开机不能戴手套，女性头发要挽在帽子内，不能穿凉鞋、高跟鞋等。

（2）装夹工件必须牢靠，夹紧时可用接长套筒，不能用榔头敲，开车时不允许装卸卡盘，滑丝、破损卡盘不能使用，加工偏心件时，刹车不能过猛。

（3）加工细长工件应采用顶针，并加设（采用）中心架或跟刀架，伸出车床部分要有标志，必要时还要装设防护栏杆，使用量具时必须停车。

图 3-13　车床

（4）切削时吃刀量不能过猛，清理铁屑必须停车，不能用手或戴手套直接去拉铁屑，必须使用专用钩子。

（5）用锉刀打磨、抛光时，应左手在前、右手在后、身体离开卡盘，不能戴手套用砂布裹在工件上操作。

（6）车内孔时，不能用锉刀倒角；用砂布打磨内孔时，手指和手臂不能伸入孔内。

（7）攻丝或套丝必须使用专用工具，不能一手扶丝架或扳牙架、一手开车。

（8）切大工件时应留有余地，以防断物掉下伤人；小物件切断时不能用手接。

（9）高速切削时，切削铸铁和黄铜工件必须戴防护镜；切削自动挡刀时，操作者不能脱岗；若遇突然停电，要及时退出刀架和切断电源。

（10）离开车床，必须切断电源；暂时不用的夹具、量具按标准放置，以防损坏和掉落伤人。

C　刨床（牛头刨、龙门刨，见图3-14）安全技术

（1）工件装夹必须牢固可靠，垫铁平稳，工件装夹好后允许先开几次慢车，以检查工件与夹具、刀具是否安全通过，注意紧固中不能用榔头敲打扳手。

（2）正式开车前，须将行程调整到与加工件相符的最佳位置进行全程试验，台面上一切杂物、摇手柄必须清除或拿掉，防止崩出伤人。

（3）开车后，不能站在台面上，更不能跨越台面，头、手不能伸入龙门和刨刀前面，检查时不能用棉纱擦拭工件和转动部位。多人操作时必须由一人指挥，予以相互协调。

（4）工件的装卸、上下及翻身要选择安全地方，注意锐边或毛刺割伤手。翻身工件如果要与行车配合，必须挂钩牢靠后才能起吊。

（5）加工中若要重新调节行程、测量工件、清扫铁屑都必须停车后进行，清扫铁屑只能用刷子。

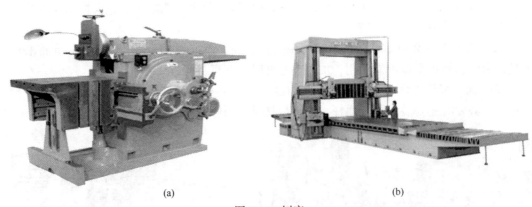

(a)　　　　　　　　　　　　　　(b)

图 3-14　刨床

(a) 牛头刨床；(b) 龙门刨床

D　钻床、台钻（见图3-15）安全技术

（1）工作前严格检查机械、电器、工具及防护设施是否完好，先空车试运转，正常确认后方能开机，作业时不能戴手套操作（搬运、装夹工件除外）。

（2）加工薄件时，工件必须卡紧，不能用手直接拿着，工作上下面垫好木板，并使用平头钻。

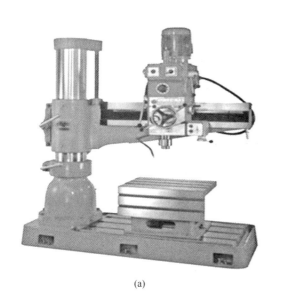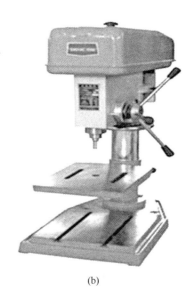

(a) (b)

图 3-15 钻床
(a) 摇臂钻床；(b) 台式钻床

（3）钻床开动后，人员头部不能靠近旋转部位，更不能伸进钻床臂下观察加工情况。测量、打扫卫生，必须停机，铁屑清扫不能用手清理，要用刷子清扫。

（4）作业中如遇突然停电或机床发生故障时要及时退出钻花，然后切断电源。

（5）钻深孔钻屑不易外出时，要交替进行，即进钻和退钻除屑，不能用管子套在进钻手柄上加压钻孔。

（6）钻孔开始和快要穿孔时，要轻轻用力，防止工件转动或甩出伤人，工作完毕后将操作手柄放在零位，切断电源。

E 磨床（见图 3-16）安全技术

（1）开车前先进行确认，用手盘运砂轮看其是否转动灵活，然后点动运转，注意各润滑部位是否有油，待砂轮空转几分钟后才能进行磨削。

（2）开始工作时应减少进给量（特别在寒冷季节更要注意），以免使冷的砂轮温度上升过快而产生裂纹。

（3）磨削时，工件一定要摆正、放平、装夹牢固。操作人员不能站在砂轮旋转方向的

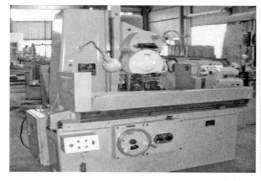

图 3-16 磨床

对面，无关人员不得接近砂轮，坚决不允许在砂轮正面或侧面用手拿工件磨削。

（4）砂轮快速行进时，必须位置适当，防止砂轮与工件相碰撞，工作台快速移动时砂轮必须先退回。

（5）碳化硅砂轮只能磨硬质合金，不能磨碳素钢和非金属材料工件；用金刚砂修整砂轮时，进给量要平稳，操作人员必须站在侧面。

（6）湿磨砂轮停车应先关闭冷却液，继续空转数分钟，待砂轮所吸收的水分全部甩尽后方可停车，以免下次开车时砂轮失去平衡而破裂。

（7）更换砂轮时应检查砂轮质量，且必须做平衡试验。

F　铣床（见图3-17）安全技术

（1）工作前检查机床的指示信号、行程极限、安全保险及制动装置是否齐全可靠；各运行部件周围是否有异物，各操作手柄及其他操作件是否放在规定或允许的地方。

（2）工件及刀具必须装牢固，使用的砂轮片不能有裂纹。

（3）不能把手伸入正在运转部分，测量、装卸工件时必须停车进行；铣床快速进程时，必须脱开各手柄。

（4）切削工件时必须按照先有主运动、再有进给运动的程序进行。

（5）不能超出机床使用范围加工，加工笨重工件时必须采取相应的安全措施。

（6）吊挂工件时，要选用合适的钢绳及夹具，确认牢固才能起吊，做到周围人员及时避让。

图 3-17　铣床

G　镗床（见图3-18）安全技术

（1）工作前检查各系统安全装置及运转部分是否完善灵活，各操作手柄位置是否正确适当，快速进刀有否妨碍，确认无误后方可开机。

（2）开机前必须手动或点动盘车，检查工件、刀具是否装夹牢固，使用的砂轮片不能有裂纹。

（3）不要逗留在旋转的工件和刀具周围，测量、装卸工件必须在停车情况下进行，操作者不能将手伸入旋转孔中触摸。

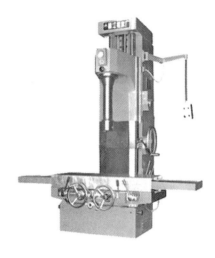

图 3-18 镗床

（4）切削工件时必须先启动主传动，再启动进给运动。

（5）加工笨重工件在装夹或拆卸时，要采取适当的安全措施，吊挂物件必须牢固，不能进行超出机床使用范围的加工。

H 锯床（见图 3-19）安全技术

（1）锯床操作之前，应检查安全装置和运转部分是否正常完好，自动升降灵活。

（2）锯条要求无弯曲、裂纹，安装松紧要适当，锯料放稳牢靠，长料加设（采用）支架支撑。

（3）装卸材料、更换锯条必须切断电源，锯架升高后方可进行。在重复锯时应将锯料的锯口反转，另开新锯口。

（4）锯料切断时不能直接用手去接，为防止压伤，操作时要站在锯床的侧面。

（5）锯料装卸需要有起重设备配合时，吊具必须完好，捆扎牢固，起吊时注意避让。

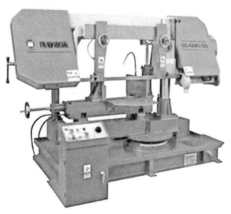

图 3-19 锯床

3.2.3.3 小型机具安全技术

A 钳工台（见图 3-20）

（1）钳工台必须紧靠墙壁，人站在一面工作，对面不能有人。大型钳台对面有人工

图 3-20 钳工台

作时，平台中间必须装设密度适中的安全网，并且钳台必须安装牢固。

（2）钳工台上使用的照明设施电压不能超过 36V。

（3）钳工台上的杂物要及时清理干净，工具和工件必须按规定位置归整摆放。

B 虎钳（见图 3-21）

（1）虎钳上面不能放置工具，以防止滑下伤人。

（2）使用转座虎钳时，必须将固定螺丝销紧；虎钳的丝杆、螺母要经常擦洗、加油润滑，保持清洁，如有损坏就不能使用。

（3）钳口要保持完好，磨平的要及时修理，以防工件滑脱伤人；钳台固定螺丝要经常检查，以防松动，已滑口的不能使用。

（4）用虎钳夹持工件时，只许用虎口最大行程的 2/5，不能用管子套在手柄上或是用手锤击打手柄紧固。

（5）工件必须放正夹紧，手柄朝下工作；工件超过钳口部分过长的，必须加装支撑；装卸时，还要注意防止工件掉下伤人。

图 3-21 虎钳

C 手锤（见图 3-22）

（1）手锤柄必须是硬质木料制成，大小长短合适、锤柄有适当的斜度、锤头上有铁锲，以防工作时锤头甩掉伤人。

（2）两人击锤，人员站立的位置必须错开方向，大锤要稳、落锤要准，动作要协调，

图 3-22 手锤

以免击伤对方。

（3）手锤使用前，必须检查锤柄与锤头是否松动、是否有裂纹，插头上是否有卷边和毛刺，如果有缺陷必须修好后再使用。

（4）锤头淬火要适当，不能直接打硬质钢及淬火的零部件，以防崩出伤人；手上、手锤柄上、锤头上有油污时，必须擦干净后才能进行操作。

（5）抡大锤时，对面和后面不许站人，并要注意周围人员的安全。

D　撬棍、钢钎（见图 3-23）

（1）工作时选用长度合适的撬棍，使用时顶端有卷边、毛刺要及时清理，有裂纹的不能使用。

（2）使用撬棍时，要手握撬棍尾端，人体头部要离开撬棍，不要握在撬棍中间，撬棍后面不能站人，使用者站位必须安全合理。

（3）工作时要集中精力，视线集中，不伤及他人。

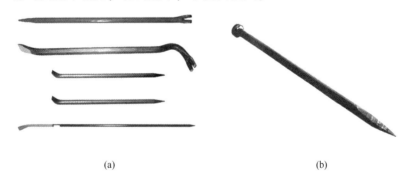

（a）　　　　　　　　　　　　　　　　　　　（b）

图 3-23　撬棍和钢钎
（a）撬棍；（b）钢钎

E　扁铲、錾子（凿子）、冲子（见图 3-24）

（1）不能用高碳钢来做扁铲和冲子。

（2）使用时顶端有卷边、毛刺要及时清理，有裂纹的不能使用。

（3）錾子不得短于 150mm，刃部淬火要适当，不能过硬；使用时要保持一定的刃角，不能用废钻花做冲子使用。

（4）工作时集中精力，视线集中，不伤及他人。

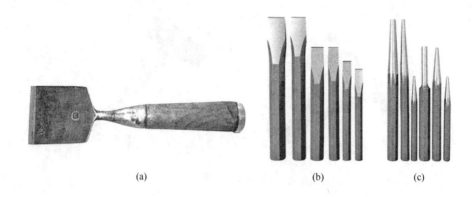

图 3-24 扁铲、錾子和冲子
（a）扁铲；（b）錾子；（c）冲子

F 锉刀和刮刀（见图 3-25）

（1）木柄必须装有金属箍，不能使用没有手柄或手柄松动的锉刀和刮刀；锉刀、刮刀均不能敲、打或当撬棒、冲子使用，以防折断。

（2）锉刀、刮刀不能淬火，使用前必须仔细检查有无裂纹，以防折断伤人。

（3）推锉要平，压力与速度要适中，回拉要轻；工件或刀上有油污时必须清除干净。

（4）使用半圆刮刀时，刮削方向不能站人，以防刮刀滑出伤人。

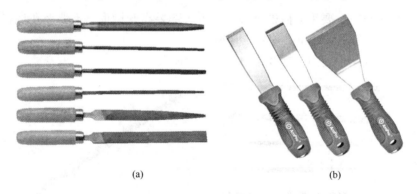

图 3-25 锉刀和刮刀
（a）锉刀；（b）刮刀

G 扳手（见图 3-26）

（1）扳手钳口或螺轮上不能沾有油污，扳手与螺轮要紧密配合，以防止使用时打滑，在高空作业要尤为注意。

（2）扳口不能加垫或板把加管使用，扳紧螺帽时，不可用力猛抬，应逐渐施力，慢慢扭紧。

（3）扳手不能当手锤使用，使用活动扳手时，要把死面作为着力点，活动面为辅助点，否则容易损坏扳手或伤人；爪部变形或开裂的扳手禁止使用。

（4）使用电动扳手时，先检查电源插头、插头座、开关及导线是否良好，如有漏电或缺损，则不能使用。

图 3-26 扳手

H 螺丝刀（改锥、起子）（见图 3-27）

（1）螺丝刀口必须平整完好，槽口配合要适当；螺丝刀用力时其用力方向不能对着别人和自己，以防脱落或用力过猛，滑出伤人。

（2）使用螺丝刀时操作者姿势要正确，用力要均匀；在狭窄站不稳的地方使用时，特别要注意自身的安全。

（3）不能把螺丝刀当錾子、撬棍使用；使用电动螺丝刀时要检查绝缘是否良好，防止漏电伤人。

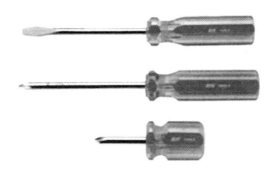

图 3-27 螺丝刀

I 板牙（见图 3-28）

（1）工作前要检查工具是否完好，攻套丝和绞孔要对正、对直，用力要适当、以防折断。

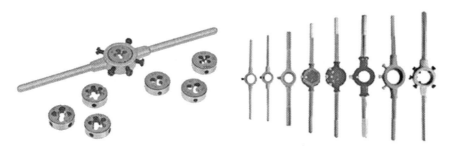

图 3-28 板牙

（2）攻套丝和绞孔时不能用嘴吹孔内铁屑，防止刺伤眼睛；也不要用手擦拭工件的表面，以防铁屑刺手。

J 平台和划针（见图 3-29）

（1）平台必须放平稳，台面上不准堆放杂物，不能在平台上行走。

（2）划线用完的划针，尖头要朝下，以免伤人；工作完毕工具要按规定位置放好。

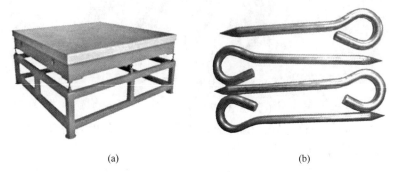

（a）   （b）

图 3-29 平台和划针
（a）平台；（b）划针

K 手锯（见图 3-30）

（1）使用手锯锯割时，工件必须夹紧，不能松动，锯齿方向要准确，压力和推拉速度要适宜，以防止锯条折断伤人。

（2）安装锯条时，松紧螺丝要适当，方向准确，不允许歪斜使用。

（3）工件将要锯断时，要轻轻用力，以防压断锯条或工件落下伤人。

图 3-30 手锯

L 梯子（见图 3-31）

（1）梯子的梯挡应均匀可靠，不能过大或缺挡；顶端要有安全钩子，梯脚应有防滑装置，使用梯子时距离电线（低压）至少保持 2.5m。

（2）放梯子的角度以 60° 为宜，登梯子时下面要有人扶，不能站在顶挡上工作。

（3）人字梯的高度不得超过 2.5m，中间必须有可靠的绳扣连接，防止两脚分开滑倒伤人。

（4）梯子折断或有裂纹，要及时修复，否则禁止使用。

M 手电钻和电镐（见图 3-32）

（1）使用手电钻（电镐）时，外壳必须有接地或接中性线，拖线必须保护好，要防

图 3-31 梯子

止扎坏、拖破，更不能将电线拖在油中。

（2）在潮湿地方使用手电钻（电镐）必须戴绝缘手套，站在橡皮绝缘或干燥的木板上工作，以防漏电伤人。

（3）使用中如发现漏电、振动、高热或有异常响声等情形时，应停止工作，待找出原因修复后再操作。

（4）手电钻（电镐）在未完全停止转动时，不能装卸、更换钻头；停电、休息或离开工作地点时，要切断电源。

（5）用力压电钻时，必须使电钻垂直工件，以防钻头折断伤人。

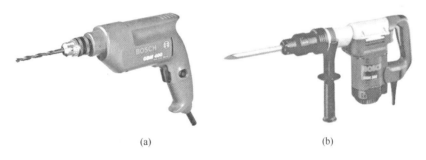

(a)   (b)

图 3-32 手电钻和电镐
（a）手电钻；（b）电镐

N 电动手砂轮机和切割机（见图 3-33）

（1）电动手砂轮机必须要有牢固的防护罩和良好的接地线，否则禁止使用。

（2）使用前，必须认真检查各部连接螺丝有无松动、砂轮片有无裂纹、金属外壳的电源线有无漏电；如有以上弊病，必须修好后方可使用，且使用前要进行空转试验，无问题方可进行操作。

（3）工作时，操作者必须戴好必要的防护用品，不能正对砂轮操作，必须站在侧面；砂轮机要拿稳，慢慢接触工件，不能撞击和猛压，磨削时要用正面，禁止使用侧面磨削。

（4）正在旋转的砂轮机不能随意放在地面，待停稳后要关掉电源才允许放置在指定

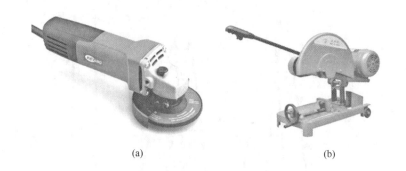

图 3-33　电动手砂轮机和切割机

(a) 电动手砂轮机；(b) 切割机

位置；发现电线缠卷打结时，要耐心解开，不能提起砂轮机和电线强行拉动。

（5）更换砂轮片时，认真检查砂轮片有无裂纹或损伤，配合要妥当，用扳手拧紧螺帽，并且松紧要适当。

（6）切割机操作时，正面不允许站人，紧固、装卸切割件时必须在停止、断电和砂轮片升到规定位置后方可进行。

（7）切割件必须放平、放正、夹固可靠方能作业，不能用手扶托开机，不能将切割砂轮片当砂轮磨削使用。

（8）砂轮机、切割机要放在干燥处，并设专人保管，定期检查和修理。

O　公用砂轮机（见图 3-34）

（1）公用砂轮机的防护罩、吸尘器必须完好，并保持清洁、牢固，设有专人管理，经常维修、加油润滑，以保证正常运转。

（2）操作者必须按规定戴防护镜才能进行操作，对砂轮机性能不熟悉的禁止使用；开机前必须认真检查砂轮片和机壳防护罩之间是否有杂物阻挡，确认无误后方能开动砂轮机。

（3）砂轮片磨损严重时，不能使用；更换砂轮片时，必须遵守一般磨工安全操作规程，砂轮片要选择型号、材质相适，无损伤、无裂纹的。

（4）砂轮机发生故障、轮轴晃动无托架、照明不清、安装不符合安全条件、砂轮轴与砂轮机孔配合过紧或过松时，一律不能使用砂轮机。

图 3-34　公用砂轮机

（5）更换砂轮片、上紧固螺丝时，用力要均匀，不能过紧或过松；砂轮片装好后，要加紧箍垫保持平衡，砂轮机开动后，应空转约 3min，待运转平稳、正常才能使用。

（6）托架与砂轮片工作面的距离不能大于 3mm；使用后的砂轮片，直径不能小于正常的 30%，厚度不得小于 1/3，否则应及时更换。

（7）磨工件或磨刀具时，不能用力过猛，更不能撞击砂轮片或机壳；砂轮不准沾水，要保持干燥，以防吸水失去平衡而发生事故。

（8）在同一砂轮机上，坚决不允许两人以上同时操作，更不能在砂轮侧面磨工件；工作时操作人员应站在正面操作，以防砂轮片崩裂发生事故。

（9）机加工磨刀具的专用砂轮机，不能磨其他任何工件和材料；对细小的、过大的和不好拿的工件，不能在砂轮机上磨；磨工件时必须拿稳，防止工件挤入砂轮机内或挤在砂轮托架之间，造成砂轮片碎裂伤人。

（10）砂轮机使用完毕，要立即关闭电源，不能让砂轮机空转。

P　千斤顶（见图3-35）

（1）使用前必须确认吨位，并保持垂直于载荷物，荷载运动方向必须与千斤顶轴线一致，防止千斤顶损坏或受力歪斜飞出造成伤害。

（2）使用千斤顶时，顶头必须垫木板或其他防滑材料，以防重物滑动；底部必须置于结实或硬质垫板的基础上，防止举重时歪斜。

（3）千斤顶必须完好，无漏油、螺旋或齿条磨损，销扣装置有损坏的不能使用。

（4）使用大吨位的油压千斤顶时，必须严格检查油压控制系统、管路，确认完好才能使用；两台以上千斤顶同时使用时，操作人员必须协调动作、配合一致。

（5）不能将千斤顶置于长期无人照管带负荷状态中。

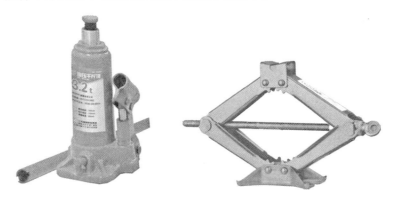

图3-35　千斤顶

Q　手拉葫芦（见图3-36）

（1）使用前必须确认葫芦吨位，起吊荷重是否与铭牌吨位相符，不能超重使用，并要定期对其检修和超载试验。

（2）起吊重物时，挂钩牢实可靠，要防止滑脱，承挂手拉葫芦点要坚实牢靠，承受力应大于铭牌起重量。

（3）起吊时用力均匀，不能猛升猛降，以防止链条脱扣。

（4）起吊重物时，操作人员要在安全位置上。注意不能将重物悬挂在空中，若暂时需停留时，应有操作人员在场并采取有防止链轮打滑的防护措施。

R　电动葫芦（见图3-37）

（1）使用前必须认真检查电器、钢丝绳、机械传动、制动刹车等部分，确认完好后方可投入使用。

（2）起吊荷重不能超过铭牌规定负荷，操作过程中严格执行"十不吊"（超过额定负

图 3-36　手拉葫芦

图 3-37　电动葫芦

荷不吊；指挥信号不明、光线暗淡不吊；绳索、钩、链、捆绑物不牢，不符合安全要求不吊；行车挂物直接加工的不吊；被吊物件上站人或物件上放有活动物件不吊；用链条捆、扎钢轨或长直型钢不吊；歪拉斜挂、埋在地下不明吨位的物件不吊；氧气瓶、乙炔瓶等易燃易爆物品，未使用专用吊笼不吊，专用吊带超过一瓶的不吊；带棱角快口的物件未垫好防护物不吊；高温液体装得过满不吊）的规定，起重高度适当，严防钢绳穿顶，运行平稳，防止撞击。

（3）操作人员不能戴手套和用湿手操作电器按钮。

典型案例

（1）木工殷某用圆盘锯将一根 500mm 左右长的木方锯成木楔。由于木方太短，按规程应该用木方推进锯工才对，但殷某直接用戴手套的左手推进，由于木方中间有一木结巴，被圆盘弹跳出，使其左手食指、中指和小指三指受伤。

事故原因分析：

1）殷某严重违反操作规程，属违章冒险操作，酿成血的教训。

2）操作者在作业中，安全意识差、思想麻痹大意，习惯性操作也是这起事故发生的主要原因。

————————————※　※　※———————————

（2）红远矿山技术工作部职工王某，在化验室操作中碎机制样过程中，由于中碎机对辊被矿石卡死，在开机状态下就用钢筋去处理卡死点，因用力过猛其右手连同所戴手套一起卷入对辊机中，导致王某右手被截肢 1/3。

事故原因分析：

1）王某在作业过程中严重违反安全操作规程，在没有停机的情况下就处理机器故障,是导致该起事故的直接原因。

2)王某作业安全意识薄弱,抱有侥幸的作业心理是导致这起事故发生的间接原因。

———————————※ ※ ※———————————

(3)某普线车间车工李某在未了解粗轧机弹性胶体平衡器的内部结构及安全使用规程之前,私自违章用该装置切削零件,导致装置破裂,内部硅胶飞溅,喷在李某的右眼及鼻孔上,致使其面部严重受到伤害。

事故原因分析:李某安全意识差,在未了解新设备使用要求前就擅自进行操作,属严重违章作业。

———————————※ ※ ※———————————

(4)某机械厂小车组职工李某在本人操作的 C620 车床头加工一根长 2.35m 的丝杠,在用锉刀打磨毛刺时,锉刀使偏,右手袖套连同衣服裹紧旋转的丝杠,身体和头部被旋转作用力带向机身,头上帽子甩落,头发散落绞进丝杠,导致头顶部头发和头皮被扯下。

事故原因分析:李某操作过程中安全意识不足,安全操作技能不高是导致这起事故的主要原因。(类似的事故在机加工作业中属经常发生事故,操作人员值得加以警惕!)

思考与练习

(1)机械设备基本操作安全技术是什么?

(2)手锤、扳手、起子、手锯、梯子、手电钻等常用小型机具在使用过程中有哪些安全技术要求?

3.3 压力容器安全技术

压力容器(见图3-38)顾名思义是有压力的密闭容器,在工业生产和人民生活中广泛使用。由于压力容器在极其苛刻的条件下运行,因此潜藏着各种不安全因素,甚至有爆炸的危险性。

图 3-38 压力容器

3.3.1　压力容器的分类

压力容器的分类方法有多种，从使用方式和安全技术角度来看，可分为固定式和移动式两大类。固定式压力容器安装于固定地点，用管道与前后设备相连；移动式压力容器包括各种气瓶、槽车等，是专门运输气体或液化气体的压力容器。它们在结构、使用和安全管理方面均有特殊要求，国家也制定有相应的管理法规。

根据所承受压力的不同，压力容器可分为低压、中压、高压和超高压容器四类。它们间的界限，也是人为规定的。

按照不同的工艺作用，压力容器可分为反应容器、换热容器、分离容器、储运容器四大类。

与常压容器相比，压力容器显得更为重要，这不仅因为它是工业生产中的重要设备，更因为它是一种容易发生安全事故的特殊设备。和其他生产装置不同，压力容器发生事故时不仅使容器本身遭到破坏，而且往往还会诱发一连串的恶性事故，破坏其他设备、设施或人员伤亡，造成重大损失。

3.3.2　压力容器事故分析

长期的实践证明，选材不当，焊接、制造、热处理等工艺过程欠妥与检验的疏忽，以及疲劳、蠕变、腐蚀、应力腐蚀、操作和使用不当等，往往易导致压力容器的破坏事故发生。

通过多年来对压力容器事故几率的调查统计分析，我们得出如下几方面的启示：

（1）压力容器事故发生几率一般超过1‰；原子能用压力容器及配管的事故发生概率甚高，由于能源危机，原子能工业发展迅速，如何确保压力容器安全使用，是首要必须解决的问题。

（2）球罐的事故几率极高，约占32%；其中由于裂纹而产生的破坏事故比例大，约占90%。

（3）球罐所产生的裂纹多属纵向裂纹，且大部分在焊缝热影响区，而产生裂纹的主要原因是在焊接过程中产生的，所以防止高强度钢的焊接裂纹问题是一个重点的问题。

（4）压力容器的疲劳裂纹问题，特别是低循环疲劳裂纹常常是引起它破坏的主要原因；腐蚀和应力腐蚀裂纹也是引起压力容器破坏的主要原因。

（5）产生裂纹的位置，绝大多数是在焊缝热影响区，特别是在接管或角焊缝的焊接区以及结构不连续处。

（6）许多事故均直接或间接与材料有关，因此正确选择与处理材料是防止压力容器破坏的主要问题。

（7）按照断裂力学的计算方法，可以选用抗裂纹能力强的钢材、确定钢的合理许用应力和裂纹允许长度，预算设备的使用寿命，也是防止脆性破坏的有效手段之一。

（8）水压试验对于暴露制造缺陷是有效的手段。

（9）各方面操作不当也是引起压力容器破坏事故的原因之一。

3.3.3　压力容器安全操作的基本要求

由于压力容器具有操作条件苛刻、介质复杂、技术性强等特点，并具有爆炸危险性，因此，对其管理水平要求较高。根据国务院颁布的《锅炉压力容器安全监察暂行条例》，使用压力容器的单位除了应根据设备的数量和对安全性能的要求，设置专业管理机构或专职技术管理人员外，还应加强对压力容器的安全技术管理。

（1）管理、操作人员的技术训练和安全技术教育，要求相关人员做到"三懂""四会"（即懂生产、懂工艺流程、懂设备的构造；会操作、会维护保养、会排除故障和处理事故、会正确使用消防和防护器材）。上岗职工是必须经过安全技术培训，经考核合格、取得压力容器安全作业证后，才能上岗独立操作。

（2）压力容器运行中内部有压力，不能对主要元件进行修理、敲打、锤击及紧固等工作。对于设计要求热紧固的螺栓，可按设计的具体要求处理。

（3）一切高压设备和管道均不得有摩擦或强烈的振动。

（4）严格工艺指标，按工艺规程或操作法进行操作。各种设备禁止超温、超压、超负荷运行。

（5）人员严格遵守岗位责任制、巡回检查制和交接班制。生产中发现隐患或发生事故，应认真处理，及时报告，认真记录，交班时交接清楚。上岗操作还必须按规定穿工作服、戴工作帽和其他劳动保护用品。

（6）压力容器在运行过程中，如果突然发生故障，严重威胁安全生产时，压力容器的操作人员必须立即采取紧急措施，停止压力容器运行，并尽快与有关部门取得联系。

压力容器停止运行的操作，包括泄放容器内的气体或其他反应物料。对于系统性连续生产的压力容器紧急停止运行时，必须要做好与前、后岗位的联系工作。

压力容器在运行中，发生下列异常现象之一时，操作人员有权采取紧急措施停止压力容器的运行，并即时报告：

1）容器的工作压力、工作温度或壁温，超过安全操作规程规定的极限值，而且采取各种措施仍无法控制，并有继续恶化的趋势。

2）容器的主要承压部件出现裂纹、鼓包、变形、焊缝或可拆连接处泄漏等危及容器安全时。

3）安全装置全部失效、连接管件断裂、紧固件损坏，难以保证安全操作。

4）容器所在岗位发生火灾或相邻设备发生事故，已直接威胁容器安全运行时。

5）高压容器的信号孔或警告孔泄漏。

6）发生安全技术规程中不允许容器继续运行的其他情况。

（7）容器岗位发生火灾时，在许可的条件下尽量用氮气、蒸汽或干粉灭火，以防事故扩大。

（8）容器使用后若再次开车须经相关管理人员和技术负责人批准，不允许原因不明、措施不力就盲目开车。

（9）对于各种压力容器的操作，都应按相关的操作规程进行作业。

3.3.4 压力容器的安全操作技术

正确合理地操作和使用压力容器，是保证压力容器在生产过程中安全运行的一项重要措施。因为即使压力容器的设计完全符合标准要求，制造质量优良，如果生产人员操作不当，同样也会酿成事故。

（1）压力容器一般作为化工工艺设备或机器的附属装置，它的操作方法和程序，主要应按相关工艺要求来确定。但是要保证容器的安全运行，必须做到平稳操作和防止过载。平稳操作，主要是指缓慢地加载和卸载，以及运行期间保证载荷的相对稳定。

（2）防止压力容器过载，主要防止超压。超压大多是由操作失误引起的。为了防止操作失误，除了装设联锁装置外还可实行"安全操作挂牌制度"，即在一些关键性的操作装置上，悬挂标志牌，用明显标记或文字注明阀门等的开、关状态，注意事项等。对于通过减压装置降低压力后才进气的容器，应定期检查减压装置是否完好，以免其后面的容器超压。

此外，还可装设灵敏可靠的安全泄压装置，以防止压力容器过载而引起事故。同时这也是防止压力容器过载的一个关键措施。

（3）反应容器要严格控制进入容器的物料，控制过量和原料中混入杂质。

（4）压力容器的操作温度应严格控制在设计规定的范围内。超温对压力容器造成的威胁虽然不像超压那样敏感，但长期的超温运行，也可直接或间接地导致容器的破坏。

（5）储装液化气体的容器，为了防止气体受热膨胀，造成超压，一定要严格计量，按照规定的充装重量装液，留下可以膨胀的气相空间。不能过量充装，这类容器内一旦被液化气体充装后，温度每升高 1℃即可使容器内压力升高约 10 个大气压，温度升高 10℃左右就可能导致容器爆炸。

3.3.5 锅炉安全技术

锅炉广泛地应用在工业生产中，由于这种设备的特殊性，极易发生爆炸事故，所以必须密切注意锅炉的安全运行。

3.3.5.1 锅炉事故发生的原因

（1）锅炉结构不合理，材质不符合要求，焊接质量不好，受压元件强度不够以及其他设计制造不良方面的原因。

（2）锅炉使用与管理中因操作人员违反劳动纪律，违章作业；设备失修、超过检验周期，没有进行定期检验；操作人员不懂技术；无水质处理设施，或水质处理不好；其他运行管理不善等方面的原因。

（3）锅炉安全附件不全、不灵。

（4）锅炉安装、改造、检修质量不好以及其他方面的原因等。

3.3.5.2 锅炉安全运行与管理

锅炉性能的好坏，要在运行使用中才能体现出来。锅炉的各种安全事故，大都是在运行使用当中发生的。锅炉运行管理的好坏，不但影响锅炉的经济效益，而且影响锅炉的安全和使用寿命。

A 锅炉启动与停炉

（1）锅炉启动：检查准备、上水、烘炉、煮炉点火与升压、暖管与并气。

（2）点火升压阶段：防止炉膛爆炸、控制升温升压速度、严格监视和调整指示仪表，以保证强制流动受热面的可靠冷却。

（3）停炉：停炉操作应该按相关规程规定的秩序进行。

B 锅炉正常运行中的监督调整

(1) 随时进行调节，保证锅炉负荷和蒸发量、蒸汽参数等运行指标。

(2) 监督调节锅炉水位，使锅炉水位经常保持在正常水位线处。

(3) 通过压力表及压力自动调节装置，严密监视和调节气压，使压力保持稳定。

(4) 均衡调节锅炉温度，防止气温过高或过低（锅炉温度应控制在一定的范围内）。

(5) 监督调节燃烧，使燃烧情况正常。

(6) 及时排污和吹灰。

(7) 严格执行锅炉运行管理制度。

(8) 做好锅炉停炉保养（主要是防止锅炉腐蚀）。

典型案例

(1) 某石油化工厂进行施工改造，施工人员在进行电焊作业时，电焊火花点燃了从渣顶部放空孔溢出的可燃气体，引起渣油罐发生爆炸起火，波及相距 20 余米处的 2 个 1800m² 的汽油罐爆炸起火，造成 16 人死亡，6 人重伤，炸毁油罐 3 个、烧毁渣油 169t、汽油 112t 以及电气焊具、管道等，直接经济损失 45 万余元，全厂被迫停产达 2 个多月。

事故原因分析：

1) 该厂违章输送渣油，造成油温过高，罐区形成可爆炸性气体。

2) 工人违章进行明火作业，安排明火作业未办理动火手续，也没有采取任何安全措施。

3) 单位不重视安全生产，违章指挥，冒险蛮干。该厂总体布局本身存在许多危险因素，而且一直以来厂领导轻视安全生产，忽视潜在的危险因素，终于酿成这次恶性爆炸火灾事故的发生。

(2) 某化工厂租用运输公司的一辆汽车槽车到铁路专线上装卸外购的 45t 甲苯。由于火车槽与汽车槽约有 4m 高的位差，装卸直接采用自流方式，即用塑料管（两头套橡胶管）分别插入火车和汽车罐体，依靠高度差，使甲苯从火车罐车经塑料管流入汽车罐车。在装卸第 2 车时，汽车槽车靠近尾部的装卸孔突然发生爆炸起火。爆炸冲击波将塑料管抛出罐外，喷洒出来的甲苯致使汽车槽周边燃起大火，2 名装卸工当场被炸死。约 10min 后，消防车赶到。经过扑救，大火全部扑灭，阻止了事故的进一步扩大，火车槽车基本没有受到损害，但汽车已全部被烧毁。

事故原因分析：

1) 直接原因是装卸作业没有按照规定装设静电接地装置，使装卸产生的静电无法及时导出，造成静电积聚过高产生静电火花，引发事故。

2) 间接原因是高温作业未采取必要的安全措施，因而引发安全事故。

 **思考与练习**

(1) 什么是压力容器？压力容器的分类方法有几种？

(2) 在锅炉使用与管理中，导致事故发生的人为原因有哪些？

3.4 防火防爆和危险化学品安全技术

在各个生产领域里，防火防爆和危险化学品都是一项十分重要的安全管理工作。一旦发生火灾、爆炸或泄漏、中毒事故，不仅给个人和家庭带来伤害，而且更给单位和社会带来严重后果。因此，作为高职院校的学生，不仅要学会相关安全操作技能，还要了解一些具有火灾、爆炸危险工艺和危险化学品使用的安全防火、防爆、防毒工作。

3.4.1 防火防爆安全技术

3.4.1.1 燃烧与爆炸的概念

燃烧是一种同时放热发光的氧化反应。燃烧是有条件的，它必须是可燃物、助燃物和火源这三个基本条件的相互作用才能发生。

火是指具有一定温度的热量的能源，如火焰、电火花、灼热物体等。当燃烧危及生产设施或人身安全时，就称为火灾。

物质在极短的时间内完成燃烧反应，燃烧产生巨大的热量与气体，气体受高热作用猛烈膨胀，造成压力波，具有极大的冲压力，这个现象就是爆炸。

爆炸也有三个条件：可燃物、助燃物和一定温度（如火源、火焰、火花、高温的灼热物）。

燃烧与爆炸的区别在于氧化速度的不同，决定氧化速度的重要因素是在点火前可燃物质与助燃气体（物质）是否混合均匀。例如，汽油在闭口容器里能爆炸；又如煤块可以安全地燃烧，而煤尘却能爆炸。在日常生活中我们会常见火灾与爆炸交替发生的情况。

燃烧按可燃物质的物态不同分为气体燃烧、液体燃烧、固体燃烧三种。

爆炸按物态区分，可以分为四种：气体、蒸气爆炸；雾滴爆炸；粉尘、纤维爆炸；炸药爆炸。其中前三种是可燃物质与空气或氧均匀混合后才能爆炸，称为分散相爆炸；第四种是不需与空气混合的固体或半液体的爆炸，又称凝聚相爆炸。

3.4.1.2 火灾爆炸事故的特点

（1）严重性：往往造成重大伤亡和多人伤亡事故，使国家财产蒙受巨大损失，严重影响生产的顺利进行，甚至迫使工矿企业停产，通常需较长时间才能恢复。

（2）复杂性：事故原因比较复杂，如可燃物种类繁多，引起事故的火源也有多种等。事故发生后，设备炸毁、厂房倒塌、人员伤亡等因素，也给事故原因的分析带来困难。

（3）突发性：各类事故往往在人们意想不到的时候忽然发生。

3.4.1.3 引起火灾爆炸事故的原因

由于行业的性质、引起事故的条件等因素不同，工厂火灾、爆炸事故的类型也不相同。但常见的火灾爆炸事故，从直接原因来看，主要有如下几种：

（1）吸烟引起的事故。

（2）使用、运输、存储易燃易爆气体、液体、粉尘时引起的事故。

（3）使用明火引起的事故。有些工作需要在生产现场动用明火，但因管理不当、人员违章引起事故。

（4）静电引起的事故。在生产过程中，有许多工艺会产生静电。例如，用汽油洗涤、皮带在皮带轮上旋转摩擦、油槽在行走时油类在容槽内晃动等，都能产生静电；人们穿的化纤服装，在与人体摩擦时也能产生静电。

（5）电气设施使用、安装、管理不当引起的事故。例如，超负荷使用电气设施，引起电流过大；电气设施的绝缘破损、老化；电气设施安装不符合防火防爆的要求等。

（6）物质自燃引起的事故。例如煤堆的自燃、废油布等堆积起来引起的自燃等。

（7）雷击引起的事故。雷击具有很大的破坏力，它能产生高温和高热，引起火灾爆炸。

（8）压力容器、锅炉等设备及其附件，带故障运行或管理不善，引起事故。

3.4.1.4　防火防爆基本措施

A　防火的基本措施

（1）消除着火源，如安装防爆灯具、禁止烟火、接地、避雷、隔离和控制温度等。

（2）控制可燃物。以难燃或不燃材料代替可燃材料；防止可燃物质的跑、冒、滴、漏；对那些相互作用能产生可燃气体或蒸气的物品，应加以隔开，分开存放。

（3）隔绝空气。将可燃物品隔绝空气储存，在设备容器中充装惰性介质保护。

B　防爆的基本措施

防止化学性爆炸三个基本条件的同时具备，是预防可燃物质化学性爆炸的基本手段。

（1）通过充入惰性介质，排除容器或设备管道中的可燃物，防止形成爆炸性混合物，如充入氮气、二氧化碳等。

（2）防止可燃物的泄漏，特别是大量泄漏。

（3）严格控制系统的含氧量，使其降到临界值（氧限值或极限含氧量）以下。

（4）采取监测措施，安装报警装置。

（5）消除火源。

C　消除静电的基本措施

由静电引起的火灾、爆炸事故在生产中也是经常发生，因此静电的产生是火灾爆炸的重大隐患，应当引起注意。

工业生产和生活中的大多数静电是由于不同物质的接触、分离或相互摩擦而产生的。例如，生产工艺中的挤压、切割、搅拌、喷溅、过滤等都会产生静电。

在生产过程中，常用的消除静电的基本措施如下：

（1）静电接地：用来消除导电体上的静电。

（2）增湿：提高空气的湿度以消除静电荷的积累。

（3）加抗静电添加剂：采用此方法时，应以不影响产品的性能为原则，还应注意防止某些添加剂的毒性和腐蚀性。

（4）使用静电中和器。

（5）工艺控制法：指从工艺上采取适当的措施，限制静电的产生和积累。

3.4.1.5　灭火基本措施与方法

A　灭火的基本措施

（1）报警。当遇有火警发生时，要尽快打电话报告消防部门，以便消防队员及时赶到火灾现场，尽快扑灭火灾。火警电话为119，拨通火警电话，必须讲清发生火灾的位置和火情、什么路、多少号、是什么单位、什么货物着火等。对消防队的提问，要正确回答，并告诉自己所有的电话号码、单位、姓名，以便随时联系；确认消防车出动后，才可挂断电话，并派人在路口等候，引导消防车进入火灾现场。

（2）限制火灾和爆炸蔓延。一旦发生火灾，应防止形成新的燃烧条件，以免火灾蔓延，如设置防火装置、在车间或仓库里筑防火墙或建筑物之间留防火间距等。

保护火灾现场要留意以下几点：

1）在火灾的扑救过程中，有意识地留意发现和保护起火点，不要轻易搬动物件，要尽可能保持原燃烧时的状态。

2）在火灾扑灭后，立即划出警戒区，不允许任何无关人员进入火灾现场。

3）对火灾现场的遗留物，必须保持原样，在火灾调查员进行现场勘查之前，无论是燃烧过还是未燃烧过的物品，一律不要任意搬动。

4）火灾调查员进入现场后，要处处留意勘察，不要随意走动，调查人员也不宜过多，以免挤踩破坏起火痕迹。

5）火灾现场勘察完毕后，需得到当地公安消防监视机关的批准，才能撤销现场保护，进行火灾现场的清理。

B　灭火的基本方法

（1）隔离法。将着火点或着火物与其周围的可燃物质隔离或移开，燃烧会因缺少可燃物而停止。

（2）窒息法。阻止空气进入燃烧区，或者用不燃烧的物质（气体、干粉、泡沫等）隔绝或冲淡空气，使燃烧物得不到足够的氧气而熄灭。

（3）冷却法。将水、泡沫、二氧化碳等灭火剂喷射到燃烧区内，吸收或带走热量，降低燃烧物的温度和对周围其他可燃物的热辐射强度，达到停止燃烧的目的。

（4）化学抑制法。用含氟、氯、溴的化学灭火剂（如1211等）喷向火焰，让灭火剂参与燃烧反应，从而抑制燃烧过程，使火焰迅速熄灭。

灭火过程中，往往需要同时采用以上几种方法，才能将火灾迅速扑灭。

3.4.2　危险化学品安全技术

3.4.2.1　化学危险品的概念和分类

化学危险品是指具有毒害、腐蚀、爆炸、燃烧、助燃等性质，对人体、环境、设备设施能造成危害或破坏的剧毒化学品和其他化学品。

有毒化学品是危险化学品的一类，一般亦称毒物。毒物的分类方法很多，一般是以毒物存在的形态、作用特点和化学品结构等多种因素进行综合分类。

（1）刺激性气体。刺激性气体是指对眼和呼吸道黏膜有刺激作用的有毒有害气体，常见的有氯、氨、氮氧化物、光气、氟化氢、氯化氢、二氯化硫等。

（2）窒息性气体。窒息性气体是指能造成机体缺氧的有毒有害气体，如一氧化碳、硫化氢等。

（3）有机化合物。有机化合物中大多数属于有毒有害物质，如苯、甲苯、二甲苯、丙酮、苯胺、硝基苯等。

（4）金属、类金属及其化合物。常见的金属及类金属毒物有铅、汞锰等元素及其化合物。

（5）农药。绝大多数农药为有机化合物，如果在生产、运输、使用和储存过程中未采取有效的预防措施，就会引起不同程度和类型的中毒。

（6）高分子化合物。高分子化合物多数是以有机化合物为单位的聚合物，其本身大多无毒或毒性很小，但在加工使用的过程中，可释放出游离单位或添加剂而对人体产生危害。

3.4.2.2 危险品化学安全标志

根据其危险特性和类别，常用危险化学品的标志设有 16 种主标志和 12 种副标志。

A 标志图形

主安全标志的图形由危险图形图案、文字说明、底色和危险品类别号四个部分组成，副标志图形中没有危险品的类别号，如图 3-39 所示。

图 3-39 危化品标志图形

B 标志的使用原则

当一种危险化学品具有一种以上的危险性时，要用主标志表示主要危险性类别，并用副标志来表示其他危险类别。

C 危险化学品安全标签

化学安全标签是指危险化学品在市场上流通时，应由供应者提供的附在化学品包装上的、提示接触危险化学品的人员的一种标志。它用简单、明了、易于理解的文字、图形表述有关化学品的危险特性及其安全处置的注意事项。

安全标签的主要内容有：

（1）名称——用中文和英文分别标明危险化学品的通用名称。

（2）分子式——用元素符号和数字表示分子中各原子数，居名称的下方。

（3）化学成分及组成——标出主要危险成分及其浓度、规格。

（4）编号——标明联合国危险货物编号。

（5）危险性标志——表示各类化学品的危险特性，每种化学品最多可选两个标志。

（6）标志词——根据化学品的危险程度和类别，用"危险""警告""注意"三个词分别进行高度、中度、低度危害的警示，如图 3-40 所示。

3.4.2.3 危险化学品事故类型

根据危险化学品易燃、易爆、有毒、有腐蚀性等危险特性，危险化学品能够造成事故

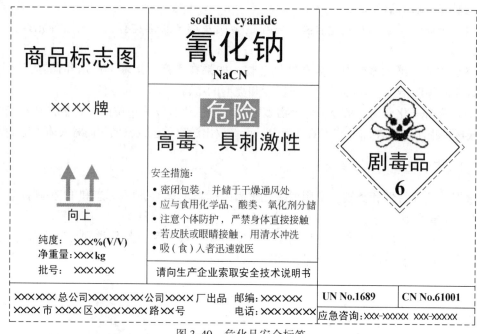

图 3-40　危化品安全标签

的类型主要有泄漏、火灾、爆炸、中毒和窒息、化学灼伤以及其他事故几种。

（1）泄漏。危险化学品泄漏事故主要指气态或液态危险化学品发生一定规模的泄漏。泄漏的危险化学品因危险特性不同，可能导致发生火灾、爆炸、中毒和窒息、灼烫等事故。

在遭遇地震、地质塌陷、洪水、天文潮汐及雨、雪、雷电、强台风等恶劣天气时，固定或移动的危险化学品储存容器也会发生倾斜、倒置，导致危险化学品发生泄漏，从而引发各类事故，危及人员的生命安全。

（2）火灾、爆炸。

1）危险化学品从业单位生产、储存、经营、使用的危险化学品大部分具有易燃易爆性。因超温、超压、误操作、违章操作、设备缺陷等原因，可引发火灾、爆炸事故。

2）管道、设备等泄漏或设备爆炸导致物质泄漏后，气体（蒸气）可与空气混合形成爆炸性气团，扩散后遇到着火源引爆并迅速回火到泄漏处，致使火灾、爆炸事故发生。

3）可燃危险化学品的燃烧热值一般较高，发生火灾后火势迅速扩大，温度高、热辐射强，附近的设备、容器因受热而内压升高，可能造成次生火灾、爆炸等事故，致使事故扩大。爆炸产生的碎片和冲击波能使附近的人员伤亡、建筑物和设备受到损坏，引起连锁反应。

（3）中毒和窒息。

1）危险化学品在生产、储存、经营、使用过程中泄漏可造成人员的中毒和窒息。有毒物质的大量泄漏，尤其是在常温常压下为气态和易挥发的物质，其产生的有毒气体能迅速扩散到生产区域以外的场所，造成人畜中毒、植物枯死等。

2）易燃易爆危险化学品泄漏后，也可引发火灾（爆炸）事故。且大多数危险化学品，在燃烧、爆炸过程中产生一氧化碳、氮氧化物等有毒烟气，致使人员中毒和窒息。

（4）化学灼伤。具有腐蚀性的危险化学品与人体接触后，会在短时间内与人体被接触表面发生化学反应，造成明显的破坏。经过几分钟或几个小时甚至几天后可表现出严重的伤害，且伤害还会不断加深，危害较大。

3.4.2.4　危险化学品分类灭火和撒漏处理方法

A　爆炸品

（1）灭火方法。用水冷却达到灭火目的，但不能采取窒息法或隔离法。不能使用砂土覆盖燃烧的爆炸品，否则会由燃烧转为爆炸。需要特别注意的是，在扑救有毒性的爆炸品火灾时，灭火人员均应按照要求佩戴防毒面具。

（2）撒漏处理。对爆炸物品撒漏物，应及时用水湿润，再撒以锯末或棉絮等松软物品收集后，保持相当湿度，必须报请消防人员处理，绝对不允许将收集的撒漏物重新装入原包装内。

B　压缩气体和液化气体

（1）灭火方法。将未着火的气瓶迅速移至安全处；对已着火的气瓶使用大量雾状水喷洒；火势不大时，可用二氧化碳、干粉、泡沫等灭火器扑救。

（2）撒漏处理。运输中发现气瓶漏气时，特别是有毒气体，要迅速将气瓶移至安全处，并根据气体性质做好相应的防护，注意人员要站在上风处，将阀门旋紧。

大部分有毒气体能溶解于水，紧急情况时，可用浸过清水的毛巾捂住口鼻进行操作，若不能制止时，可将气瓶推入水中，并及时通知相关部门处理。

C　易燃液体

（1）灭火方法。消灭易燃液体火灾的最有效方法是采用泡沫、二氧化碳、干粉等灭火器扑救。

（2）撒漏处理。及时用砂土或松软材料覆盖吸附后，集中至空旷安全处处理。覆盖时，注意防止液体流入下水道、河道等地方，以防污染环境。

D　易燃固体、自燃物品和遇湿易燃物品

（1）灭火方法。根据易燃固体的不同性质，可用水、砂土、泡沫、二氧化碳、干粉灭火剂来灭火。但必须注意遇水反应的易燃固体，不能用水扑救，如铝粉、钛粉等金属粉末应用干燥的砂土、干粉灭火器进行扑救；有爆炸危险的易燃固体如硝基化合物禁用砂土压盖；遇水或酸产生剧毒气体的易燃固体，如磷的化合物和硝基化合物（包括硝化棉）、氮化合物、硫黄等，燃烧时产生有毒和刺激性气体，不能用硝碱、泡沫灭火剂扑救，扑救时人员必须戴好防毒面具；赤磷在高温下会转化为黄磷，变成自燃物品，处理时要谨慎。

扑灭自燃物品火灾时，一般可用干粉、砂土（干燥时有爆炸危险的自燃物品除外）和二氧化碳灭火剂灭火。与水能发生反应的物品如三乙基铝、铝铁溶剂等禁用水扑救。黄磷被水扑灭后只是暂时熄灭，残留黄磷待水分挥发后又会自燃，所以现场应有专人密切观察，同时扑救时穿防护服，戴防毒面具。

扑灭遇湿易燃物品时，应迅速将未燃物品从火场撤离或与燃烧物进行有效隔离，用干砂、干粉进行扑救；与酸或氧化剂等反应的物质，不能用酸碱和泡沫灭火剂扑救；活泼金属不能用二氧化碳灭火器进行扑救，应用苏打、食盐、氮或石墨粉来扑救；锂的火灾只能用石墨粉来扑救。

（2）撒漏处理。上述三类货物撒漏时，可以将其收集起来另行包装。收集的残留物不能任意排放、抛弃；对会与水反应的撒漏物处理时不能用水，但清扫后的现场可以用大量水冲刷清洗。

E　氧化剂和有机过氧化物

（1）灭火方法。有机过氧化物、金属过氧化物只能用砂土、干粉、二氧化碳灭火剂扑救，扑救时应佩戴防毒面具。

（2）撒漏处理。在装卸过程中，由于包装不良或操作不当，造成氧化剂撒漏时，可轻轻扫起，另行包装。包装后必须留在安全地方。对撒漏的少量氧化剂或残留物要清扫干净。

F　毒害品

（1）灭火方法。如是氰化物发生火灾时，不能用酸碱灭火器扑救，可用水及砂土扑救。扑灭毒害品的火灾时还应注意根据其性质采取相应的灭火方法，扑救时尽可能站在上风方向，并戴好防毒面具。

（2）撒漏处理。固体毒害品，可在扫集后装入容器中；液体毒害品要用棉絮、锯末等松软物浸润，吸附后收集，盛入容器中。

G　腐蚀品

（1）灭火方法。无机腐蚀品或有机腐蚀品直接燃烧时，除具有与水反应特性的物质外，一般可用大量的水扑救，但宜用雾状水，不能用高压水柱直接喷射物品，以免飞溅的水珠带上腐蚀品灼伤灭火人员。

（2）撒漏处理。液体腐蚀品要用干砂、干土覆盖吸收，扫干净后，再用水洗刷；用水洗刷撒漏现场时，只能缓慢地浇洗或用雾状水喷淋，以防水珠飞溅伤人。大量溢出时可用稀酸或稀碱中和；中和时，要防止发生剧烈反应。

3.4.2.5　危险化学品急性中毒的现场抢救

（1）救护者现场准备。急性中毒发生时，毒性危险化学品大多是由呼吸系统或皮肤进入体内。因此，救护人员在救护之前必须先做好自身呼吸系统和皮肤的防护，如穿好防护衣、佩戴供氧式防毒面具或氧气呼吸器。否则，不但中毒者不能获救，救护者也会中毒，使中毒事故扩大。

（2）切断毒性危险化学品来源。救护人员应迅速将中毒者移至空气新鲜、通风良好的地方。在抢救抬运过程中，不要强拖硬拉以防造成伤员外伤，使病情加重；应松开患者衣服、腰带并使其仰卧，以保持呼吸通道畅通，同时要注意保暖。救护人员进入现场后，除对中毒者进行抢救外，还必须认真查看现场情况，并采取有力措施。如关闭泄漏出来的有毒气体或蒸汽，迅速启动通风排毒设施或打开门窗，或者进行中和处理，降低毒性危险化学品在空气中的浓度，为抢救工作创造有利条件。

（3）迅速脱去被毒性化学品污染的衣服、鞋袜、手套等，并用大量清水或解毒液彻底清洗被毒性危险化学品污染的皮肤。必须注意防止清洗剂促进毒性危险化学品的吸收，以及清洗剂本身所致的呼吸中毒。

对于黏稠性毒性危险化学品，可以用大量肥皂水冲洗（敌百虫不能用碱性液冲洗）；尤其要注意皮肤褶皱、毛发和指甲内的污染；对于水溶性毒性危险化学品，应先用棉絮、干布擦掉毒性危险化学品，再用清水冲洗。

（4）若毒性危险化学品经口引起急性中毒，对于非腐蚀性毒性危险化学品，要迅速用 1/5000 的高锰酸钾溶液或 1%~2% 的碳酸氢钠溶液洗胃，然后用硫酸镁溶液导泻。对于腐蚀性毒性危险化学品，一般不宜洗胃，可用蛋清、牛奶或氢氧化铝凝胶灌服，以保护胃黏膜。

（5）给中毒患者呼吸氧气。若患者呼吸停止或心搏骤停，应立即施行复苏术。

在采取现场抢救措施的同时，准备车辆或担架，并通知 120，以便将中毒者及时送往医院救治。

3.4.2.6 一些毒性物质污染的处理

消除有毒化学品污染的措施，主要是用有一定压力的水进行喷射冲洗，或用热水冲洗。也可用蒸汽熏蒸，或用药物进行中和、氧化或还原，以破坏或减弱其危害性。对黏稠状的污染物，如油漆等不易冲洗的可用沙搓和铲除；对渗透污染物，如联苯胺、煤焦油等物，经洗刷后再用蒸汽促其蒸发来清除污染。

（1）对氰化钠、氰化钾及其他氰化物的污染，可用硫代硫酸钠的水溶液浇在污染处。因为硫代硫酸钠与氰化物反应，可以生成硫氰酸盐，然后用热水冲洗，再用冷水冲洗干净。也可用硫酸亚铁、高锰酸钾、次氯酸钠代替硫代硫酸钠。

（2）对硫、磷及其他有机磷剧毒农药如苯硫磷、敌死通等，首先用生石灰将泄漏的药液吸干，然后用碱水湿透污染处，用热水冲洗后再用冷水冲洗干净。因为有机磷农药属于磷酸酶类、硫代膦酸酶类、氟代磷酸酯类毒性危险化学品，在碱性溶液中会迅速分解破坏而失去毒性。

（3）甲醛泄漏后，可用漂白粉加 5 倍的水浸湿污染处，因为甲醛可以被漂白粉氧化成甲酸，然后再用水冲洗干净。

（4）苯胺泄漏后，可用稀盐酸或稀硫酸溶液浸湿污染处，再用水冲洗。因为苯胺呈碱性，能与盐酸反应生成盐酸盐，如与硫酸化合，可生成硫酸盐。

（5）汞泄漏后可先行收集，然后在污染处用硫黄粉覆盖，因汞挥发出来的蒸汽与硫黄生成硫化汞而不致逸出，最后冲洗干净。

（6）磷容器破裂失去水保护将会产生燃烧，此时要先戴好防毒面具，用工具将黄磷移放到完好的盛器中，再利用工艺措施倒罐或导流，及时转移较危险的瓶体。

（7）砷泄漏后可用碱水和氢氧化铁解毒，再用水冲洗。

（8）溴泄漏后可用氨水使其生成铵盐，再用水冲洗。

3.4.3 接触危险化学品作业安全权利

3.4.3.1 职工作业安全权利

A 基本权利

（1）提请企业注意工作中使用的化学品可能造成的潜在危害。

（2）当工作中使用的化学品对人身安全和健康产生严重危害时，可撤离工作现场，并立即向上级主管部门报告。

（3）对违章指挥或强令冒险作业，有权拒绝执行，并向上级主管部门检举和报告。

（4）对由于工作中使用化学品导致的伤害或疾病有权获得治疗。

（5）有权要求企业或政府主管部门对工作中使用的化学品可能带来的危害进行调查，并了解其调查结果。

（6）女工在怀孕或哺乳期间有权申请调换到不使用或不接触对本人或哺乳期婴儿健康有害的化学品的工作岗位，并有权在适当的时候返回原岗位。

B　其他权利

（1）有权知晓在工作中使用的化学品的特性、危害、安全标签以及安全技术说明书等资料。

（2）参加安全技术培训，包括预防、控制及防止化学品危害和紧急情况处理等方面的知识技能培训。

（3）使用符合国家规定的劳动防护用品。

（4）享有法律、法规赋予的其他权利。

3.4.3.2　劳动防护用品的选用

劳动防护用品是指保护劳动者在生产过程中的人身安全与健康所必备的一种防御性装备，对于减少职业危害起着相当重要的作用。

根据《个体防护装备选用规范》（GB/T 11651—2008），正确选用优质的防护用品是保证劳动者安全与健康的前提。选用劳动防护用品时应满足以下选用基本原则：

（1）根据国家标准、行业标准或地方标准选用。

（2）根据生产作业环境、劳动强度以及生产岗位接触有害因素的存在形式、性质、浓度（或强度）和防护用品的防护性能进行选用。

（3）穿戴要舒适方便，不影响工作。

一般来说，在安全技术措施中，改善劳动条件、排除危害因素是根本性的措施。但在一定条件下，如事故救援和抢修过程中，个人劳动防护用品就成为人身安全的主要手段。从危险化学品对人体的侵入途径着眼，防护用品的选择应该是以防止呼吸道、暴露部位、消化道等侵入人体的为主，如呼吸护具类、眼防护具、防护手套、防护服、护肤用品等。

❀❀❀❀❀❀❀❀❀❀❀❀❀❀❀❀❀❀❀❀❀❀❀❀❀❀❀❀❀❀❀❀❀

典型案例

（1）2007年9月，某炼钢厂对转炉一次除尘风机进行例行检查。检修工王某、丁某负责检查风机叶轮和风机喷头。在检查喷头过程中，丁某从检修孔掉入风机进风管，王某立即戴上便携式防毒面具，放入钢绳下去救丁某，但随即昏倒在进风口内。作业区安全员李某闻讯后，立即赶到检修孔处，戴上便携式防毒面具，拉着钢绳进入检修孔救人，也昏倒在进风管内。等120急救车赶到，抢救人员陆续将中毒人员救出送医院抢救。经抢救无效王某、丁某、李某死亡。

事故原因分析：

1）作业人员安全意识不强，进入有煤气危险区域作业时，佩戴便携式防毒面具，是导致这起事故的直接原因。

2）作业过程安全确认互保、联保不到位，抢救人员在自身不安全的情况下就贸然进入，导致自己死亡。

（2）2010年10月，某炼铁厂点检员李某，在高炉检修过程中履行工作职责，按照相关安全规程，对所要检查的炉顶料流阀区域采取煤气隔断措施，用煤气检测仪进行检测，确认作业场地煤气在安全范围内，并确认在周某监护的情况下，顺着临时梯子下到料流阀平台，进行检查。当周某和李某再次下去对炉顶料流阀刀片进行检查确认时，突然发生煤气中毒，其他作业人员发现情况及时呼救，并采取应急救援措施，先后将两人抢救上来，并进行现场施救，在送往医院抢救后，李某经抢救无效于3天后死亡，周某受重伤。

事故原因分析： 在煤气安全操作规程以及多种规章制度中，均对进入此类有毒有害介质的通风不良的受限空间检修规定，在进入受限空间前，必须对该空间内的气体进行取样分析或检测，并保持通风良好，当符合安全标准后，人员方可进入该空间内作业。

以两名当事人的工作经验、所担负的工作职责、均持有有效煤气特种作业操作证而论，对自己所管辖的设备，是相当了解的。但二人却没有时刻提高安全意识，把安全放在首位，尽管采取了检测，但在没有采取任何防护措施的情况下就贸然进入危险区，是导致这起事故的直接原因。

思考与练习

（1）灭火的基本方法有几种？
（2）什么是化学危险品？化学危险品的标志有哪些？

3.5　起重作业与厂内运输安全技术

在我国国民经济中，拥有大量的各式各样的起重机械。如在港口码头和铁路车站，没有起重机械，装卸工作就不能进行；在冶金生产中，起重机械已用于金属生产的全部过程；现代建筑工程，也不能离开起重机械；在农业和林场，最困难、最费力的工作也都是由起重机械来完成。随着科学技术和生产的发展，起重机械在不断地完善和发展之中，这就对起重设备操作有了更高的安全要求和安全技术。

3.5.1　起重作业安全技术

3.5.1.1　起重机械的安全要求

（1）为了保证起重机的安全运行，应根据国家标准规定，对起重机械设置相关安全装置，如起重量限制器、行程限制器、过卷扬限制器、电气防护性接零装置、端部止挡、缓冲器、联锁装置、夹轨钳、信号装置等。

（2）严格检验和修理起重机机件，如钢丝绳、链条、吊钩、吊环和滚筒等，不能用的机件必须立即更换。

（3）建立和健全起重机维护保养、定期检验、交接班制度和安全规程。每台起重机都要详细记录其规格、性能等有关技术资料，并记载历次大修、中修情况，记录起重机的重要性能的变化和重大事故的情况，以备考查。

（4）起重机在运行的时候，任何人不能上下，也不能进行检修，更不能从一台桥式起重机跨到另一台桥式起重机上去，即使上下吊车也要走专用梯子。

（5）使用悬臂起重机、桅杆起重机、汽车起重机、履带起重机时，起重机悬臂能够伸到的区域内不准站人；使用电磁起重机，要划定一定的工作区域，在这个区域内不能有人。

（6）起重机吊运时，应走吊运通道；不能从人头上越过，在吊运的东西上也不能站人，更不能对挂着的东西进行加工。

（7）起吊的东西不能在空中长时间停留；如有在特殊情况需要停留时，在起吊物品下面必须禁止一切人员站立或通过。

3.5.1.2　起重机操作人员安全基本要求

在生产现场，起重作业是生产过程中使用频率最高，且最易发生事故的作业。因此，对起重机操作人员的作业安全要求也较高，主要有以下几点：

（1）起重机驾驶人员接班时，必须对制动器、吊钩、钢丝绳和安全装置进行检查，发现性能不正常时，必须在操作前排除。

（2）开车前，必须鸣铃或示警，操作中如果接近人时，亦应给以断续铃或示警。

（3）操作必须按照指挥信号进行，对于紧急停车信号，不论是何人发出的都必须要立即执行。

（4）操作时确认起重机上或其周围无人时，才可以闭合主电源。如电源断路装置上加锁或有标牌时，也不能合闸，必须由有关人员除掉后才可闭合主电源。

（5）起重机在闭合主电源前，应当注意所有的拉制器手柄都应置于零位。

（6）工作中如遇突然断电时，立即将所有的控制器手柄扳回零位；重新启动前，必须再次检查起重机动作是否都正常。

（7）在轨道上露天作业的起重机，工作结束时，必须将起重机锚定。当风力大于6级时，一般应马上停止工作，并将起重机锚定。对于门座起重机等在沿海工作的起重机，当风力大于7级时，就要停止工作，并将起重机锚定。

（8）起重机在维护保养时，必须切断主电源并挂上警示牌或加锁，如有未消除的故障，必须通知接班操作人员。

（9）起重机司机与指挥人员要密切配合，确保在吊运过程中达到稳、准、快、安全、合理。严格遵守"十不吊"规定（见3.2.3.3节R部分内容）。

3.5.1.3　起重机司机操作安全技术要求

（1）起重机司机必须是经过安全技术培训，并经考试合格，取得《特种设备作业人员证》的，无证者一律不能操作。

（2）开车前，起重机司机必须严格检查行车设备机械、电器和安全防护设施是否齐全完好。钢绳、吊钩、控制器、制动器、限位器、电铃、紧急开关等主要安全附件是否灵敏可靠，发现有故障要及时处理，坚决不能带病操作起重机。

（3）起重机开车前还必须遵循以下原则：

1）合闸前，检查确认各控制器是否置于零位。

2）起重机上和作业现场无关人员是否撤离至安全位置。

3）起重机运行范围内障碍物是否清除干净。

4）起重机与其他设备、固定建筑物的最小距离是否在0.5m以上。

（4）开车前必须鸣铃或示警，操作中接近人员时要鸣铃示警，要等人员避让开方可继续操作起重机。

（5）起重机司机在正常操作中，坚决不能有以下操作行为：

1）利用限位器作停车的手段。

2）利用打反车代替制动。

3）在起重作业过程中进行设备检修。

4）在起重作业过程中对起升机构，大、小车运行机构进行调整。

5）吊物从地面人员头上、设备上方通过。

（6）严格按照指挥信号进行操作，无论任何人发出的紧急停车信号都要立即停车检查。

（7）吊载物接近或达到额定值，起吊物体（熔融金属、易燃易爆物体）时，吊运前必须认真检查、确认制动器是否完好，物体起吊至0.5~1m时要进行试吊操作，确认安全无误方可吊运。

（8）有下列情况之一，起重机司机有权拒绝吊运：

1）起重机结构或零部件（如吊钩、钢丝绳、制动器、安全防护装置等）有影响安全工作的缺陷和损伤。

2）违反现场"吊装"规定的。

（9）工作中遇到突然断电时，必须马上将各控制器拉回零位，并关闭总电源；重新启动工作前，必须再次确认各控制器手柄在零位。

（10）有主、副两套起升机构的起重机，一般不允许同时利用主、副钩进行工作（设计允许的专用起重机除外）。

（11）两台或多台起重机吊运同一物体时，每台起重机不能超载，吊运过程中必须保持钢丝绳处于垂直状态，保持同步运行。吊运时，必须要有关负责技术人员和安全技术人员在作业现场进行业务指导。

（12）露天作业的轨道起重机，当风力大于6级时，必须停止工作。当工作结束时，必须锚定起重机。

3.5.1.4 指吊员一般安全技术

（1）指挥起吊信号要明确，并符合规定要求。

（2）吊挂时，吊挂绳之间的夹角宜小于120°，以免使吊挂绳受力过大。

（3）吊挂绳、链所经过的棱角处要加装衬垫。

（4）指挥物体翻转时，密切注意吊物重心平稳变化，不能产生指挥意图之外的动作。

（5）指吊员进入悬吊重物下方时，必须先与司机取得联系并设置支承装置。

（6）多人绑挂时，必须有一人专门负责统一指挥，其他人员做好配合。

3.5.1.5 起重机安全装置和检查周期

A 起重机的安全装置

（1）限制载荷的装置主要有缓冲器、超载限制器、力矩限制器。

（2）限制行程位置的装置有上升极限位置限制器、下降极限位置限制器、运行极限位置限制器、防吊臂后倾装置、轨道端部的止挡体等。

（3）定位装置有支腿回缩锁定装置、回转定位装置、防风制动装置（夹轨器、锚定装置和铁鞋）、防碰撞装置和防偏斜装置等。

（4）其他安全装置包括紧急开关、安全钩、防碰撞装置、扫轨板、电气安全装置等。

（5）防护装置包括暴露零部件的防护罩、导电滑触线防护板、电气设备防雨棚等。

（6）安全信息提示和报警装置有偏斜调整和显示装置、幅度指示计、水平仪、风速风级报警仪、倒退报警装置和危险电压报警器、电气联锁保护装置，警铃或信号装置和安全标识等。

B 起重机的检验标准

（1）对于正常工作的起重机，每两年必须进行一次（吊运熔融金属的起重机每一年必须进行一次）性能检验。

（2）经过大修、新安装及改造过的起重机，在交付使用前必须检验确认。

（3）闲置时间超过一年的起重机，在重新使用前必须检验。

（4）经过暴风、地震和重大事故后，强度、刚度、构件的稳定性和机构的重要性等可能受到损害的起重机必须检验。

特别需要注意：对于工作繁重、使用环境恶劣的起重机，其经常性检查周期每月不得少于一次，定期检查周期每年不得少于一次。

3.5.1.6 遥控式起重机安全技术

遥控式起重机的操作，除了必须严格遵守起重机操作的基本安全要求外，还应注意以下安全技术：

（1）装有遥控的起重机，必须由专人负责，遥控器也要专人负责保管，其他无关人员不能开动遥控起重机。

（2）遥控操作时，必须确认起重机上无操作人员和检修人员等，并检查遥控器电源是否充足，各舱口门开关是否关闭。

（3）遥控操作前，需先确认各控制器都在零位，紧急开关应在断开位置，然后才能送合控制电源开关。遥控操作完毕，应及时断开电源开关。

（4）不能远距离操作起重机，人离起重机的垂直距离要保持在3~6m。

3.5.1.7 电动葫芦安全技术

电动葫芦的操作，除了必须严格遵守起重机操作的基本安全要求外，还应注意以下安全技术：

（1）吊装货物前，要进行空载开动正反转试验，检查控制按钮、限位器、导绳装置、末端挡板、吊钩、钢丝绳是否安全可靠，操作线路是否正确，各机构正常后，方可开始工作。

（2）不能超负荷使用，不准倾斜起吊，操作人员在吊运工作中应随时注意钢丝绳在卷筒内的排列，如有串槽重绕的情况应及时处理，不能强行使用。

（3）钢丝绳在起吊物件时，如有打结、旋转、缠绕等现象，应立即停止使用。

（4）不能同时按在两个相反方向运转控制按钮上。

（5）每次起吊时，宜先点动按钮，使钢丝绳用上力后，再进行起吊。

（6）车体运行到终点时，必须慢速靠近。

（7）重物下降过程中，如发现严重的自溜刹不住时，可迅速按"上升"键，使重物上升少许，再按"下降"按钮，使重物缓慢落至地面后进行检查修理。

（8）不能将负荷长时间悬吊在空中。

（9）在使用过程中，若碰到按钮失灵、接触器粘连等情况，应立即切断主电源，进行修理。

（10）使用完毕后，应将吊钩提升离地2m以上，将电动葫芦停到指定位置，并切断总电源。

3.5.2　厂内运输安全技术

3.5.2.1　汽车、汽车式铲车运输安全技术

厂内大量的运输工作是由汽车来完成的，因此发生运输事故最多的也是汽车。对于汽车及汽车式铲车的运输，在厂区进行生产运输时必须严格遵守以下安全技术：

（1）驾驶汽车及汽车式铲车的人员，必须持有驾驶执照。驾驶电瓶式铲车的人员，还应该经过专门的安全培训，取得特种作业操作证。

（2）汽车、汽车式铲车（含电瓶式铲车，下同）的各种机构零件，必须是符合技术规范和安全要求的，车辆坚决不能带故障运行。

（3）汽车在厂内的行驶速度必须严格遵守厂区的有关规定。例如，在厂区道路上行驶，每小时不得超过2km；出入厂区大门，每小时不得超过5km等。

（4）车辆装卸货物时，必须严格按照规定要求，不能超载、超高。

（5）汽车装载货物时，如果有随车人员，应该坐在指定的安全地点，人员不能坐在车厢侧板上或驾驶室顶上，也不能站在车门踏板上。

（6）铲车在行驶中，无论是空载还是重载，其车铲距离地面不能小于300mm，但也不得高于500 mm。

（7）铲车铲货物时，必须先将货物垫起，然后再起铲。货物放置要平稳，不能偏重和偏高，起铲完，还要将货物向后倾斜10°~15°，以增加货物稳定性。

（8）铲车在铲货物时，无关操作人员不能靠近，特别是当货物升起后，其下方坚决不允许有人站立或是通过。

（9）任何人不能站在车铲或车铲的货物上随车行驶，更不能站在铲车车门上随车行驶。

3.5.2.2　铁路运输安全技术

铁路运输因为具有运量大、合理运距长、成本低、生产可靠、设备及备品备件容易解

决等优点，所以在许多工厂厂区内都铺设有铁路专用线。厂内专用铁路在运输中的安全也是一项专业性很强的工作。其基本安全技术如下：

（1）铁路专用线及其附属的设施，每个职工都应该爱护，不能损坏或是随便挪运位置。

（2）铁路专用线及其安全区域内不允许堆放任何物品。

（3）人员通过铁路道口时，一定要先瞭望，看清是否有机车车辆通过，坚决不能超车抢道。

（4）人员不允许在铁路专用线上行走，更不允许推车行走。

（5）在铁路专用线上停有机车车辆时，人员不允许从两辆车中间通过，更不能从机车车辆的下方爬过铁路。

（6）火车在装卸作业时，无关操作人员，不能在附近停留，更不能在轨道附近逗留。

3.5.2.3 液体金属、熔渣和高温货物运输安全技术

（1）操作人员向罐内流放液体金属时，注意液体液面与罐口边沿的垂直距离不能小于300mm。

（2）调车人员在配罐位时，要事先检查车辆和线路状况，步行引导，按照"罐位标"对好罐位，并做好止轮措施。

（3）连挂和吊运液体金属、熔渣罐车时，不能冲撞和猛力拖动车辆。

（4）车辆进入现场作业时，调车人员必须在对好车位、做好止轮措施后，方准机车摘钩离开车辆。

（5）车辆调移前，调车人员要认真检查线路，不允许有障碍和液体黏结现象。

（6）装运热锭、热切头、热模、液体金属和熔渣等灼热物质的特种车辆，一定不能在煤气、氧气等管道下停放。

3.5.2.4 危险货物运输安全技术

（1）运载危险货物的机车不能进入易燃、易爆区域；如果需要进入时，必须采取相应的安全措施。

（2）装载危险货物的车辆编入列车时，要最后连挂；解体时要优先送往卸货地点。

（3）装载易燃、易爆危险品的车辆，由蒸汽机牵引时，必须用两辆货车与机车隔离；推进时可用一辆货车与机车隔离。由内燃、电力机车牵引或推进时，必须用一辆货车与机车隔离。

（4）连挂易燃、易爆、压缩和液化气体货物车辆时，启动操作要求平稳，防止冲撞或空转。

（5）装载易燃、易爆货物的车辆，在通过车站、车场时，必须与热货物车辆隔线通行。

（6）装载易燃、易爆货物的车辆，必须在专线停放，不得随意停放。

3.5.2.5 厂内机动车辆驾驶基本安全技术

厂内机动车辆驾驶员在日常操作中要做到"一安、二严、三勤、四慢、五掌握"的

安全技术。

"一安"：指要牢固树立"安全第一"的思想。

"二严"：指要严格遵守操作规程和交通规则。

"三勤"：指要脑勤、眼勤、手勤。在操作过程中要多思考，知己知彼，严格做到不超速、不违章、不超载，要知车、知人、知路、知气候、知货物。要眼观六路，耳听八方，瞻前顾后，注意上下、左右、前后的情况。对车辆要勤检查、勤保养、勤维修、勤搞卫生。

"四慢"：指情况不明要慢；视线不良要慢，起步、会车、停车要慢；通过交叉路口、狭路、弯路、人行道、人多繁杂地段要慢。

"五掌握"：指要掌握车辆技术状况、行人动态、行区路面变化、气候影响、装卸情况等。

3.5.2.6 电瓶车运输安全技术

电瓶车又称为"电动车"，是由蓄电池（电瓶）提供电能，由电动机（直流、交流）驱动的纯电动机动车辆。近年来使用非常普遍，目前我国国内的电瓶车主要用于观光载客、治安巡逻、搬运货物等。电瓶车使用寿命一般为8~12年，其蓄电池使用寿命一般为1~4年（具体视使用维护情况）。

电瓶车操作的主要安全操作技术如下：

（1）电瓶车司机必须是经过专门安全培训、取得特种作业操作证的人员，方可独立操作。

（2）电瓶车在厂区内的行驶速度，每小时不得超过10km；转向时、出入厂内和车间大门以及在车间内行驶的速度，每小时不得超过5km。

（3）电瓶车不能超负荷装载。装载货物的高度，离地面不得超过2m，宽度不得超过电瓶车底盘的两侧外廓各200mm，伸出车身的长度不得超过500mm，且不能拖在地面上运送。

（4）使用电瓶车运送货物时，货物必须要放置平稳，必要时还应该使用绳索绑牢。

（5）电瓶车进入厂区内部，装载易燃易爆、有毒有害物品时不能乘人。

（6）乘坐电瓶车的人员，一定要坐稳，不能将腿、脚和身躯伸出车厢外。

（7）电瓶车不允许驶过距机床、管道、炉子和其他设备小于0.5m处，以及路况不好的道路或照明度不足的场所。

❧❧❧❧❧❧❧❧❧❧❧❧❧❧❧❧❧❧❧❧❧❧❧❧❧❧❧❧❧❧❧❧❧❧❧❧❧

典型案例

（1）某钢铁公司炼钢车间徐某操作起重机吊运重1.8t的钢包，准备将其放到平车上。当吊车开到平车上方时，由于钢水包未对正平车不能下落，于是徐某按照地面指挥人员要求转动大车操纵手柄，操作时接触器触头跳火，大车失控吊着离地1m高的钢水包向前疾驶，驶到4.9m处一名员工躲避不及被撞倒，又继续前走5.7m，直到挂住电炉支架，操作者才反应过来，赶紧将电源开关拉断，大车才停下。但被撞者经抢救无效死亡。

事故原因分析：

1）起重机大车制动器失灵是发生事故的直接原因，但操作者缺乏操作经验，发现后未及时切断电源。

2）没有严格执行起重机设备安全操作规程——没有制动装置或制动失灵的吊车不准使用；起重机（吊车）驾驶员必须经过安全培训考试合格才能进行操作。

———————————※ ※ ※———————————

（2）2007年4月18日，辽宁省铁岭市清河特殊钢有限责任公司生产车间，一个装有约30t钢水的钢包在吊运至铸锭台车上方2~3m高度时，突然发生滑落倾覆，钢包倒向车间交接班室，钢水涌入室内，致使正在交接班室内开班前会的32名职工当场死亡，另有6名炉前作业人员受伤，其中2人受重伤，直接经济损失866.2万元。

事故原因分析：经对事故现场勘察和分析，这是一起责任事故。

1）该厂的起重机安全管理混乱，起重机司机无特种作业操作证，作业现场混乱，制定的应急预案操作性不强。

2）该起重机未按特种设备管理规定进行检验，相关管理部门和管理人员严重违反安全规定，玩忽职守。

———————————※ ※ ※———————————

（3）某厂实习职工陈某，在到食堂打饭途中，经过铁路时被火车碾伤右脚和左手，造成右脚切除，左手臂粉碎性骨折，手臂接好后短了4cm。

事故原因分析：陈某是实习职工，其本身工作经验和安全技能就不足，自身安全意识不强是造成这起事故的直接原因。

类似的事故多发于刚参加工作或实习生身上，值得深思！

思考与练习

（1）起重机操作人员安全基本要求有哪些？

（2）厂内汽车、汽车式铲车运输安全要求有哪些？

3.6 焊接与切割安全技术

焊接作业作为常见的通用工种之一，具有生产周期短、成本低、灵活方便、用材合理及能够以小拼大等一系列优点，在工业生产中得到了广泛应用。因此，焊接（切割）作业的安全操作技术也尤为重要。

3.6.1 焊接与切割作业的劳动保护措施

3.6.1.1 通风防护措施

在焊接切割作业过程中只要采取完善的防护措施，就能保证作业人员只吸入微量的烟尘和有毒气体，通过人体的解毒作用，把毒害减到最小程度，从而避免发生焊接烟尘和有毒气体中毒现象。通风技术措施是消除焊接粉尘和有毒气体、改善焊接作业人员劳动条件的有力措施。

按通风范围，通风防护措施可分为全面通风和局部通风。由于全面通风费用高，且排烟不理想，因此除了大型焊接车间外，大多采用局部通风措施。

（1）全面通风多在专门的焊接车间或焊接量大、焊机集中的工作地点，考虑全面机械通风，可集中安装数台轴流式风机向外排风，使车间内经常更换新鲜空气。

（2）局部通风分为送风和排气两种。局部送风只是暂时将焊接区域附近作业地带的有害物质吹走，虽对作业地带的空气起到一定的稀释作用，但也可能污染整个作业区域，起不到排除粉尘与有毒气体的目的。局部排气是目前采用的通风措施中，使用效果良好、方便灵活、设备费用较低的有效措施。

局部通风系统主要由吸尘罩（排烟罩）、风道、除尘或净化装置以及风机组成。其形式有固定式排烟罩（吸尘罩）、移动式排烟罩、手执式排烟罩等。使用固定式或可移动式排烟罩时，要同时安装净化过滤设备或与整体通风净化系统结合起来，否则只是将有害物质转移，仍会污染车间、厂房的环境空气。

3.6.1.2 个人防护措施

焊接作业的个人防护措施主要是指作业人员对头、面、眼睛、耳、呼吸道、手、脚和身躯等的人身防护，主要有防尘、防毒、防噪声、防高温辐射、防放射性、防机械外伤等。

焊接作业时，作业人员除了必须穿戴一般防护用品（如工作服、手套、眼镜和口罩）外，针对特殊作业场合，还可以佩戴通风焊帽，防止烟尘危害。

对于剧毒场所紧急情况下的抢修焊接作业，可佩戴隔绝式氧气呼吸器，防止急性职业中毒事故的发生。

为保护焊工作业人员眼睛不受弧光伤害，焊接时必须使用镶有特制防护镜片的面罩，并根据焊接电流的强度不同来选用不同型号的滤光镜片。

此外，焊工作业人员应穿浅色或白色帆布工作服，并将袖口扎紧，领口扣好，皮肤不外露，以防止皮肤受到伤害。

长时间在噪声环境下工作的人员还应戴上护耳器，以减小噪声对人的危害程度。

3.6.2 气焊与气割基本安全知识

3.6.2.1 气焊基本知识

气焊是利用可燃气体与助燃气体混合点燃后产生的高温火焰（热源）来熔化工件的待焊部位（如坡口），并通过向熔池内添加填充材料（如焊丝），使被熔化的金属形成熔池，随着热源不断地向前移动，离开热源的部位开始冷却，熔池随之凝固，最后形成一条焊缝的加工方法。

气焊常用的设备包括氧气瓶、乙炔瓶以及回火防止器等。气焊工具包括焊炬、减压器以及胶管等。

气焊使用的气体包括助燃气体和可燃气体。助燃气体是氧气；可燃气体有乙炔、液化石油气和氢气等。

乙炔与氧气混合燃烧的火焰称做氧炔焰。按照氧气与乙炔的不同比值，氧炔焰可分为中性焰、碳化焰（也称还原焰）和氧化焰三种。

气焊用的焊丝起填充焊缝的作用，与熔化的母材一起组成焊缝金属。常用气焊丝有碳素结构钢焊丝、合金结构钢焊丝、不锈钢焊丝、铜及铜合金焊丝、铝及铝合金焊丝、铸铁焊丝等。

在气焊过程中，气焊丝的正确选用十分重要，应根据工件的化学成分、机械性能选用相应成分或性能的焊丝，有时也可用被焊板材上切下的条料作焊丝。

焊剂是氧-乙炔焊时的助熔剂。它的主要作用是消除坡口及焊丝表面的有害杂质；与金属中的氧、硫化合，使金属还原，补充合金元素，起到合金化的作用。

为了防止金属的氧化以及消除已经形成的氧化物和其他杂质，在焊接有色金属材料时，必须采用气焊熔剂。常用的气焊熔剂有不锈钢及耐热钢气焊熔剂、铸铁气焊熔剂、铜气焊熔剂、铝气焊熔剂。气焊时，熔剂的选择要根据焊件的成分及其性质而定。

3.6.2.2　气割基本知识

气割是利用可燃气体与氧气混合燃烧的预热火焰，将金属加热到燃烧点，并在氧气射流中剧烈燃烧形成熔渣然后被吹除的加工方法。气割所用的可燃气体主要是乙炔、液化石油气和氢气等。

归纳起来，氧炔焰气割过程是：预热—燃烧—吹渣。

并不是所有金属都能被气割，只有符合下述条件的金属才能被气割：

（1）金属能同氧剧烈反应，并能放出足够的热量。

（2）金属导热性不太高。

（3）金属的燃烧点要低于它的熔点。

（4）金属氧化物的熔点低于金属本身的熔点。

（5）生成的氧化物易于流动。

符合上述条件的金属有纯铁、低碳钢、中碳钢和低合金钢以及钛等。其他常用的金属材料如铸铁、不锈钢及耐酸钢、铝和铜等则必须采用特殊的气割方法。

3.6.2.3　气焊气割作业常用气体及其性质

气焊、气割常用的可燃气体有乙炔、氢气、液化石油气等。常用的助燃气体是氧气。

（1）乙炔是一种无色有特殊臭味的气体，比空气稍轻。它既是可燃气体，又是易燃易爆气体。乙炔与空气混合的爆炸危险性较大，如果是与氧气混合的爆炸危险性更大。所以在气焊、气割作业中必须注意通风。

乙炔的分解爆炸与存放的容器形状和大小有关，容器的直径越小，乙炔就越不容易爆炸。

（2）氧气。氧气在常温状态下，是一种无色、无味、无毒的气体，比空气略重，微溶于水。

氧气具有很强的化学活泼性，能同许多元素化合。增高氧的压力和温度，能使化学反应速度显著加快，压缩的气态氧与矿物油、油脂或细微分散的可燃物质接触时能发生自燃，引起失火或爆炸。氧气几乎能与所有可燃气体及可燃蒸汽混合形成爆炸性混合物，这类混合物具有较宽的爆炸极限范围。因此，使用氧气时，尤其是使用压缩状态的氧，必须经常检查所用工具，一定不能沾染油脂等污染物。

3.6.2.4 氧气瓶的安全

A 氧气瓶爆炸事故的原因

结合氧气瓶的安全使用要求，经分析引发氧气瓶爆炸的原因主要有以下几点：

（1）气瓶的材质、结构和制造工艺不符合安全要求。

（2）由于保管和使用不善，气瓶受到日光暴晒、明火、热辐射等作用。

（3）在搬运装卸时，气瓶从高处坠落、倾斜或滚动等发生剧烈碰撞冲击。

（4）气瓶瓶阀无瓶帽保护、受振动或使用方法不当等，造成密封不严、泄漏甚至瓶阀损坏、高压气流冲出。

（5）使用时开气速度过快，气体迅速流经气瓶瓶阀时产生静电火花。

（6）氧气瓶瓶阀、阀门杆或减压阀等上黏有油脂，或氧气瓶内混入了其他可燃气体。

（7）可燃气瓶（乙炔、氢气、石油气瓶）发生漏气。

（8）乙炔瓶内填充的多孔性物质下沉，产生净空间，使乙炔气体处于高压状态。

（9）乙炔瓶处于卧放状态或大量使用乙炔时，丙酮随同流出。

（10）石油气瓶充灌过满，受热时瓶内压力过高。

（11）气瓶未作定期技术检验。

B 氧气瓶的安全使用

（1）氧气瓶在出厂前必须按照我国《气瓶安全监察规程》的规定，严格进行技术检验合格后，在气瓶的球面部分作明显标志。

（2）充灌氧气瓶时必须首先进行外部检查，并认真鉴别瓶内气体，未确认不得随意充灌。

（3）氧气瓶在运送时必须戴上瓶帽，并避免相互碰撞，不能与可燃气体的气瓶、油料以及其他可燃物同车运输；且搬运气瓶时，必须使用专用小车固定牢固，不能随意将氧气瓶放在地上滚动。

（4）氧气瓶一般应直立放置，且必须安放稳固，以防止倾倒。

（5）取氧气瓶瓶帽时，只能用手或扳手旋转，坚决禁止用铁器敲击。

（6）在瓶阀上安装减压器之前，要拧开瓶阀，吹尽出气口内的杂质，并轻轻地关闭阀门，减压器装上后，要缓慢开启阀门，开得太快容易引起减压器燃烧和爆炸。

（7）在瓶阀上安装减压器时，与阀口连接的螺母必须拧得紧固，以防止开气时脱落，人体站立位置要避开阀门喷出的方向。

（8）氧气瓶阀、氧气减压器、焊炬、割炬、氧气胶管等坚决不允许黏上易燃物质和油脂等，以免引起火灾或爆炸。

（9）夏季使用氧气瓶时，必须放置在凉棚内，以避免阳光照射；冬季不要放在火炉和距暖气太近的地方，以防爆炸。

（10）冬季要防止氧气瓶阀冻结。如有结冻现象，只能用热水和蒸汽解冻，不能用明火烘烤，更不能用金属物敲击，以免引起瓶阀断裂。

（11）氧气瓶内的氧气不能全部用完，最后要留 0.1~0.2MPa 的氧气，以便充氧时鉴别气体的性质和防止空气或可燃气体倒流入氧气瓶内。

（12）氧气瓶要远离高温、明火、熔融金属飞溅物和可燃易爆物质等。一般规定为相距 10m 以上，与乙炔瓶相距 5m 以上。

（13）氧气瓶必须每 3 年要做定期安全检查，检查合格后才能继续使用。

（14）氧气瓶阀着火时，要迅速关闭阀门，停止供气，使火焰自行熄灭。如邻近建筑物或可燃物失火，应尽快将氧气瓶移到安全地点，防止受火场高热烘烤而引起爆炸。

3.6.2.5　乙炔瓶的安全

使用乙炔瓶时除了必须遵守氧气瓶的使用安全技术外，还要严格遵守下列各使用安全要求：

（1）乙炔瓶不能遭受剧烈振动和撞击，以免引起乙炔瓶爆炸。

（2）乙炔瓶在使用时必须直立放置，不能躺卧，以免丙酮流出。

（3）乙炔减压器与乙炔瓶阀的连接必须可靠，如有漏气情况坚决禁止使用。

（4）开启乙炔瓶阀时速度要缓慢，不要超过一转半，一般只需开启 3/4 转。

（5）乙炔瓶体表面的温度不能超过 30~40℃，因为温度高会降低丙酮对乙炔的溶解度，而使瓶内乙炔压力急剧增高。

（6）乙炔瓶内的乙炔不能全部用完，低压表读数最后必须留 0.03MPa 以上的乙炔气；且用后必须将瓶阀关紧，防止漏气。

（7）当乙炔瓶阀冻结时，不能用明火烘烤，必要时可用 40℃ 以下的温水解冻。

（8）使用乙炔瓶时，必须装置干式回火防止器，以防止回火传入瓶内。

3.6.2.6　焊炬的安全

A　焊炬的分类

焊炬按可燃气体与氧气的混合方式分为射吸式和等压式两类；按可燃气体种类分为乙炔、氢、石油气等类型；按使用方法分为手工和机械两类。

目前国内使用的焊炬多数为射吸式。在这种焊炬中，乙炔的流动主要是靠氧气的射吸作用，所以不论使用中压或低压乙炔都能使焊炬正常工作。

B　焊炬在使用过程中的安全

（1）射吸式焊炬在点火前必须检查其射吸性能是否正常，以及焊炬各连接部位及调节手轮、针阀等处是否有漏气。

（2）经以上检查合格后，才能点火。点火时先开启乙炔轮，点燃乙炔并立即开启氧气调节手轮，调节火焰。（这种点火方法与先开氧气后开乙炔的方法相比较具有的优点是，可以避免点火时的鸣爆现象、容易发现焊炬是否堵塞等弊病、火焰由弱逐渐变强、火焰燃烧平稳等，其缺点是刚点火时容易产生黑烟。）

（3）火焰停止使用时，必须先要关闭乙炔调节手轮，以防止发生回火。

（4）焊炬的各气体通路均不允许沾染油脂，以防氧气遇到油脂而燃烧爆炸。

（5）根据焊件的厚度选择适当的焊炬及焊嘴，并用扳手将焊嘴拧紧，以拧到不漏气为止。

（6）在使用过程中，如发现气体通路或阀门有漏气现象，必须立即停止工作，待消除漏气后，才能继续使用。

（7）坚决不能将正在燃烧的焊炬随手卧放在焊件或地面上，以免发生安全意外。

（8）焊嘴头被堵塞时，不能用焊嘴头与平板摩擦，而应使用通针清理，以消除堵塞物。

（9）工作暂停或结束后，将氧气和乙炔瓶关闭，并将压力表指针调至零位，同时还要将焊炬和胶管盘好，挂在靠墙的架子上或拆下橡皮管将焊炬存放在工具箱内。

特别值得注意的是，使用焊炬时应当注意尽可能防止产生回火。如果发生回火，要急速关闭乙炔调节手轮，再关闭氧气调节手轮。

3.6.2.7 割炬的安全

割炬按照预热火焰中氧气和乙炔的混合方式，也分为射吸式和等压式两种，其中以射吸式割炬的使用最为普遍。

焊炬的安全使用也同样适合于射吸式割炬，但是使用射吸式割炬时还应注意以下两点：

（1）在开始切割前，工作表面的厚漆皮、厚锈皮和油水污物等必须加以清理，以防止锈皮伤人。在水泥地面上切割时，要垫高工件或者在被切割工件下方垫上钢板（薄钢板或石棉板），防止水泥地面爆皮伤人。

（2）在正常工作结束时，要先关闭切割氧调节手轮，再关闭乙炔调节手轮。在回火时也应快速地按以上顺序关闭各调节手轮。

3.6.3 气焊与气割安全技术

3.6.3.1 气焊与气割的危险、危害因素

（1）火灾、爆炸和灼烫。由于气焊与气割所应用的乙炔、液化石油气、氢气和氧气等都是易燃易爆气体，氧气瓶、乙炔瓶、液化石油气瓶也都属于压力容器，而且在焊补燃料容器和管道时，还会遇到其他许多易燃易爆气体及各种压力容器，同时又使用明火，如果设备和安全装置有故障或者操作人员违反安全操作规程等，都有可能会造成爆炸和火灾事故。

在气焊与气割的火焰作用下，氧气射流的喷射，使火星、熔珠和铁渣四处飞溅，容易造成人员灼烫事故。较大的熔珠和铁渣还能引燃易燃易爆物品，造成火灾和爆炸。因此防火防爆也是气焊、气割作业过程的主要安全任务。

（2）金属烟尘和有毒气体。气焊与气割的火焰温度一般均高达3000℃以上，被焊金属在高温作用下蒸发、冷凝成为金属烟尘。在焊接铝、镁、铜等有色金属及其他合金时，除了这些有毒金属蒸气外，焊粉还会散发出燃烧物；黄铜、铅的焊接过程中都能散发有毒蒸气。此外，在补焊操作中，还有可能遇到其他毒物和有害气体，尤其是在密闭容器、管道内的气焊操作，都有可能造成焊工中毒事故。

3.6.3.2 气焊与气割基本安全操作技术

（1）气焊与气割的操作人员必须进行安全技术培训，考试合格并取得操作证后，方

有资格进行独立操作。

（2）如在禁火区内进行焊割作业，作业之前必须实行动火审批制度，由有关部门出具动火许可证后，方可作业。

（3）搬运氧气瓶、乙炔气瓶时，必须避免碰撞、振动，人员要戴好安全帽、防振圈，使用保管中应避免暴晒和火烤。

（4）在焊接作业场地 10m 的范围内，不能有任何易燃易爆物品。

（5）焊割工作前必须认真检查焊割工具是否完好和性能正常，特别要检查回火防止器、安全阀是否安全好用。

（6）使用氧气时，人员要站在出气口的侧面，缓慢开启阀门；乙炔瓶必须直立放置，不能卧放。

（7）焊割所用气瓶离电闸及正在散发热量的物体及设备应大于 2m；使用时，氧气瓶与乙炔气瓶之间的距离应大于 5m。

（8）操作人员工作时必须按规定穿戴好个人防护用品，必须佩戴有色护目镜。

（9）气瓶上所用的压力表要经常自检，检查是否完好、性能是否正常，并要按规定向计量单位送检，以确保计量准确。

（10）注意氧气瓶上及压力表的部位，均不能沾染任何油脂。

（11）氧气表和乙炔表冻结时，不能用火烤或锤打，要使用热水或蒸汽解冻。

（12）在容器及舱室内焊割时，必须设监护人、通风装置和采取防火措施。停止工作时，要将焊割炬关好，并带出容器。

（13）在登高作业之前，要先检查作业点下地面是否符合安全要求，脚手架、桥板是否牢靠。此外还要使用标准的防火安全带，并注意防止重物和工具下落伤人。

（14）氧气瓶使用到最后必须留有表压 0.1~0.2MPa，乙炔气瓶使用到最后必须留有表压 0.03MPa 以上。

（15）工作结束后，认真检查现场，确认安全后方可离开。

（16）乙炔瓶、氧气瓶、氢气瓶及易燃物品等坚决不能同车运输。

3.6.4　焊条电弧焊与电弧切割安全技术

3.6.4.1　焊条电弧焊的危害因素

（1）触电。焊条电弧焊焊接设备的空载电压一般为 50~90V，该电压已经超过了人体所能承受的安全电压，所以操作人员在更换焊条或违反操作规程时，都有可能会发生触电事故，尤其是在容器和管道内操作，四周都是金属导体，触电的危险性更大。

（2）烟尘。一般焊接电弧的温度可高达 5000~8000℃。焊条、焊件和药皮在电弧高温作用下，发生蒸发、凝结和气化，产生大量烟尘，也会对环境和人的身体造成一定的损害。

（3）有毒气体。焊接作业时，电弧周围的空气在弧光强烈辐射下，还会产生臭氧、氮氧化物等有毒气体，因此为保护操作人员的人身安全，在焊接场所应采取有效的通风措施。

（4）弧光辐射。焊接时由于人体直接受到弧光辐射（主要是紫外线和红外线的过度照射），还可能会引起眼睛和皮肤的疾病。

（5）爆炸和火灾。在焊接操作过程中，设备线路短路、过载或接触电阻过大或者飞溅物引着易燃易爆物品，以及燃料容器、管道焊补时防爆措施不当等，都有可能引起爆炸和火灾事故。

3.6.4.2 电弧切割的危害因素

电弧切割作业时，除了要做好焊条电弧焊的预防措施外，还要注意以下几点危害因素：

（1）烫伤和火灾。电弧切割时，被压缩空气吹散的熔渣易烧坏工作服、烫伤人的皮肤以及引着易燃物品而造成火灾，所以应注意顺风方向操作。

（2）烟尘。在窄小容器和舱室内进行电弧切割操作时，也必须采取防尘措施。

（3）焊机过载。由于电弧切割使用电流较大，如果连续工作时间较长，则易烧毁焊机，因此长时间电弧切割操作时要注意防止焊机过载。

3.6.4.3 电焊机的安全使用要求

（1）电焊机的使用必须符合该机技术说明书的规定。

（2）电焊机必须装有独立的专用电源开关、电源线和焊接电缆的接头要接触良好。

（3）电焊机要防止受到碰撞或剧烈振动，对于室外使用的电焊机必须装有防雨雪的措施。

（4）电焊机设备的外壳，必须保护接零和接地，接地电阻不能超过 4Ω。

（5）电焊机应放置在离电源开关附近、人手便于操作的地方，并且周围留有 1m 的安全通道。

（6）不能利用连接建筑物金属构架、管道和设备等来作为焊接电流回路。

（7）不能在焊机上放置任何物件和工具，启动电焊机前焊钳与工件不能短路。

（8）采用连接片改变焊接电流的焊机，在调节电流前必须切断电源。

（9）工作完毕或临时离开工作场地时，必须及时切断焊机电源。

（10）焊接电缆线横过马路或通道时，要采取保护措施，电缆与油脂等易燃物不允许有接触。

（11）电焊机必须要经常保持清洁，注意清扫尘埃时必须切断电源。

（12）整流式弧焊机要放置于干燥通风的地方，以利于散热。

（13）焊接电缆最好用一根电缆，长度在 20~30m，若须加长，也不允许超过两个接头。

（14）电焊机电源电缆长度不允许超过 2~3m，如需临时加长时，要用瓷瓶架高，并使之距离地面 2.5m 以上。

3.6.4.4 焊条电弧焊安全操作技术

（1）焊条电弧的操作人员必须进行安全技术培训，考试合格并取得操作证后，方有资格独立作业。

（2）如在禁火区内进行焊割，必须实行动火审批制度，由有关部门出具动火许可证后，方可作业。

（3）搬运焊机、检修焊机或是需要改变极性等操作时，必须要切断电源才能进行。

（4）安装、检修焊机或更换保险丝等必须由专职电工进行，焊工不得擅自进行操作。

（5）在焊接作业场地 10m 范围内，不能有易燃易爆物品。

（6）焊接作业人员的手或身体的任一部分不能接触导电体。如在潮湿地点操作时，地面上要铺设橡胶绝缘垫。

（7）工作前必须要检查设备、工具的绝缘层有无破损，接地是否良好。

（8）工作时，人员必须按规定穿戴好个人防护用品。

（9）推、拉电源闸刀时，要戴绝缘手套，人员站在侧面，用左手推闸，动作要快，以防电弧火花灼伤脸部。

（10）在容器及舱室内焊接要有监护人和通风装置；使用的行灯电压为12V。

（11）登高作业之前，必须先检查作业点下面的地面是否符合安全要求；脚手架、桥板是否牢靠；注意登高作业要使用标准防火安全带，并要注意防止重物和工具下落伤人。

（12）工作结束后要认真检查现场，确认安全后方可离开。

3.6.4.5 电弧切割的安全操作技术

电弧切割作业时，除了要遵守电弧焊的有关规定外，还应注意以下几点安全技术：

（1）电弧切割时电流较大，要防止焊机过载发热。

（2）电弧切割时烟尘大，操作者应佩戴送风式面罩。作业场地必须采取排烟除尘措施，以加强通风。

（3）电弧切割时大量高温液态金属及氧化物从电弧下被吹出，必须注意防止人员被烫伤和发生火灾。

（4）电弧切割作业时，由于噪声较大，操作者还应戴耳塞。

典型案例

（1）因焊接操作需要搭接临时用电电源线，某焊管车间工段长孙某，在没有电工的情况下，自己进行搭接，由于线路接错，在合闸操作时空气开关爆炸，孙某当场被电弧烧伤右手，后经医院诊断为右手轻伤。

事故原因分析：

1）在没有电工的情况下，孙某自己搭接电源线。

2）操作者安全意识淡薄，典型的习惯违章操作。

———————※ ※ ※———————

（2）某厂检修工杨某，有电氧焊工操作证，在浓缩池旁骑在粗管子上切割一根0.1m小管子时，在管子割断瞬间，管子弹起将杨某从2.5m的高处弹倒摔下，造成左肩胛骨骨折。

事故原因分析：

1）操作者的现场作业预见能力差，事前未考虑到管子有应力，对作业中可能出现的问题估计不到位。

2）操作者本人违章蛮干，习惯性违章作业。

———————※ ※ ※———————

（3）某加工厂电焊工李某与其他职工一起合作安装皮带机尾轮，在李某切割一段角钢过程中，乙炔皮管与割炬连接处突然脱落，乙炔气遇到切割处火星，引起乙炔气管爆炸，导致李某面部、颈部等处被烧伤。

事故原因分析：

1）李某作为电焊工，作业前没有按照安全要求检查皮管连接就动火是引发事故的主要原因，可以看出操作者是习惯性违章作业。

2）李某对切割作业过程中可能出现的情况没有做出预见，并采取相应的保护措施。

 思考与练习

（1）焊接作业作为通用工种之一，在作业中有哪些个人防护措施？

（2）登高焊接作业有哪些安全注意事项？

3.7 建筑施工安全技术

3.7.1 施工安全技术措施

3.7.1.1 施工安全技术措施的含义

施工安全技术措施是施工组织设计中的重要组成部分，它是具体安排和指导工程安全施工的安全管理与技术文件。它针对每项工程在施工过程中可能发生的事故隐患和可能发生安全问题的环节进行预测，从而在技术上和管理上采取措施，消除或控制施工过程中的不安全因素，防范发生安全事故。

施工安全技术措施是建筑施工企业在编制施工组织设计时，根据建筑工程的特点制定相应的安全技术措施。因此，施工安全技术措施是工程施工中安全生产的指令性文件，在施工现场管理中具有安全生产法规的作用，必须认真编制和贯彻执行。

3.7.1.2 施工安全技术措施的内容

施工安全技术措施的内容包括：

（1）进入施工现场的安全规定。

（2）地面及深坑作业的防护。

（3）高处及立体交叉作业的防护。

（4）施工用电安全。

（5）机械设备的安全使用。

（6）为确保安全，对于采用的新工艺、新材料、新技术和新结构，制定的有针对性的、行之有效的专门安全技术措施。

（7）预防自然灾害（防台风、防雷击、防洪水、防地震、防暑降温、防冻、防寒、防滑等）的措施。

（8）防火防爆措施。

3.7.2 施工现场安全知识

3.7.2.1 施工现场的安全规定

施工现场是建筑行业生产产品的场所，因此为了保证施工过程中施工人员的安全和健康，需要建立多项安全规定。

（1）悬挂标牌与安全标志。在施工现场的入口处应当设置"一图五牌"（见图3-41），即工程总平面布置图和工程概况牌、管理人员及监督电话牌、安全生产规定牌、消防保卫牌、文明施工管理制度牌，以接受群众监督。在场区有高处坠落、触电、物体打击等危险部分应悬挂安全标志牌，见表3-2。

工程概况牌

工程名称		
建筑面积	工程造价	
结构类型	层 数	
开工日期	竣工日期	
建设单位		
设计单位		
质量监督		
安全监督		
施工单位		
监理单位		
质量目标		

管理人员名单及监督电话

管理人员	姓 名	各工种负责人	姓 名
项目经理		瓦 工	
项目技术负责人		钢筋工	
施工员		木 工	
技术员		架子工	
安全员		电 工	
质检员		起重工	
预算员		机械操作工	
材料员		电焊工	
安全资料员			
施工单位电话		建设单位电话	

安全监督部门电话

安全生产牌

一、施工现场的项目负责人对工程项目的安全施工负责。项目相关管理人员应当取得安全生产考核合格证。作业人员，必须经安全培训教育合格后，方可上岗作业。

二、参加施工管理和作业的人员，应当遵守安全生产规章制度和操作规程，落实安全措施和安全专项施工方案，确保安全生产。

三、实行施工总承包的工程，由总承包单位对施工现场的安全生产负总责。分包单位应当服从总承包单位的安全生产管理。

四、特种作业人员必须按规定取得特种作业操作资格证书后，方可上岗作业。

五、施工现场对因建设工程施工可能造成损害的毗邻建筑物、构筑物和地下管线等，应当采取专项防护措施。

六、作业人员应当正确使用安全防护用具和穿戴安全防护用品。

七、施工现场应当在危险部位设置明显的安全警示标志。安全警示标志必须符合国家标准。

八、施工现场在使用施工起重机械和整体提升脚手架、模板等自升式架设设施前，应当按规定检测和组织有关单位进行验收，检测和验收合格的方可使用。

九、施工单位应当为从事危险作业的人员办理意外伤害保险。支付意外伤害保险费。意外伤害保险期限自建设工程开工之日起至竣工验收合格止。

文明施工牌

一、施工现场布置符合总平面布置图的要求。按规定设置围挡，图格做到坚固、平稳、整洁、美观。

二、施工现场应实行封闭管理。设置出入口，出入口应设置大门，配备专门门卫人员，建立门卫值守制度。

三、施工现场的办公、生活区与作业区分开设置，办公、生活区的选址应当符合安全要求。不得在尚未竣工的建筑物内设置员工集体宿舍。临时搭建的建筑物应当符合安全使用要求，使用装配式活动房屋的应具有产品合格证。

四、施工现场应当遵守有关环境保护规定，采取措施，防止或者减少粉尘、废水、废气、固体废物、噪声、振动和施工照明对人和环境的危害及污染。做到施工不扰民。

五、施工现场整洁清洁卫生、干净，有专人保洁。办公室生活区、宿舍、厕所、浴室等周围和膳食、饮水应当符合《食品卫生法》的卫生要求。炊事人员必须持健康证上岗。生活垃圾及时清理。

六、施工现场各种建筑材料和构件分类堆放整齐，标识明显；操作地点及周围必须文明施工，建筑垃圾集中及时清运。

七、施工现场道路必须平整畅通，有条件的应采用混凝土硬化施工道路，现场道路保持畅通，有良好的排水措施，做到无积水；车辆出入口应设置洗车台，配置冲洗设备，运输车辆应冲洗干净，确保车辆不带泥砂出现场。

消防保卫牌

一、施工现场的项目负责人对工程项目的消防安全负责。建立消防安全责任制度，制定用火、用电、使用易燃易爆材料等各项消防安全管理制度和操作规程。

二、施工现场应按规定设置消防通道并保持畅通。在配电室、动火作业区、食堂、宿舍等临时设施的重点部位，按要求配备灭火器，设立消防水池、消防水桶、消防锹、消防钩和黄沙池，上述设施周围不得堆放物品，并设置符合国家标准的安全警示标志。

三、建筑高度超过30m时，应配备足够的消防水源，立管直径应为2英寸，当水压不足的施工现场应配备加压水泵，保证灭火时有足够的水压。

四、施工现场焊割动火作业，应认真执行焊割动火作业"十不烧"制度。不得在禁火作业区吸烟和动火。

五、施工现场应建立治安保卫制度。与当地派出所建立治安联动机制，预防施工现场"防盗、防斗殴、防聚众赌博"等治安事件的发生。

施工现场平面布置图

图 3-41 施工现场"一图五牌"

表 3-2 施工现场安全标志一览表

序 号	安全标志牌名称	挂 设 位 置
1	"禁止吸烟"牌	挂设在木工制作场所

序 号	安全标志牌名称	挂 设 位 置
2	"禁止烟火"牌	挂设在木料堆放场所
3	"禁止用水灭火"牌	挂设在配电室内
4	"禁止通行"牌	挂设在井架吊篮下
5	"禁带火种"牌	挂设在油漆、柴油仓库
6	"禁止跨越"牌	挂设在提升卷扬机地面钢丝绳旁
7	"禁止攀登"牌	挂设在井架上、脚手架上
8	"禁止外人入内"牌	挂设在工地大门入口处
9	"禁放易燃物"牌	挂设在电焊、气割焊场所
10	"有人维修、严禁合闸"牌	有人维修时挂在开关箱上

（2）施工现场四周要用硬质材料进行围挡封闭，在市区内其高度不得低于 1.8m。场内的地坪应做硬化处理，道路应当坚实畅通。施工现场应当保持排水系统畅通，不得随意排放。各种设施和材料的存放应当符合安全规定和施工总平面图的要求。

（3）施工现场的孔、洞、口、沟、坎、井以及建筑物临边，应当设置围挡、盖板和警示标志，夜间应当设置警示灯。

（4）施工现场的各类脚手架（包括操作平台及模板支撑）应当按照标准进行设计，采取符合规定的工具和器具，按照专项安全施工组设计进行搭设，并用绿色密目式的安全网全封闭。

（5）施工现场的用电线路、用电设施的安装和使用应当符合临时用电规范和安全操作规程，并按照施工组织设计进行架设，坚决不能任意拉线接线接电。

（6）施工单位应当采取措施控制污染，并按照规定做好施工现场的环境保护工作。

（7）施工现场应当设置必要的生活设施，并符合国家有关卫生规定要求，做到生活区与施工区、加工区的分离。

（8）人员进入施工现场一律必须佩戴安全帽，作业人员攀登与独立悬空作业时要配挂安全带。

3.7.2.2 施工工程中的安全操作知识

施工现场的施工队伍中有两类人员参加施工：一类是管理人员，包括项目经理、施工员、技术员、质检员、安全员等；另一类是操作人员，包括瓦工、木工、钢筋工等各工种。

施工管理人员是指挥、指导、管理施工的人员。在任何情况下，不得为了抢进度而忽视安全规定指挥工人冒险作业。操作人员应通过三级教育、安全技术交底和每日的班前活动，掌握保护自己生命安全和健康的知识技能，杜绝冒险蛮干，做到不伤害自己，不伤害别人，也不被别人伤害。各类人员除了要做到不违章指挥、不违章作业以外，还应熟悉以下建筑施工安全的特点：

（1）安全防护措施和设施要不断地补充和完善。随着建筑物从基础到主体结构的施工，不安全因素和安全隐患也在不断地变化和增加，需要及时针对变化了的情况和新出现的隐患采取措施进行防护，以确保安全生产。

（2）在有限的空间交叉作业，危险因素多。在施工现场的有限空间里集中了大量的机械、设施、材料和人员。随着在建工程形象进度的不断变化，机械与人、人与人之间的交叉作业就会越来越频繁，人员受到伤害的机会也随之增多，这就需要建筑工人实时增强安全意识，掌握安全生产方面的法律、法规、规范、标准、知识，杜绝违章施工和冒险作业。

3.7.3　施工现场各工种的安全技术

3.7.3.1　木工

（1）模板支撑不能使用腐烂、扭裂、劈裂的材料；顶撑必须垂直，底端平整坚实，并加垫木，木楔要钉牢，用模顺拉杆和剪刀撑拉牢。

（2）支撑要按工序进行，模板没有固定之前，不能进行下道工序。严格禁止人员利用拉杆、支撑攀登上下。

（3）支设 4m 以上的立柱模板时，四周必须钉牢，人员操作时要搭设工作台；不足 4m 的要使用马凳操作。

（4）支设独立梁模，必须装设临时工作台，人员不能站在框模上操作或是在梁底模上行走。

（5）撑模、拆模时不能使用腐烂、跷裂、暗伤的木质或铁木脚手板，亦不得使用 50mm×75mm 和 50mm×100mm 的薄板或是条子当作立人板。

（6）拆卸模板必须一次拆清，不能留下无支撑的模板，拆除的模板要及时清理归堆，以防止人员钉伤。

（7）在距离地面 2m 以上撑、拆模板时，不能用斜撑与平撑代替作为扶梯上下，以防撑头脱落、断裂跌下伤人；在拆除较重模板时，应先把模板扒开，系好绳索，轻拆，轻放，防止拆下的模板冲断脚手板；拆模时严禁乱抛模板，不能站在琵琶撑上撑模，如必要时，亦要采取有效安全措施后方可进行操作。

（8）高空作业的材料堆放应稳妥、可靠，使用的工具随时装入袋内，防止坠落伤人，坚决不允许向高空操作人员抛送工具、物件等。

（9）使用榔头、斧头等手工工具，手柄要装牢，人员操作时手要握紧，以防止工具脱柄或脱手伤人。

（10）使用木工机械时，推进速度不能太快，木节应放在推进方向的前面，刨厚度小于 15mm，长度小于 300mm 的木料，必须用压板或推棍，不允许用手推进。

（11）木工机械的基座必须装设稳固，机械的传动和危险部位必须安装有防护罩，特别对于机械的刀盘部分要严格检查，刀盘螺丝必须旋紧，以防止刀片飞出伤人。

（12）木工机械必须设有专人负责，操作人员必须熟悉机械性能，熟悉操作技术，机械设备使用完毕立即断电源并将开关箱关门上锁。

（13）木工车间、木库、木料堆场所严禁吸烟或随便动用明火；如有废料要及时清理归堆，以免发生意外。

（14）在坡度大于 25° 的屋面操作，要有防滑梯、护身栏杆等防护措施。

（15）在没有望板的屋面上安装石棉瓦时，要在屋架下弦设安全网或其他安装措施，并使用有防滑条的脚手板，勾挂牢固后方可操作，严禁在石棉瓦上行走。

3.7.3.2 电工

（1）在建工程（含脚手架具）的外侧边缘与外电线路的边线小于安全操作距离时必须编制外电防护方案，可采取增设屏障、遮拦、围护、防护网及悬挂醒目的标志牌等防护措施。防护屏障要采用绝缘材料搭设，如果距离过近防护措施无法实施时，则应迁移外电线路。

（2）采用 TN-S 系统，重复接地不能少于 3 处，且每一处接地电阻不能大于 10Ω，接地材料采用角钢、钢管、圆钢，接地线也可与建筑基础接地相连接；保护零线应使用绿、黄双色线，保护零线与工作零线不得混接，同一施工现场电气设备不能是一部分作保护接零，一部分作保护接地。

（3）施工现场配电系统应实行三级配电、三级保护，配电箱内应在电源侧装设明显断开点的隔离开关，漏电保护器装设应符合分级保护的原则，配电箱应采用定型化产品，多路配电应明显标识。坚决禁止使用倒顺开关。

（4）施工现场照明用电应设置照明配电箱，照明电线采用三芯橡套电缆线；灯具的金属外壳及金属支架必须有保护零线，灯具安装高度应符合要求，室内线灯具低于 2.4m 的潮湿场所，手持照明灯必须使用 36V 及以下安全电压电源供电。

（5）架空线路必须设在专用电杆上（混凝土杆、木杆）并装设横担绝缘子，采用绝缘导线；架设高度、线间距离、导线截面、挡距、相序排列、色标必须符合要求。电缆线应采用埋地或架空敷设，严禁沿地面明设、随意拖拉或绑架在脚手架上，电缆线穿越建筑物、道路和易受机械损伤的场所必须采用保护措施，不能使用老化、有破皮的电缆。

（6）设备容量大于 5.5kW 的动力电路必须采用自动开关及降压启动装置，不能采用手动开关控制；各种开关电器、熔断丝的额定值应与其用电设备的额定值相适应，严禁使用其他金属丝来代替熔丝，电器装置必须使用合格产品。

（7）配电室内要有足够的操作、维修空间，配电屏（盘）应装设计量仪表、电压表、指示灯，短路、过负荷装置和漏电保护器；系统标识应明显，禁令标志牌必须齐全，并设置砂箱及绝缘灭火器材料。

3.7.3.3 泥工

（1）施工前必须检查安全措施，如脚手板、脚手架、横楞、顶撑等是否牢固，铁高凳四脚是否垫实，脚手架是否有空头现象等。不能使用腐烂材料、砖头作为立人板，施工时要随时清理脚手板上的遗留灰浆、淤泥，冬季施工时还要随时清除霜、雪、冰等，以防人员滑跌。

（2）脚手架及铁高凳上不能堆过高或过多的材料（标准砖不能超过三侧，20 孔多孔砖不能超过四侧）和站立过多的人员，堆置材料必须放置平稳。

（3）使用内脚手架操作时，外墙必须装有安全网，人员严禁在砖墙上行走或在墙上操作，操作时人不能面向外斩砖，以防止碎砖掉下伤人。

（4）使用外脚手架操作时，人员不能在同一垂直线上工作，如遇特殊情况要有安全隔离措施方可进行。

（5）砌筑墙基时，要随时注意防止塌落伤人。

（6）人员上下脚手架时，必须走登高扶梯，不能站在砖墙上做砌筑、划线（勒缝）检查大角垂直度和清扫墙面工作。

（7）山墙砌完后，必须安装撬条或加临时支撑，以防止倒塌。

（8）人员在屋面坡度大于25°时，挂瓦必须使用移动板梯，板梯必须有牢固的挂钩，没有外架子时檐口应搭防护栏和防护立网。

（9）使用磨石子机，操作人员必须戴绝缘手套、穿胶靴，且电源线不能有破皮，金刚砂块安装必须牢固，并经试运转正常后方可操作。

3.7.3.4　混凝土工

（1）搭设车道板时，两头需搁置平稳并用钉子固定，在车道板下面每隔1.5m需加横楞、顶撑；2m以上高空串跳，必须有防护栏杆；车道板上应经常清扫垃圾、石子等以防车子跳板滑跌。

（2）低空操作的一般手推小翻斗车，车道不能小于1.4m，双车道宽度不能小于2.8m，在运料时前后保持一定车距，作业人员双手要扶牢车辆，不能双手脱抱，以防止翻（落）车伤人。

（3）距离地面2m以上浇捣过梁、雨篷、小平台等，作业人员不能站在搭头上操作，如无可靠的安全设备时，必须系好安全带，并扣好保险钩。

（4）使用振动机前应检查电源线是否良好，机械运转是否正常；振动机移动时，不能硬拉电线，更不能在钢筋和其他锐利物上拖拉，防止割破拉断电线面造成触电伤死事故，如使用单相手式振动机时，要求戴好绝缘手套，以防触电伤人。

（5）井架吊篮起吊或放下时，必须关好井架安全门，作业人员的头、手不准伸入井架内，必须待吊篮停稳，安全刮板固定好后，才能进入吊篮内工作，吊篮放下后必须把门关好。

（6）浇灌框架、梁、柱砼，应设操作台，人员不能直接站在模板或支撑上操作。

（7）使用振动机，操作人员必须穿胶鞋，湿手不得接触开关，电源线不能有破皮漏电。

3.7.3.5　竹工（架子工）

（1）搭设砌筑、机喷、手工粉刷等脚架都必须设有顶撑，顶撑应大于横楞，并不得小于90mm；冲天、牵杠的有效部分不能小于750mm，冲天接高交叉部分的长度应大于2m。

（2）脚手架的选材不得采用青嫩、枯脆、白麻、蛀、超过六节裂缝和不符合质量要求的材料，竹脚手架搭设双排架子，立柱间距不得大于1.3m，小横杆间距不得大于0.75m。

（3）钢管脚手架和角铁脚手架，落地柱头须垫实加固，为防下沉，必须同时设置接地装置。

（4）脚手架均需设置抛撑（长排管子脚手架及角铁脚手架亦应在其中部加设若干抛撑）。三排上无法设置的，必须按照实际需要用 12 号~10 号铅丝拉紧（不少于三圈），每隔 4.5m 将长高隔排与建筑物牢固连接，里挡与建筑物要平撑撑紧，固定牢靠。每排脚手架外挡应设扶手栏杆，顶排扶手应与冲天柱扎牢，防止高空吊物时吊钩或物体带落伤人，外脚手架距离墙身空隙不能大于 200mm，以防止在空隙里坠落。

（5）外脚手架任何杆件和边丝铅丝，不能随便拆或斩断。如操作上必须拆除不可的，则需要经过工程队或单位工程负责人同意，并采取有效措施后，方能临时拆除。操作完毕后及时恢复原状，确保安全。

（6）双排钢脚手架冲柱间距不大于 180m，牵杠间距不大于 1.2m，里排冲天柱不能大于 500mm；投入生产中的脚手架离墙空隙不能大于 200mm，脚手架外纵面应按规定设置剪刀撑，高层建筑脚手架要按上级部门批准的施工组织设计规定执行。

（7）脚手架的安全交底琵琶应满铺，每隔四排要伸面满堂，底琶与牵杠、搁栅应不少于四点扎牢，在脚手架外侧应设防护 180mm 的挡脚步板，沿街或居民密集区还应从第三排开始，外侧全部全封闭安全琶。

（8）从第二排开始，每排均需扎实 1~1.2m 高的防护栏杆，顶排要扎两道防护栏杆，防护栏杆必须与冲天柱扎牢靠；如使用毛竹的防护栏杆，其有效部分直径不少于 50mm，在井架、走道、平台、山墙等纵向端及登高扶梯平台处，均应设置上下两道防护栏杆。

（9）为确保施工人员登高作业上下安全，必须在脚手架外侧，单独设置对外的登高扶梯，数量根据工程大小而设置，不能在脚手架、井字架等处攀登上下。

（10）脚手架上的施工荷载规定为：砌筑脚手架均布荷载每平方米不能超过 270kg（即在脚手架上堆放标准不超过单行侧放三侧高，20 孔多孔不超过单行侧放四侧高，非承重三孔砖只允许两排脚手架上同时堆放）。

粉刷脚手架均布荷载每平方米不得超过 200kg，只允许三排脚手架上同时施工。

同一垂直线的脚手架上下同时工作，必须设有隔离遮盖安全措施。

（11）砌筑里脚手架铺设宽度不能小于 1.2m，高度要保持低于外墙 200mm，里脚手架的支架间距不得大于 1.5m，支架底要有垫木块，并支在能承受荷重的结构上，搭设双层；上下支架必须对齐，同时支架间应绑斜撑拉杆。

（12）砌墙高度超过 4m 时，必须在墙外搭设能承受 160kg 荷重的安全网或防护挡板，多层建筑应在二层和每隔四层设一道固定的安全网，同时再设一道随施工高度提升的安全网。

（13）搭设安全网应每隔 3m 设一根支杆，支杆与地平一般须保持 45°，在楼层支网必须预埋钢筋环或是在墙面外侧各绑一道横杆；网要外高里低，网与网之间拼接严密，网内杂物要随时清除。

（14）拆除脚手架时，周围要装设围栏或警示标志，并设专人看管，非操作人员，不能入内。拆除时应按顺序由上而下，一步一清，不能上下同时作业。

（15）拆除脚手架大横杆、剪刀撑，要先拆中间扣，再拆两头扣，由中间操作人往下顺杆子。

（16）拆下的脚手杆、脚手板、钢管、扣件、钢丝绳等材料，要向下传递或绳吊下，而不能直接往下投掷。

注意：脚手架、井架搭设完毕后，必须先交工地安全员或施工员验收，经验收合格后方可投入使用。

3.7.3.6 钢筋工

（1）拉直钢筋时卡头要卡牢，地锚必须结实牢固，拉筋沿线 2m 区域内禁止行人；断料、配料、弯料等工作，应在地面进行，不能在高空操作。

（2）搬运钢筋要注意附近有无障碍物、架空电线和其他临时电气设备，防止碰撞或发生触电事故。

（3）现场绑扎悬空梁钢筋时，作业人员必须在脚手板上操作；绑扎独立柱头钢筋时，不能站在钢箍上绑，必须要有安全设施。

（4）遇雷雨天气时，必须停止露天操作，预防雷击钢筋伤人。

（5）安装成品钢筋工作时，要经常检查壳子板、脚手架是否安全；安装悬空大料、大梁等工作，应在脚手板上进行，如遇钢筋工程靠近高压电线时，必须要有可靠的安全隔离措施，以防止钢筋在回转时碰撞电线造成触电伤人。

3.7.3.7 油漆工

（1）油漆库内严禁吸烟及一切明火，仓库内必须装设有消防器材，如灭火机、黄砂箱等（使用油漆、苯乙烯时不论室内室外一律不能吸烟）。

（2）使用八字安全扶梯作业时，扶梯脚必须用橡皮包好，中间加铁链或绳子拉牢，使用时要摆稳，上下扶梯时防止断挡及跌伤，仰角不得小于 60°。

（3）在高空或窗口铲锈、刷漆时，如无脚手架而使用吊篮操作时，作业人员必须系好安全带，人员一律严禁站在窗上操作。

（4）使用喷浆石灰刷白，必须戴好防护眼镜、口罩及手套，机械设备要经常检查加油，不能漏电、漏气或带病操作，当班人员完工需洗净皮带管，并切断电源。

（5）刷外开窗时，必须将安全带挂在牢固的地方；刷封檐板、水落管等时应搭设脚手架或吊篮，在大于 25° 的铁皮屋面上刷油，应设置活动板梯，防护栏杆和安全网。

3.7.3.8 玻璃工

（1）作业人员在划、配玻璃时应在专用场所进行，废品、碎片玻璃应集中归箱，不能随便乱丢。

（2）高处安装玻璃，应将玻璃放置平稳，垂直下方禁止一切人员通行，安装屋顶采光玻璃时，必须铺设脚手板或采取其他安全措施。

（3）嵌玻璃时，作业人员不能将玻璃钉、嵌刀等铁件含在口中，必须放在随身工具袋内。

（4）使用扶梯和油漆工安全技术规定中的第（2）条相同。

（5）高空作业无脚手架时，人员必须系好安全带，以防止高空坠落。

（6）玻璃窗风钩、插销未装好前，不能装配玻璃，以防风吹震碎后玻璃掉下伤人。

3.7.3.9 防水工（柏油工）

（1）柏油锅必须在指定地点使用，不能放在仓库、危险物品库、高压电线下、草房等附近（必须距离 25m）；烧柏油时要有专人看管，下班时必须将火源熄灭方可离开，坚决不允许在屋面上明火熔化柏油。

（2）熄炼柏油时，人员必须使用劳防用品，并注意炉内火力强度，并配备灭火设备，如黄砂、铁锹、泡沫灭火机等；一旦发生火警，不能使用水去灭火焰，防止油溅火势蔓延。

（3）熔炼柏油时，每个容器加料不能超过三分之二；调和冷底子油时，汽油与熔热油要分开，工作间隙时不能在操作场所吸烟，以避免火警事故。

（4）运送熔热柏油，要尽量利用垂直运输设备。没有垂直运输设备时，可利用绳索吊运。严格禁止使用人力相互上下垂直递运。屋面烧柏油要注意风向，人员尽可能站在上风口工作。

（5）屋面烧柏油遇到天沟时，要将水落管洞口临时塞好，并注意下面操作人员的安全。

（6）操作人员必须严格遵守操作规程，正确佩戴和使用好本工种防护用品。做屋面沿口或天沟时，人员要面向外背朝里。

（7）不能在屋面上随意松解缆风绳。

3.7.3.10 起重工

（1）施工前首先要了解场地情况、各种构件重量和规格及设备最大重量，防止超负荷起吊。

（2）起吊物件下方不能站人，构件未经校正、焊牢或固定之前，不能松绳脱钩。

（3）工具、索具等必须符合起重安全要求，吊起物件不能超重，各种起重机械、葫芦、把杆、钢丝绳等要经常检查，加油保养，不能带病使用。

（4）起重物件确需斜吊时，吊运前必须做好安全措施，杆底固定要牢固，防止松倒。

（5）大型构件、设备起吊之前，必须先行试吊，试吊时要听清指挥人员信号或看清指挥手势，起吊笨重物件时，不可中途或是长时间悬吊、停滞等。

（6）用把杆起吊时，缆风绳要加强检查，确保各根缆风绳的扣件位置平稳和牢靠。

（7）在拆卸把杆起重设备时，决不能放松警惕，不能往下乱抛东西。

（8）不能随意将负重的缆风绳、滑车（回绳）扣件扎在机械或树根及电杆木和任何其他建筑物上，必要时还需对力矩和强度进行确切计算。

（9）雷雨季节竖立铁质把杆时，如周围无高于把杆的建筑物时，把杆体上必须装有接地装置。

（10）高空作业人员必须系好安全带，起重操作时必须要有专人指挥，一切操作人员听从指挥人员统一指挥，司机和指挥人员要紧密地配合，如遇多层指挥，信号必须统一，指挥以一个为主；构件在地面时以地面指挥为主，构件在空中时，以空中指挥为主，如操作司机发现指挥有错误，必须立即进行联系加以纠正。

（11）装运易倒构件应使用专用架子，卸车后要放稳搁实，支撑牢固。

（12）起吊屋架由里向外起板时，要先起钩配合降伸臂；由外向里起板时，必须先起伸臂配合起钩。

（13）就位的屋架应搁置在道木或方木上，两侧斜撑一般不少于三道，不能斜靠在柱子上。

（14）使用抽销卡环吊构件，卡环主体和销子必须系在绳扣上，并应将绳扣收紧，不允许在卡环下方拉销子。

（15）引柱子进杯口，撬棍应反撬，临时固定性的楔子每边需要两只松钩进行敲紧。

（16）无缆风校正柱子的应随吊随校，但偏心较大、细长、杯口深度不足柱子长度的 1/20 或不足 60cm 时，不能无缆风校正。

（17）吊运物件不能放在板形构件上起吊。

（18）吊装不易放稳的构件时，必须使用卡环，不得用吊钩。

3.7.3.11　机械操作工

（1）操作任何机械，操作前均需要严格检查防护装置、电气线路、开关制动、钢丝绳、轧头、离合器、制动器（电铃）等是否完全可靠，并作空运试转、试吊，在确认良好的情况下，才能正式开始工作。

（2）开动机械设备时，操作人员思想要高度集中，不能与他人谈笑；坚决禁止酒后操作机械，人离机停，切断电源。

（3）对各种机械的维护保养要做到四勤（即勤检查、勤加油、勤保养、勤维修）；机械设备不能带病使用，更不能超负荷使用；如发现有违章指挥情况，机械工有权拒绝操作。

3.7.3.12　电焊工

（1）电焊操作人员必须是经过有关部门安全技术培训、考试合格取得操作证后，方可独立上岗操作；明火作业必须取得审批手续。

（2）电焊机外壳必须接地良好，其电源的装拆要由专业电工人员进行。

（3）电焊机要设单独的开关箱，开关箱须有防雨措施，拉开关时人员要戴手套并侧向操作。

（4）焊钳与把线必须绝缘良好、连接牢固，更换焊条时人员要戴手套；在潮湿地点工作，必须站在绝缘胶板或木板上。

（5）严禁在带压力的容器或管道上施焊，焊接带电的设备必须先切断电源。

（6）焊接储存过易燃、易爆、有毒物品的容器或管道，必须清除干净，并将所有孔盖打开。

（7）在密闭金属容器内施焊时，容器必须可靠接地，通风良好，并有专人监护，注意不能向容器内输入氧气。

（8）焊接预热工作时，要有石棉或挡板等隔热措施。

（9）把线、地线禁止与钢丝绳接触，更不能用钢丝绳或机电设备代替零线；所有地线接头，必须连接牢固。

（10）更换场地移动把线时，要切断电源，作业人员不允许手持把线就爬梯登高。

（11）清除焊渣，采用电弧气割清理时，作业人员要戴防护眼镜或面罩，以防止铁渣飞溅伤人。

（12）多台焊机在一起集中施焊时，焊机平台焊件必须接地，并应有隔光板。

（13）钍钨极要放置在密闭铅盒内，磨削钍极时，作业人员必须戴好手套、口罩，并将粉尘及时排除。

（14）二氧化碳气体预热器的外壳必须绝缘，且两端电压不能大于 36V。

（15）遇雷电时，必须立即停止露天焊接作业。

（16）施焊作业场地周围必须清除易燃易爆物品，或是进行覆盖、隔离。

（17）必须在易燃、易爆气体或液体扩散区域施焊时，必须经有关部门检验许可后，方可进行施焊作业。

（18）不能利用厂房的金属结构、管道、轨道或其他金属物塔来作为导线使用。

（19）焊接工作结束，要立即切断焊机电源，并检查操作地点，确认无起火危险后，人员方可离开。

3.7.3.13 普工

（1）挖掘土方时，两作业人员之间保持 2~3m 的距离，并由上而下逐层挖掘，不能采用掏洞的操作方法。

（2）开挖沟槽、基坑等，要根据土质挖掘深度放坡，必要时须设置固壁支撑；挖出的泥土应堆放在沟边 1m 以外，并且高度不得超过 1.5m。

（3）吊运绳索、滑轮、钩子、箩筐等要完好牢固，起吊时垂直下方不能有人。

（4）拆除固壁支撑时，要自下而上进行，填好一层再拆一层，不得一次拆到顶。

（5）使用蛙式打夯机，电源电缆必须完好无损，必须配备触电保护器；操作时人员戴好绝缘手套，严禁夯打电源线；在坡地或松土处打夯，不能背向牵引打夯机；停止使用时要立即拉闸断电，只有断电才能搬运。

（6）用手推车装运物料，要注意平稳，掌握重心，不能猛跑或撒把溜放；前后车距在平地不能小于 2m，下坡不能小于 10m。

（7）从砖垛上取砖时，要由上而下阶梯式拿取，不能一起拆到底或在下面掏取，整砖和单砖必须分开传送。

（8）脚手架上的放砖高度不能超过三层侧砖。

（9）车辆未停稳，人员不能上下和搬运物料，所装物料要垫好绑牢；开车厢挡板时，人员要站在侧面。

3.7.3.14 卷扬机操作工

（1）卷扬机操作人员必须是经过安全技术培训，经考试合格，取得操作证后的，方可独立操作。

（2）卷扬机要安装在平整坚实、视野良好的地点，机身和地锚必须牢固；绳筒与导向滑轮中心线应垂直对正；卷扬机距离导向滑轮一般不能小于 15m。

（3）作业前，操作人员要检查钢丝绳、离合器、制动器、保险棘轮、传动滑轮等，确认安全可靠后，方能操作。

（4）钢丝绳在卷筒上必须排列整齐，作业中最少需保留三圈。

（5）作业过程中，人员一律不能跨越卷扬机的钢丝绳。

（6）吊运重物需在空中停留时，除了使用制动器外，还要使用棘轮保险卡牢。

（7）操作过程中，操作人员不能擅自离开操作岗位。

（8）工作中要听从指挥人员的信号，信号不明或可能引起事故时，应暂停操作，待弄清情况后方可继续作业。

（9）作业中如遇突然停电时，要立即拉开闸刀，并将运送物件放下。

（10）钢丝绳的卷筒必须设置有防护罩。

3.7.3.15　混凝土搅拌机、砂浆机操作工

（1）搅拌机操作人员必须是经过安装技术培训，经考试合格，取得操作证后，方可独立操作。

（2）搅拌机必须安置在坚实的地方，用支架或支脚筒架稳，不允许使用轮胎代替支撑。

（3）开动搅拌机前要检查离合器、制动器、钢丝绳等，确认了安全可靠和滚筒内无异物后，方能启动操作。

（4）进料斗升起时，任何人不能在料斗下通过或停留；工作完毕后必须将料斗固定好。

（5）机器运转时，作业人员不允许将手或工具伸进滚筒内。

（6）现场检修作业时，要固定好料斗，切断电源；人员如需进入滚筒时，外面必须要有专人监护。

（7）人员操作时，不能擅自离开岗位。

（8）工作完毕，一律拉掉闸刀，锁好电箱。

3.7.3.16　机动翻斗车司机

（1）司机要严格遵守交通规则和有关规定，驾驶车辆必须证、照齐全，不能驾驶与证件不符的车辆，更不允许酒后开车。

（2）车辆发动前将变速杆放在空挡位置，并拉紧手刹。

（3）车辆发动后要检查各种仪表、方向机构、制动器、灯光等是否灵敏可靠并确认周围无障碍物后，方可鸣号起步。

（4）车辆如在坡道上被迫熄火停车，要立即拉紧手制动器，下坡挂倒挡，上坡挂前进挡，并将前后轮楔牢。

（5）机动翻斗车时速不能超过 5km，车辆通过泥泞路面行进时，要保持低速行驶，不能急刹车。

（6）向坑槽混凝土集料斗内卸料时，必须保持适当安全距离和设置挡墩，以防翻车。

（7）卸料操作时车辆不能行驶。

（8）车上不允许带人，料斗内不能乘人，转弯时应减速，不能违章行车，并注意来往行人。

3.7.3.17　钢筋调直机安全技术

（1）作业前，操作人员必须确认机器的限位、落料装置是否灵敏可靠。

（2）作业人员操作时不允许戴手套；钢丝（筋）送入压辊后，手与滚轮要保持一定

距离，不能靠近，更不允许用手进行送料。

（3）调直筒防护罩底部必须装设安全（停止）开关。

（4）工作中如发现盘条架上钢筋散乱或脱架，必须立即停机整理。

（5）钢丝（筋）调直到末端时，要防止钢丝端头甩伤人，操作人员用手攥住钢丝末端，送至调直筒尾部折弯，随即停机，并及时提醒过往人员注意安全。

（6）调直筒未停稳时，不能打开防护罩；工作中要经常注意转轴的温度，如温度过高时，要立即停机查明原因。

（7）工作结束后，要松开调直机并回到原位，预压弹簧回到原位。

3.7.3.18 钢筋对焊设备安全技术

（1）室内电弧焊机要集中安全使用，并设有通风消烟除尘装置和遮光挡板。

（2）固定使用的焊机，闸箱至机身的导线必须加设保护套管；移动作业的焊机，一次电源线长度不能超过 3m。

（3）焊接设备不能有漏水、漏气现象，电极要紧固，绝缘必须可靠。

（4）电极要定期锉光，以保证接触良好；二次线路的全部螺栓连接必须经常紧固，以免生过热现象。

（5）焊机的运动部件必须灵活，夹具要牢固，气、液压仪表应正常，并根据工艺要求，正确调整二次电压。

（6）工作中设备必须保证冷却水畅通，水温不得超过 40℃，如焊机过热则须立即停机检查。

（7）夏季作业时，焊接设备的变压器要注意防潮，冷却水要适量。

（8）点焊作业时人员必须精神集中，防止压手；手与电极之间至少要保持 30mm 的安全距离。

（9）悬挂点焊机要检查配重钢丝绳，发现磨损严重的要及时更换。

（10）对焊机要有完整的火花挡板、顶罩，作业中随时提醒过往人员防止火花烫伤。

（11）工作结束后，要及时关闭水、气阀门；冬季必须将冷却水放出，并用压缩空气吹净以防冻裂。

（12）点焊机架必须码放整齐，并妥善保管。

3.7.3.19 钢筋机械安全技术

（1）原材料和钢筋半成品、成品必须码放整齐；距离电气开关柜或电闸箱至少800mm 以上，确保道路畅通、拉闸方便。

（2）钢筋加工车间及钢筋堆放场地必须使用封闭保护电闸或控制柜；电气开关柜焊接设备操作地面要铺设有橡胶板或其他绝缘材料。

（3）机电设备及其工、夹具必须符合下列要求：

1）电器设备绝缘必须可靠。

2）随机电源开关要灵敏。

3）安全防护装置必须完整有效。

4）各部螺丝不得松动。

5）工夹具不能有开焊和裂纹。

（4）盘条钢筋要放在盘条架上进行，盘条架应安装稳固、转动灵活。

（5）钢筋加工、搬运时，必须防止钢筋弹、甩动造成对作业人员的碰伤、烫伤和触电事故。

（6）操作人员不允许用钢筋触动电气按钮。

（7）钢筋头、铁锈皮要及时清除，集中堆放；清扫工作场地时，不能使电气设备溅水受潮。

（8）操作人员必须对配合作业人员安全负责；配合作业人员必须听从操作人员的指挥。

3.7.3.20　钢筋弯曲机（见图 3-42）安全技术

（1）使用弯曲机前，先要检查机械传动部分、工作机构、电气系统以及润滑部位是否良好，经空车试运转确认无误后，方能进入正常作业。

（2）钢筋弯曲机的电动机倒顺开关必须接线正确、使用合理，作业时要按指示牌上的"正转—停—反转"扳动，转盘换向时，必须在停稳后才能进行。

图 3-42　钢筋弯曲机

（3）挡铁轴的直径和强度不能小于被弯钢筋的直径和强度，弯曲的钢筋不能在弯曲机上弯曲，作业时要注意钢筋的放入位置、长度和回转的方向，以免发生事故，作业完毕，必须切断电源。

（4）机械设备在运转过程中，不能清扫工作盘上的积屑、杂污，更不允许更换芯轴、销子和变换角度以及调速等作业，不能加油，如若发现工况不良时要立即停机检查、修理。

（5）弯曲机要根据钢筋直径更换变速齿轮，以获得足够的工作扭矩，变速齿轮的安装必须遵守相关规定。

（6）一次弯曲根数不宜过多，一般情况可参照表 3-3 选择。

表 3-3　钢筋弯曲根数参照表

钢筋直径/mm	4~5	6	8	10~14	16	18 以上
小型成型机（适用于弯曲 φ4~8mm）	6	3	2	—	—	—
大型成型机（适用于弯曲 φ10~32mm）	—	—	—	4	2	1

（7）操作时应将钢筋靠紧挡板，手距弯曲栓应大于 200mm，以防挤伤作业人员手指。

（8）弯曲 3m 以上长钢筋时，必须有人帮扶、配合，且配合人员要与操作者同侧工作。

（9）设备工作中，原转向未停稳之前，坚决不能急剧打倒车。

（10）工作后，机器孔缝中的积锈用皮老虎等工具清除，不能用手指抠挖。

3.7.3.21 钢筋切断机（见图 3-43）安全技术

（1）切断机刀片不能有裂纹；刀片的固定螺丝不能有松动；固定成片的后端不能加垫。

（2）根据钢筋直径，合理调整刀片间隙（切断直径 6mm 以上的钢筋，其刀片间隙一般为 0.5~1mm）。

（3）切断机达到正常转速后，方可进行切料。

（4）钢筋切断时，要双手握紧并向定刀片的一侧用力压紧，手距刀口的距离不能小于 150mm，操作人员不允许双手分在刀片两边俯身送料。

图 3-43　钢筋切断机

（5）高碳钢、工具钢或经过淬火处理的钢材严禁切断；遇有对焊接头时，要减少切断根数。

（6）切断短料时，手握一端的长度不能小于 400mm；如切下的部分短于 300mm 时，可以用套管或夹具压住；切断较长钢筋时，必须设专人帮扶。

（7）切断机在运转中，刀口附近的断头和铁屑不能用手直接拣拾，可用短钢筋或其他夹具清除。

（8）发现刀片歪斜、松动、崩裂或刀片密合不好时，应立即停机调整、紧固或更换刀片。

（9）拆装刀片时，不能用锤猛击，以防止刀片崩裂。

（10）搬运或帮扶钢筋时，要注意防止人员截脚、绊倒或碰伤他人；当多人抬运长料时，要听从操作人员的统一指挥，前后呼应，动作协调一致。

3.7.3.22 自动压刨使用安全技术

（1）作业人员操作前要详细检查、校正各部件，并调整好床面与刨刃的距离，进行试刨后才能正式操作。

（2）每次吃刀深度不宜超过 3mm。

（3）操作人员要站在机械侧面，用手送料时，手要远离滚筒。

（4）刨木料时，应用平直扒进，不能歪斜。

（5）如木料不走时，应用其他材料推送，不能直接用手推动。

（6）不同厚度的木料，不能同时刨削，以免木料弹出伤人。

（7）严格按规定选用压刨机熔丝，不能随意改用代用品。

3.7.3.23 圆盘锯（见图 3-44）使用安全技术

（1）作业人员在操作前应检查机械是否完好，电器开关等是否良好，熔丝是否符合规格，锯片是否有断裂现象，并装好防护罩，待机器运转正常后方可使用。

（2）操作时，操作者应站在锯片左面的位置，不能与锯片站在同一直线上，以防止木料弹出伤人。

（3）送料不能用力过猛，木料拿平，不要摆动或抬高压低。

（4）料到尽头不得用手推按，以防锯片割伤手指。

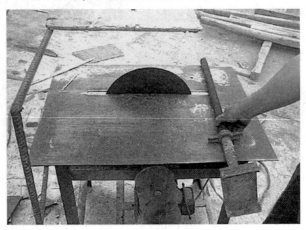

图 3-44　圆盘锯

（5）锯短料时，必须用推杆送料。

（6）分析木料卡住锯片时，必须立即停车处理。

（7）严格按规定选用熔丝，严禁随意改用代用品。

3.7.3.24　施工升降机（见图 3-45）安全技术

（1）升降机工作前，操作人员必须检查防护装置、电气线路、开关、刹车等是否完善可靠。

（2）操作升降机时要思想集中，不能与他人谈笑，更不能酒后操作。

图 3-45　升降机

（3）升降机平时要做到"四勤"：勤维修、勤加油、勤保养、勤检查；不能带病运转，更不能超荷载使用。

（4）工作结束，人离机停，切断电源，锁好开关箱、防护门，以防他人进入随意开动。

典型案例

（1）南京三建（集团）有限公司 2000 年在承建的南京电视台演播中的大楼演播厅中心舞台屋顶整体浇筑混凝土施工中，因模板支撑系统失稳，导致屋顶整体坍塌，造成正在现场施工的工人和电视台工作人员 7 人死亡、35 人受伤的重大伤亡事故。

事故原因分析：

1) 演播大厅总高 38m，地下 8.7m，地上 29.3m，面积 $624m^2$。搭设顶部模板支撑系统时，没有施工方案，没有图纸，没有进行安全技术交底，搭设支架的全过程中，没有办理自检、互检、交接检查和专职检查的手续，搭完也未按规定验收。

2) 施工管理技术不严，组织混乱，有章不依，执法不严。连搭设脚手架的组织者都无操作证，架子搭设人员 17 人中，仅 6~7 人有特种作业上岗证。

————————※　※　※————————

(2) 某建筑施工队在对某市 7 号楼（6 层）主体施工过程中，未设斜道，工人爬架杆、乘提升吊篮进行作业。施工队长王某发现提升吊篮的钢丝绳有点毛，但未及时采取措施，仍然继续安排工人施工。两天后，工人向队长反映钢丝绳"毛得厉害"，队长为了追求工程进度，决定先把 7 名工人送上楼施工，再换钢丝绳。当吊篮接近 4 层时，钢丝绳突然断裂，导致 7 名工人坠楼的伤亡事故发生。

事故原因分析：

1) 该施工队在施工过程中没有按照有关施工规定和安全要求组织作业。

2) 队长未严格按照钢丝绳的正确使用和维护方法，合理安全地使用钢丝绳。

3) 7 名工人自身的安全作业意识还不够强，没有拒绝队长冒险作业的安排也是酿成这起事故的根本原因。

思考与练习

(1) 施工安全技术措施的内容有哪些？

(2) 施工现场的施工队伍中有几类人员？在进入施工现场前应接受哪些安全知识教育？

3.8　矿山安全技术

矿山安全技术是以硬件为主的防治矿山各种事故的专业知识技能。其按专业及工序可分为矿山通风安全、爆破安全、冒顶片帮防治、掘进与回采安全、运输提升安全、防水、防火、防爆及救护等。

我国的矿山安全技术历史悠久。湖北大冶铜绿山古矿遗址的发掘证明，早在春秋战国时代，我国古人在井巷支护、通风排水等矿井安全技术领域已经作出卓越的贡献。遗憾的是，古代的矿山安全技术未能持续发展，而在近代世界矿井灾难事故的历史记载中，我国矿工曾遭受创纪录的最大牺牲。新中国成立后，矿山劳动条件有了很大改善，矿山伤亡事故得到控制。在矿山安全技术领域，我国积累了许多成功经验。国务院和地方政府、行业部门陆续制定与发布了一批矿山安全及监察条例、法规，对矿山安全生产起了一定的推动作用。但是，我国矿山伤亡事故发生的频率及其严重程度，特别是矿工百万吨矿石伤亡率与许多国家相比差距是很大的。我国矿山安全工程面临的任务仍然是很严峻和繁重的。

世界各国都一致认为，矿业工人在目前和今后相当长时间内都仍是作业条件最艰苦、劳动强度最大的工种，而各类矿山今后仍然是人类获取原料和能量的主要来源。因此，旨在保护矿工生命安全与资源的矿山安全工程及其学科，无疑必将不断发展和日益完善。

3.8.1　矿山灾害防治技术

3.8.1.1　通风技术

地下矿山通风的目的有两个：

（1）在正常生产时期，保证向地下矿山各通风地点输送足够数量的新鲜空气，用以稀释有毒有害气体，排除矿尘和保持良好的工作环境，确保地下矿山的安全生产。

（2）在发生灾变时，能有效、及时地控制风向及风量，并与其他措施结合，防止灾害扩大。

地下矿山通风系统是向地下矿山各作业点供给新鲜空气，排除污浊空气的通风网络、通风动力及其装置和通风控制设施（通风构筑物）的总称。

矿用通风设备中最主要的是通风机。其按服务范围的不同，可分为主要通风机、辅助通风机、局部通风机；按构造和工作原理不同，可分为离心式通风机和轴流式通风机。

通风机的合理选择是要求其工作时稳定性能好，且通风机效率要高，最低不能低于60%。

3.8.1.2　瓦斯及其防治技术

瓦斯是地下矿山中主要由煤层气构成的以甲烷为主的有害气体，有时单独指甲烷。瓦斯是一种无色、无味、无臭、可以燃烧或爆炸的气体，难溶于水，扩散性较空气高。瓦斯无毒，但浓度很高时，会引起窒息。

《煤矿安全规程》规定，一个矿井中只要有一个煤（岩）曾发现瓦斯，该矿井即为瓦斯矿井。瓦斯矿井必须依照地矿井瓦斯等级进行管理。

3.8.1.3　矿（地）压防治技术

在矿体没有开采之前，岩体处于平衡状态。当矿体开采后，形成了地下空间（见图3-46），破坏了岩体的原始应力，引起岩体应力重新分布，并一直延伸到岩体内形成新的平衡为止。在应力重新分布过程中，围岩产生变形、移动、破坏，从而对工作面、巷道及围岩产生压力。通常把由开采过程而引起的岩移运动对支架围岩所产生的作用力，称为矿（地）压。

对于金属非金属矿山采场，选择合理的采矿方法、制定具体的安全技术操作规程、建立正常的生产和作业制度，是防治顶板事故的重要保证措施。地压控制方法主要有空场采矿法地压控制、充填采矿法地压控制和崩落采矿法地压控制几种。

3.8.1.4　矿山火灾防治技术

凡是发生在矿山地下采场或地面而威胁井下安全生产，造成损失的非控制燃烧均称为矿山火灾。矿山火灾的发生具有严重的危害性，可能造成人员伤亡、矿山生产接续紧张、

图 3-46　矿体开采后形成地下空间

巨大的经济损失和严重的环境污染。

根据引火源的不同，矿山火灾分为外因火灾和内因火灾两大类。外因火灾是由于外来热源，如明火、爆破、瓦斯煤尘爆炸、机械摩擦、电路短路等原因引起，来势凶猛，如未及时发现可能酿成恶性事故；内因火灾是煤（岩）层或含硫矿场在一定条件和环境下自身发生物理化学变化积聚热量导致着火而形成的火灾，其发生过程较长，且有预兆，易于早期发现，但难找到火源中心，扑救比较困难。

矿山火灾的救灾技术主要有以下几点。

A　基本原则

处理地下矿山火灾时，应控制烟雾的蔓延，不危及井下人员的安全；防止火灾扩大；防止引起瓦斯、煤尘爆炸；防止火风压引起风流逆转而造成危害；保证救灾人员的安全，并有利于抢救遇险人员；创造有利的灭火条件。

B　风流控制技术

选择合理的通风系统，加强通风管理，减少漏风。

C　地下矿山反风技术

根据火灾具体情况，在保证作业人员和重大设备设施的安全条件下，可采用局部反风或全矿反风方法。

D　火灾的扑救方法

（1）直接灭火法。用水、惰气、高泡、干粉、砂子（岩粉）等，在火源附近或离火源一定距离直接扑灭。

（2）隔绝灭火法。在通往火区的所有巷道内构筑防火墙，将风流全部隔断，制止空气的供给，使其自行熄灭。

（3）综合灭火法。先用密闭墙将火区大面积封闭；待火势减弱后，再锁风逐步缩小火区范围；然后打开密闭墙直接灭火。

3.8.1.5　水害防治技术

在矿山开采过程中，地下矿山突出水源主要有地表水、溶洞-溶蚀裂隙水、含水层、断水层、封闭不良的钻孔水、采空区形成的"人工水体"等。

矿山防治水技术可分为以下几方面：

（1）地表水的治理。合理确定井口位置、填堵通道、整治河流、修筑排（截）水沟。

（2）地下水的排水疏干。在调查和探测到水源后，最安全的方法是预先将地下水源全部或部分疏放出来。方法有地表疏干、井下疏干和井上下相结合疏干3种。

（3）地下水探放。在矿井生产过程中，必须坚持"有疑必探，先探后掘"的原则，探明水源后制定措施放水。

（4）地下矿山水的隔离和堵截。在探查到水源后，由于条件所限无法放水，或是能放水但不合理，需采取隔离水源和截堵的水流防水措施。

（5）矿山排水。对于金属非金属矿山，井下主要排水设备至少应由同类型的3台泵组成。工作泵应能在20h内排出一昼夜的正常涌水量；除检修泵外，其他水泵在20h内排出一昼夜的最大涌水量。井筒内应装备2条相同的排水管，其中1条工作，1条备用。

对于煤矿，必须有工作、备用和检修的水泵。工作水泵的能力，应在20h内排出地下矿山24h的正常涌水量（包括充填水和其他用水）。备用水泵的能力应不小于工作水泵能力的70%。工作水泵和备用水泵的总能力，应在20h内排出地下矿山24h的最大涌水量。

矿山还必须有工作、备用的水管。工作水管和备用水管的总能力，应配合工作水泵和备用水泵在20h内排出地下矿山24h的最大涌水量。

主要水仓必须有主仓和副仓，当一个水仓清理时，另一个水仓能正常使用。但主要水仓的总有效容量不得低于4h的地下矿山正常涌水量。采区水仓的有效容量应能容纳4h的采区正常涌水量。

3.8.1.6 粉尘防治技术

矿山粉尘是地下矿山在建设和生产过程中所产生的各种岩矿微粒的总称。矿山生产的主要环节如采矿、掘进、运输、提升的几乎所有作业工序都不同程度地产生粉尘。

矿山防尘技术包括风、水、密、净和护5个方面，并以风、水为主。风是指通风除尘；水是指湿式作业；密是指密闭抽尘；净是指净化风流；护是指采取个体防护措施。

3.8.1.7 滑坡、泥石流防治措施

A 矿山滑坡的防治措施

（1）严禁不开工作台阶，不剥离或边剥边采；严禁破坏山坡植被。

（2）不能随沟就坡地任意抛弃废石，必须保护河流、排洪沟的畅行无阻。

（3）露天矿边缘必须设置疏导水的防洪设施。

（4）对边坡进行机械加固，如设锚杆、锚桩等。

B 矿山泥石流的防治措施

（1）保护露天矿附近山坡的植被。

（2）严禁乱采滥挖，严禁任意丢弃废石与尾矿。

（3）在露天矿周围或有山洪暴发危险的坑口周围设置排水沟、挡土墙栅栏、阻泥不阻水的防泥石流坝。

（4）加强露天矿的防水、防洪的预报工作及周围山体覆土或风化平时位移的观察工作。

（5）泥石流流失区内的井（硐）口必须采取加固措施和防护措施。

3.8.1.8 尾矿库风险预防措施

选矿厂产生的尾矿不仅数量多、颗粒细，且尾矿水中往往含有多种药剂，如不加处理，则必造成选矿厂周围环境严重污染。将尾矿妥善贮存在尾矿库内，尾矿水在库内澄清后回收循环利用，可有效地保护环境。

预防尾矿库风险的措施主要有：

（1）精心设计。精心设计是尾矿库（坝）安全、经济运行的基础。由于尾矿库设施的特殊性，必须由持有国家认定的设计执照的单位设计，严格禁止无照设计，杜绝个人设计。

（2）精心施工。尾矿库（坝）的施工应选好施工队伍，认证会审施工图纸、明确质量标准、加强监督、严格验收。

（3）科学管理。尾矿库在运行期间的任务是十分艰巨的。由于坝体结构要在运行期间形成，坝的形态会向不利的方向转化，需要不断维修；坝的稳定性在运行期间较低，需认真监视和控制；坝还要承受各种自然因素的袭击，需要认真对待和治理。放矿、筑坝、防汛、防渗、防震、维护、修理检查、观测等项工作都要在运行期间进行。所以，必须有一套科学的管理制度和与之相应的组织机构和人员。只有这样，才能弥补疏漏、预见不利因素，确保尾矿库（坝）的安全运行。

3.8.2 矿山事故应急处理及现场急救

3.8.2.1 事故报告与应急处理

露天矿山边坡塌陷，地下矿山冒顶片帮、透水、中毒窒息等事故是矿山易发的重大事故。如果处理和救护不当，往往会造成大量人员伤害。因此存在上述危险的矿山应制定应急救援预案。抢险救灾工作应做到统一指挥，科学调度，协调工作，有条不紊，加快抢救速度和保证必要的救护技术，熟悉矿山井下避灾路线，在紧急情况下能带领本单位员工避灾，并能利用现场条件开展自救和现场急救。

（1）事故发生后，事故现场人员应当立即直接或逐级向企业负责人上报。

（2）事故现场人员首先判断事故的形势，如果会危及自身的安全，应立即组织人员撤离。在自身安全有保障的情况下，组织抢救伤员，并进行现场紧急救护。

（3）矿长接到重伤、死亡事故报告后，应当迅速采取有效措施组织抢救，防止事故扩大，减少人员伤亡和财产损失，并立即报告当地安全生产监督部门，重大事故应立即由矿长或主要管理人员启动事故救援预案。

事故报告要求及时、准确、实事求是，不能弄虚作假。企业职工有义务向有关主管部门举报事故。如果发现有隐瞒不报、谎报、拖延不报、故意破坏现场或毁坏证据等行为，将会受到单位或个人的责任追究，构成犯罪的由司法机关追究刑事责任。

（4）保护好事故现场，凡与事故有关的物体、痕迹、状态，不能破坏。为抢救伤员需要移动现场物体时，必须做好现场标志，绘制事故现场图，做成书面记录。

（5）在消除现场危险，采取防范措施，并经过有关部门或事故调查组同意后，方可恢复生产。

3.8.2.2 自救和避灾

事故发生后，事故现场作业人员及周边人员应及时开展自救和避灾工作。

A 矿工自救互救

每个矿工都有义务接受自救互救教育，做到：

(1) 熟悉各种事故的征兆。

(2) 掌握各种灾害事故的避灾方法。

(3) 了解所在矿井的灾害事故应急救援预案。

(4) 熟悉避灾路线和安全出口。

(5) 掌握现场自救和急救他人的方法。

(6) 了解与工作地点距离最近的电话的位置，熟悉和地面联系的方法。

(7) 熟练使用救护器材。

B 现场自救和避灾

(1) 现场抢险。矿井火灾、水害、冒顶等事故的初始阶段波及的范围和危害一般比较小，这是控制事故和人员逃生的最佳时机。灾害事故发生后，受灾人员及波及人员要沉着冷静，一方面及时通过各种通信手段向上级汇报灾情，另一方面认真分析和判断灾情，对灾害可能波及的范围、危害程度、现场条件和发展趋势作出判断。在保证安全的前提下，采取积极有效的方法和措施，及时投入现场抢救，将事故消灭在初始阶段，或控制在最小范围内。

(2) 安全撤离。当现场不具备抢险的条件和可能危及人员的安全时，受灾人员要迅速撤离灾区。撤离灾区时要遵守下列行动准则：

1) 沉着冷静，坚定信念。撤离灾区时必须保持清醒的头脑，情绪镇定，做到临危不乱，并坚定逃生的信念。

2) 认真组织，服从管理。现场的管理人员和有经验的人员要发挥组织领导作用，所有遇险人员必须服从指挥，保持秩序，不得各行其是，单独行动。

3) 团结互助，同心协力。所有人员应团结互助，主动承担工作任务，同心协力撤离到安全地点。

4) 加强安全防护。撤退中，要使用正确的逃生技巧、手段和一切可以利用的安全防护用品及器材。

5) 正确选择撤退路线。撤退前，根据灾害事故的性质和具体情况，确定正确的撤退路线。尽量选择安全条件好、距离短的行动路线。在选择路线时，既不可图省事，受侥幸心理支配冒险行动，也不要犹豫不决而错过最佳撤退时机。

(3) 妥善避灾。如果撤退路线被全部封堵，无法撤离灾区时，遇险人员应在灾区范围内寻找相对安全的地方妥善避难，等待救援。避难人员应遵守以下原则：

1) 选择适宜的避难地点。无法撤离灾区时，要寻找顶板稳固、支架良好的地点或进入安全的避难硐室躲避。

2) 保持良好的精神和身体状态，坚定求生信念。相互鼓励，以最大的毅力克服一切困难。不要过分悲观忧虑而放弃求生的机会，也不能急躁盲动，冒险乱闯。等待过程中，要节省体力，合理使用照明设备和食物，以延长避灾的时间。

3）加强安全防护。避难过程中，密切注意事故的发展和所在地点的情况，使用一切可利用的安全防护用品和器材。

4）改善避难地点的生存条件。如果所在地点的条件恶化，人员安全受到威胁，及时选择并转移到其他安全地点。如因条件限制无法转移时，要积极采取措施，努力改善避难地点的生存条件，尽量延长生存时间。

5）积极同救护人员取得联系。遇险人员可用矿灯，敲打铁轨或管道、岩壁等方式发出求救信号，或派人出去侦察出井线路。侦察探险工作只能派经验丰富、熟悉巷道的老工人担任，并至少两人同行。

6）若被困时间较长，要减少体力消耗，节水、节食和节约矿灯用电。

7）积极配合救护人员的工作。遇险人员在避难地点听到救护人员的联络信号，或发现救护人员来营救时，要克制情绪，不能慌乱和过分激动，应在可能的条件下积极配合。

3.8.3 矿山作业安全技术

3.8.3.1 入井基本安全要求

（1）入井人员必须接受安全教育培训，熟悉井下逃生路线。新工人必须由老工人带领劳动至少4个月，熟悉井下情况以后方可独立作业。其他人员下井必须由熟悉井下的人员带着。

（2）凡入井人员，必须遵守入井挂牌登记制度，先登记方可入井，出井时取牌销号。

（3）凡饮酒、精神失常、视觉不清、听觉不灵者或有其他生理缺陷而不宜下井者，不得下井。

（4）劳动防护用品穿戴不齐者，不能下井。

（5）下井人员应走人行道，注意来往车辆，若遇电动机车必须选择适宜地点停留，待电动机车通过后再继续行进。不能把工具和材料放在轨道上。

（6）不能跨越溜井。

（7）人员不能乘坐非乘人车辆。

（8）要保护好各种安全生产设施、装置、安全标志牌和测量标志。

（9）不能单独一人在井下从事放炮作业，更不能单独一人进入偏僻区和危险区。

（10）入井作业人员要掌握爆破时间、地点、警戒范围，在爆破之前必须撤离危险区。

（11）遵守安全技术操作规程和各项岗位安全管理规定，听从监督指导，不违章操作，不冒险作业，发生事故或未遂事故应立即上报。

（12）遇到突然停电，立即停止工作，并退到安全的地方。

（13）工作前首先敲帮问顶，工作中要随时检查，发现顶、帮松动或脱落，立即躲开或站到安全地点进行清理。作业地点出现严重危及人身安全的征兆时，必须迅速撤出危险区，并及时报告与处理，同时设置警戒和照明标志。

（14）一旦迷失方向，不要紧张，要立即寻找风水管道，根据风水管道可找到出口。

（15）严格劳动纪律，不能在井下生火取暖、大声喧哗、打闹、睡觉和串岗。严禁在井下随地大小便，不能在井下吸烟。

3.8.3.2　矿井下乘车与行走

（1）上下井时乘罐、乘车、乘皮带要听从指挥，不能嬉戏打闹、抢上抢下。

（2）严格按照定员乘罐、乘车，并关好罐笼门、车门，挂好防护链；不能在机车上或两车厢之间搭乘或扒车、跳车和乘坐矿车。

（3）人货混装十分危险，不要乘坐已装物料的罐笼、矿车和皮带。

（4）开车信号已发出和罐笼、人车没有停稳时，人员不能上、下。

（5）运送火工品时，要听从管理人员安排，千万不能与上、下班人员同时乘罐、乘车。

（6）乘罐、乘车、乘皮带行驶途中，人员不能在罐内、车内躺卧和打瞌睡，头、手、脚和携带的工具不能伸到罐笼和车辆外面；不能在皮带上仰卧、打瞌睡和站立、行走，更不能用手扶皮带侧帮；在带式输送机巷道中不能钻过或跨越输送带。

（7）乘坐"猴车"（无极绳绞车）时，人员不能触摸绳轮，做到稳上、稳下。

（8）在巷道中行走时，要走人行道，不能在轨道中间行走，更不能随意横穿电机车轨道、绞车道。当携带长件工具时，要注意避免碰伤他人和触及架空线，当车辆接近时立即进入躲避硐室暂避。

（9）横穿大巷，通过弯道、交叉口时，要"一停、二看、三通过"；任何人都不能从立井和斜井的井底穿过；在斜巷内行走时，按照"行人不行车、行车不行人"的规定，人员不能与车辆同行。

（10）钉有栅栏和挂有危险警告牌的地点，不能擅自进入；爆破作业时，不能强行通过爆破警戒线、进入爆破警戒区。

❦❦❦❦❦❦❦❦❦❦❦❦❦❦❦❦❦❦❦❦❦❦❦❦❦❦❦❦❦❦❦❦❦❦❦❦

典型案例

（1）湖南某矿山建设项目部400万吨探矿掘进工李某在处理浮石时，由于顶板比较破碎，突然掉下一块矿石，李某躲闪不及被矿石砸伤左脚掌，后经医院及时救治，其左脚从脚掌以上5cm处被切除，受伤等级为重伤。

事故原因分析：

1）李某作业前对工作现场情况了解、确认不到位。

2）没有采取相应的安全防护措施就作业，自我安全意识差、防护能力不强所致。

————————※　※　※————————

（2）龙达矿山矿石灰车间石灰粉加工系统操作工农某（刚参加工作不到一年），在一次巡视石灰成品仓过程中，走到1号圆筒筛头部通道时，不慎踩滑摔倒，右手触到圆筒筛减速机与电动机罩下，被传动皮带绞伤。幸好及时断电，但农某经医院抢救，其右手手指仍需截肢处理。

事故原因分析：农某为刚参加工作职工，在作业过程中安全意识不强、麻痹大意，是酿成这起事故的主要原因。

（3）某矿业公司尾矿库在停用了一段时间后，因生产需要又重新启用，启用后仍未能满足需求，于是该尾矿库长期处于超负荷状态。某日早晨 9 点左右，该区工作人员巡视时发现该尾矿库中间出现裂缝，赶紧返回向上汇报。还未来得及对该尾矿库进行处理，约 9 点 30 分该尾矿库发生了大面积的溃坝，大量的泥石流顿时涌向该库下游的一个集镇，给下游人民的生命和财产酿成了无法挽回的惨祸，该公司最终也只能以停产而告终。

事故原因分析：

1）尾矿库在矿区一直是属于高位能和高势能的安全重点防护区域，该矿业公司在尾矿库停用并再次启用时，未重新加固，并使之一直处于超负荷工作状态，是造成这起重特大安全事故的主要原因。

2）相关管理人员的安全意识淡漠、责任缺失、管理松散是造成这起事故的"人祸"。

 **思考与练习**

（1）矿山灾害的防治技术有哪些？
（2）矿山事故发生后，现场作业人员该如何展开自救互救？

4 职业安全与实习实训安全

实训室是高职院校实践研究探索、人才培养的基地，也是开发学生智力、启迪学生思维、培养学生实践能力与综合能力及职业态度的重要场所。对于高职院校的学生而言，实习、实训教学的比例占 50% 甚至更高。在实践教学中，确保师生实习、实训的安全与保障教学效果和教学质量紧密相联。

4.1 校内实训安全

4.1.1 实训室分类

高职院校实训室发生的安全事故与学生实习、实训的内容有密切联系。因此，从安全角度来说，按实训室管理的物资和实训时候的危险特征，实训室大致可分为以下四大类。

（1）有火灾爆炸危险性的实训室。实训室发生火灾的危险性带有普遍性，尤其是工科、化工类实训室。在实训过程中使用的物品中有易燃易爆物品、高压气体、低温液化气体、高压或减压系统等，如处理不当、操作失误，再遇上高温、火焰、摩擦、撞击、容器破裂、物料飞溅或没有遵守安全防火要求，往往会酿成火灾爆炸事故，轻则造成人身伤害、设备损毁，重则造成多人伤亡或建筑物的破坏。

对有燃烧爆炸危险的物质必须要加强安全管理，采取相应的安全技术管理措施，以防止火灾和爆炸事故的发生。

通常防止火灾和爆炸事故的措施主要有预防、限制、灭火和疏散四个方面。

对此类实训室，其建筑物的设计、布置、规模大小都应该符合安全防火的要求。操作要有严格的规定，实训教师要有一定的消防知识，并且会正确使用消防器材以及具备应急常识。

（2）产生和使用有毒物质的实训室（见图 4-1）。在此类实训室中的实训会使用或产

图 4-1 产生和使用有毒物质的实训室

生有毒物质，例如煤气、氧气、乙炔、氮气、汽油、柴油以及各种溶剂，不仅易燃易爆而且有毒，极易造成安全事故。

对于这类实训室，室内应保持良好通风，且学生在进行实习、实训前应知晓和掌握在实训中可能接触到的各种有毒物质的性质、中毒症状、急救措施等安全知识。

（3）有触电危险的实训室。在高职院校学生实习、实训中与电的接触具有普遍性，不仅有 220V 的低压电，而且还有上千伏的高压电。除了要求实训指导教师必须要具有专业电气安全知识外，参与实训的学生也应掌握如何防止触电事故或由于电气事故而引发的二次事故，以及在有火灾、爆炸危险的实训中的安全操作等。

（4）有机械伤害危险的实训室（见图 4-2）。在机械类专业实训中，因操作者操作不当造成机械伤害甚至残废或死亡的事故时有发生。例如在机械、车工、金工、焊工等实习、实训中造成的人身切割伤、压伤、打击伤非常普遍。此外，皮肤与手指创伤、割伤也时有发生。这些都是由于操作者不遵守安全操作规程或是疏忽大意、思想不集中造成的。

图 4-2　有机械伤害危险的实训室

总的说来，机械伤害的危险因素包括：

1）静止的危险。如切削刀具的刀刃、机械加工设备突出较长的机械部分、毛坯及工具和设备边缘锋利飞边及表面粗糙部分、引起滑跌和坠落的工作平台。

2）旋转运动的危险。卷进单独旋转机械部件中的危险，如卡盘、进给丝杠等单独旋转的机械部分以及磨削砂轮、铣刀等加工刀具；卷进旋转运动中两个机械部件间的危险，如相互啮合的齿轮；卷进旋转机械部件与固定构件或直线运动部件间的危险；旋转运动加工工件打击或绞轧的危险。

3）直线运动的危险。包括接近式的危险（往复运动或滑动的固定部分）、经过式的危险（如运转中的带链、运动中的金属接头、工作台与底座的组合、带锯等）。

4）运动部件夹住的危险。如振动体的振动引起被振动体部件夹住的危险。

5）飞出物击伤的危险。如飞出的刀具或机械部件（如未夹紧的刀片、紧固不牢的接头、破碎的砂轮片等）；飞出的切屑或工件（如连续排除的或破碎而飞散的切屑、锻造加工中飞出的工件）。

4.1.2　实训室事故类别

在校学生参与实训容易发生的安全事故有火灾爆炸事故、中毒事故、触电事故、人员伤害事故、机械安全事故等。

（1）火灾爆炸事故。在实训室，或多或少都存放和使用着易燃、可燃物质（如可燃气体、可燃液体、可燃性固体物质、爆炸性物质、自燃物质、混合危险性物质等），如果管理不善或使用不当，较易产生燃烧和爆炸。尤其爆炸事故，一旦发生，瞬间即可完成，根本无法挽回。所以对这类事故主要还是采取预防措施，别无其他良策，包括对参加实训人员的安全教育。

（2）中毒事故。凡小量侵入人体或接触皮肤与机体组织发生作用，在一定条件下具有破坏人体正常生理机能，引起机体产生暂时或永久性的病变甚至死亡的这一类物质称为毒物。具有毒性物质引起人体的各种病变现象称为中毒。

从毒物对人体的危害途径来说，空气污染对人体健康危害极大。空气污染的形式有气体、蒸气、雾、烟、粉尘等。

（3）触电事故。在绝大部分实训室中，如果没有电，实训就无法进行。因而实训室与电的关系密切，随时都要与电打交道，如果电气设备装置不妥、使用不当、管理不善就会引起触电事故。

电对人体的伤害可分为内伤和外伤两种，这两种伤害有时是单独发生，有时同时存在。

1）电外伤：主要指电灼伤、电烙印。这些通常都是局部性的，一般危害性不大。

2）电内伤：就是电击，是电流通过人体内部组织而引起的。通常所说的触电事故基本上都是指电击。它能使心脏和神经系统等重要肌体受损，受击后还往往出现假死状态，如不及时抢救就会危及生命。

（4）机械伤害事故。机械设备及其附属设施的构件、零件、工具、工件或飞溅的固体和流体等物质的机械能（动能和势能）作用，导致产生伤害的各种物理因素以及与机械设备有关的滑绊、倾倒和跌落危险等，均会对操作人员造成人身伤害或是设备安全事故。

在机械设备使用过程中，人的不安全行为是引发事故的重要直接原因之一。人的行为受生理、心理等各种因素的影响，表现是多种多样的，缺乏安全意识和安全技能（安全素质）差是引发事故的主要人为因素。

4.1.3　危险物质

4.1.3.1　危险物质定义和分类

所谓危险物质，是指具有着火、爆炸或中毒危险的物质。其主要的危险特性由政府的法令所规定。虽然这些法令不是针对教育或研究机关的使用而制订的，但是，储藏或使用这些危险物质，都要遵守有关法令的规定，所以必须对它有所了解。

这里主要介绍以下六类：

（1）可燃气体（或蒸气）。常温常压下为气态的可燃物质称为可燃气体（或蒸气）。

常见的可燃气体如氢气、煤气、四个碳以下的有机气体（如甲烷、乙烯、丙烷、丁二烯等）、可燃液化气（如液化石油气、液氨、液化丙烷等）、可燃液体的蒸气（如甲醇、乙醇、乙醚、苯、汽油等的蒸气）。

可燃气体的危险性可通过爆炸极限、自燃点等参数来反映。爆炸下限越低，爆炸范围越宽；自燃点越低的可燃气体，危险性越大。

（2）燃性液体。燃性液体是指在常温下为液态且具有可燃性的物质。常见的如苯、甲苯、二甲苯、乙醇、汽油等。

燃性液体的危险性可通过闪点、爆炸极限、自燃点等参数来反映。闪点越低，爆炸范围越宽；自燃点越低的燃性液体，危险性越大。

（3）燃性固体和可燃性粉尘。凡遇明火、受热、撞击、摩擦或与氧化剂接触能着火的固体物质称为燃性固体。燃性固体品种繁多，数量巨大，如木材、煤、沥青、石蜡等燃料，纸、布、丝、棉等纤维制品，硫黄、橡胶、塑料、树脂等很多化工制品及各种农副产品等。

燃性固体的危险性一般可通过燃点、自燃点等参数来反映。燃点是确定可燃固体燃爆危险性的主要指标之一，固体燃点越低，燃爆危险性越大；与气体、液体相比，固体物质的密度大，不易散热，因此自燃点一般较气体、液体物质低。在火场上，燃点、自燃点低的固体往往先着火。

燃性固体按燃烧的难易程度分为易燃固体和可燃固体两类。在危险物品的管理上，通常以燃点300℃作为划分易燃固体和可燃固体的界线。燃点低，对热、撞击、摩擦敏感，易被外部火源点燃，燃烧迅速，并可能散发出有毒烟雾或有毒气体的固体（不包括爆炸品）称为易燃固体。

可燃性粉尘可以视为燃性固体的一种特殊状态。飞扬悬浮于空气中的粉尘与空气组成的混合物，也和气体混合物一样，具有爆炸危险，而且也存在爆炸下限和爆炸上限。当混合物的浓度在爆炸下限之间时，遇火源会发生粉尘爆炸。

（4）自燃性物质。能够自行发热并升温到自燃点而发生自燃的物质，也就是能自热自燃的物质，称为自燃性物质。在生产和生活中常见的自燃性物质有植物、煤、油脂、金属粉尘及其硫化物、黄磷、硝化纤维、有机过氧化物等。

判断物质自燃危险大小的主要指标是其自燃点。自燃点低的物质较易自燃。

（5）遇水燃烧物质。凡与水或潮气接触能分解产生可燃气体，同时放出热量而引起可燃气体燃烧或爆炸的物质，称为遇水燃烧物质。遇水燃烧物质遇到酸或氧化剂时会发生更为剧烈的反应，其燃烧爆炸的危险性更大。

根据遇水反应的剧烈程度和危险性大小，遇水燃烧物质可分为一、二两级。一级遇水燃烧物质遇水能发生剧烈的化学反应，释放出的高热能把反应产生的可燃气体加热至自燃点，不经点火也会着火燃烧。二级遇水燃烧物质遇水也能发生化学反应，但释放出的热量较少，不足以把反应产生的可燃气体加热至自燃点，但一旦当可燃气体接触火源也会立即着火燃烧。

（6）氧化剂。凡能氧化其他物质，亦即在氧化还原反应中得到电子的物质称为氧化剂。这类物质本身不燃烧，但有很强的氧化能力，与可燃物接触能引起燃烧或爆炸，如高锰酸钾、过氯酸钾、过氧化钾、过氧化氢等。

各种氧化剂的氧化性能强弱不一，有的氧化剂很容易得到电子，有的则不容易得到。氧化剂按化学组成分为无机氧化剂和有机氧化剂两类。

4.1.3.2　危险物质的管理

高职院校实训室要加强危险物质的安全管理，严防发生意外事故，保障人身财产的安全，保证教学、科研工作的顺利开展。加强对危险物质的管理，应遵守以下要求：

（1）危险品的采购及运输必须按国务院批准的《化学危险品凭证采购暂行办法》等规定，从专门经营化学危险品的商店购买，并严格按规定运输及装卸。

（2）危险品的保管必须按有关储存规定要求，设立专库、专人管理。管理人员必须熟悉业务、责任心强，并经学校保卫部门备案。危险品必须按规定分类存放，配备消防设施，定期进行安全检查，防止变质、分解引起自燃、自爆事故的发生。

（3）危险品和剧毒物品的领用要严格控制，并健全登记手续。危险品和剧毒物品要限量发放，使用后剩余的药品必须详细登记，退库代存。

（4）剧毒物品要实行双人保管，双人发放的原则，不允许一个人进库房接触药品。

（5）外单位求援剧毒物品时，必须经学校相关部门及保卫部门同意，部门或个人均不得私自调出。

（6）凡销毁、报废、处理危险品及剧毒物品应进行登记、审批，相关部门负责按国家有关规定进行销毁、处理，严禁随意丢弃。

（7）各单位、部门实训（验）室要加强对危险品及剧毒物品使用和管理，指定专人负责，定期检查。

4.1.3.3　危险物质的性质

（1）着火性物质。实训场所常见的着火性物质有强氧化性物质、强酸性物质、低温着火性物质、禁水性物质和自燃物质等。

此类物质会因加热、撞击而发生爆炸，故要远离烟火和热源。必须保存于阴凉的地方，并避免撞击。

如自燃物质，这类物质一接触空气就会着火。初次使用时，必须请有经验者进行指导。禁水性物质与水反应，会放出氢气而引起着火、燃烧或爆炸。

（2）易燃性物质。可燃物的危险性，大致可根据其燃点加以判断。燃点越低，其危险性就越大；燃点较高的物质，当加热到其燃点以上的温度时，也是危险的。据报道，由此种情况发生的事故特别多。因此，必须加以注意！

（3）爆炸性物质。爆炸一般有两种情况：一是可燃性气体与空气混合，达到其爆炸界限浓度时着火而发生燃烧爆炸；二是易于分解的物质，由于加热或撞击而分解，产生突然气化的分解爆炸。

此类物质常因烟火、撞击或摩擦等作用而引起爆炸。因此，必须充分了解其危险程度。不可随便将其混合。

防护方法是根据需要准备好或戴上防护面具、耐热防护衣或防毒面具。

4.1.3.4　危险化学品的存放

A　分类存放

实训室人员增多，造成失误的可能性也相应增加，所以实训室内的危险品要按其特点分类存放；再加之实训室的火种或热源多，必须按照易燃易爆、腐蚀、毒害、放射性物质等分门别类，分开存放。例如，易燃物要放在远离火种和热源、阴凉通风的地方；腐蚀性试剂应选在人、物不经常接触的位置，为了防止它们对木器、地面或其他物质的破坏，可在它们下面或周围放一些耐腐蚀的物质；毒害品更应该放在能严密加锁的柜中。

B　限量存放

对危险品的存放，能尽量减少实训室存放量的就尽量减少，宁愿多费一些事，也不能在这方面增加隐患。在专门的库房中保管要比存放在实训室更加安全。

C　柜架放置的位置

实训室放存试剂的柜子、架子，要选择适当的位置。一般来说，要注意避免阳光直射、远离热源，也不宜靠近有水源或用水的地方；避免潮湿的环境，尽量选择人员活动较少的位置，如室内边沿位置。

试剂在柜子或架子上要放置有序，便于查找和取用，按中文分类排放。

对于一些贵重及易潮解的试剂除一般的注意瓶口封装外，还要集中置于干燥器中。

D　其他注意事项

（1）若不事先充分了解所使用物质的性状，特别是着火、爆炸及中毒的危险性，不能贸然使用危险物质。

（2）危险物质要避免阳光照射，应储藏于阴凉的地方，注意不能混入异物，并且必须与火源或热源隔开。

（3）储藏大量危险物质时，必须按照有关法令的规定，分类保存于储藏库内。并且毒物及剧毒物需放于专用药品架上保管。

（4）使用危险物质时，尽可能少量使用。并且对不了解的物质，必须进行预备试验。

（5）在使用危险物质之前，必须预先考虑发生灾害事故时的防护手段，并做好周密的准备。对有火灾或爆炸危险的实训，要准备好防护面具、耐热防护衣及灭火器材等；而有中毒危险时，则要准备橡皮手套、防毒面具及防毒衣等用具。

（6）整理有毒药品及含有毒物的废弃物时，必须采取避免引起污染水质和大气的措施。

（7）特别是当危险药品丢失或被盗时，由于有发生事故的危险，必须及时向上级部门或有关领导报告。

4.1.4　实训事故预防

高职院校实训室是事故的主要"发源地"，在实训室（场地）开展事故预防尤为重要。实训室里常见的事故类型有触电、机械伤害、物体打击、起重伤害、高处坠落、车辆伤害、火灾事故等。下面从不同类型的实训项目分别做介绍。

4.1.4.1　电工实训

A　电工实训室（见图 4-3）安全要求

（1）电工实训室属强电实习场所，应特别注意安全，未经指导教师允许，坚决不允许擅自通电。

（2）严格听从指导教师对于工位的安排，实训学生不能随意离开自己的实作工位，以免影响其他同学的正常实习。

图 4-3 电工实训室

（3）要保持实训室内安静、清洁，不能高声喧哗，也不能吃零食。

（4）要爱惜实训室内的仪器、仪表、工具、设备等，不能人为损坏。

（5）实作完毕后，按照教师规定的日期和要求写出相应完整的实习报告。

（6）每次实作结束，按组轮流打扫实训室清洁卫生。

B 实作训练安全操作规程

（1）进行单元实作时，按电路要求严格认真检查电路仪器件的好坏，并按要求紧固安装好各器件。

（2）及时按照国家新标准符号进行电器管理图和安装接线图编号。

（3）严格按照电器原理图和工艺安装布置图操作，并认真参照图纸施工。

（4）在实训指导教师的指导下，按工艺要求进行正确的操作和接线，力求做到安装工艺要求整体规范。

（5）严格遵守安全操作规程，正确使用工具、测量仪表和仪器。

（6）实训课题完毕后，必须在指导教师的监护下进行测试，确认无短路和线路无误后，方能通电试车。

（7）试车完毕后，立即切断电源，才能拆除连接导线，经指导教师检查同意后，方可离开实训室。

4.1.4.2 钳工实训

A 钳工实训室（见图 4-4）安全要求

（1）使用砂轮机和台钻时必须先报请指导教师同意，并在教师监护下方能使用，操作时严禁戴手套。

（2）打磨工件时，先检查砂轮片是否有松动、有无裂纹、防护罩是否牢固可靠，发现问题时不能启用，并报知指导教师。

（3）刃磨工件时，操作者必须站在砂轮侧面，不能面对砂轮，也不能用力过猛，打磨部位必须高于砂轮中心线。

（4）使用台钻时，工件装夹必须牢固可靠，应按逐渐增压或减压的原则进行，钻头上绕有铁屑时必须停车清除，但不能用嘴吹或是用手拉。

（5）砂轮机、台钻由专职教师保管使用，未经同意其他人不得使用。

（6）其余安全要求按钳工实习的安全操作规程进行。

图 4-4　钳工实训室

B　钳工实训安全操作规程

（1）师生必须穿戴好劳动防护用品，工作中注意周围人员及自身的安全，实训场地不能打闹嬉戏，不能挥动工具，以免工具脱落、工具和铁屑飞溅造成伤害。

（2）钳工台上必须设置密度适当的安全网。

（3）钳工台上的杂物要及时清理，工具和工件放在指定地方。

（4）虎钳上不能放置工具，以防滑下伤人。

（5）使用转座虎钳工作时，必须把固定螺丝扳紧。

（6）虎钳的丝杆、螺母要经常擦洗和加油，保持清洁，如有损害不能使用。

（7）钳口要经常保持完好，磨平时要及时修理，以防工件滑脱。钳口固紧螺丝要经常检查，以防松动。

（8）用虎钳夹持工件时，只许使用钳口最上行的三分之二，不能用管子套在手柄上或用手锤直接锤击手柄。

（9）画线平台必须放平放稳，台面上不能放置杂物，并严禁在台上用砂纸打磨工件。

4.1.4.3　金工实训

A　台钻操作安全要求

（1）使用台钻要戴好防护眼镜和规定的防护用品，禁止戴手套。

（2）钻孔时，工件必须用虎钳、钳子、夹具或压铁夹紧压牢。不允许直接用手拿着工件钻孔；钻薄片工件时，注意下面要垫木板。

（3）不能在钻孔时用纱布清除铁屑，并不允许用嘴吹或者用手擦拭。

（4）在钻孔开始或工件要钻穿时，要轻轻用力，以防工件转动或甩出。

（5）工作中要把工件放正，用力要均匀，以防钻头折断。

B　砂轮切割机操作安全要求

（1）砂轮机的防护罩必须完备，砂轮机开动后，要空转 2~3s，待砂轮机运转正常时，才能使用。

（2）安装的砂轮片要牢固可靠，工件要夹紧，切割时应慢进行，不要用力过猛。

（3）操作者要戴好防护眼镜。

（4）切割中工件温度过高发红时，应稍停片刻，冷却后再切割。

（5）托刀架与砂轮工作的距离，不能大于 3mm；磨工具或刀具时，不能用力过猛，不要撞击砂轮。

（6）在同一块砂轮上，严禁两人同时使用，更不能在砂轮的侧面磨削。磨削时操作者要站在砂轮机的侧面，不要站在砂轮机的正面，以防砂轮崩裂发生事故。

（7）对于细小的、大的、不好拿的工件，不能在砂轮机上磨；对于小件，要拿牢，以防挤入砂轮机内或挤在砂轮与托板之间，将砂轮挤碎。

（8）砂轮片磨薄、磨小后，应及时更换。

C　车床操作安全要求

（1）操作时操作者不能戴围巾、手套，高速切削时要戴好防护眼镜。

（2）装卸长盘及大的工、夹具时，床面要垫木板，不能开车装卸长盘。装卸工件后应立即取下扳手，不能用手刹车。

（3）床头、小刀架及床面不要放置工、量具及其他东西。

（4）装卸工件要牢固，夹紧时可用接长套筒，不能用榔头敲打；滑丝的卡爪不能使用。

（5）加工细长工具时要用顶针、根刀架。车头前面伸出部分不得超过工件直径的 20~30 倍，车头后面伸出超过 300mm 时，必须加托架，必要时加设防护栏杆。

（6）用锉刀光工件时，应右手在前，左手在后，身体离开长盘。使用砂布磨工件时，砂布要用硬木垫，车刀要移到安全位置，刀架面上不能摆放工具和零件，划针盘要放牢。

（7）车内孔时不能用锉刀倒角，用砂布光内孔时，不允许用手指或手臂伸进去打磨。

（8）加工偏心工件时，必须加平衡铁；并要紧固牢靠，刹车不能过猛。

（9）攻丝或套丝必须要用专用工具，不能一手扶攻丝架（或板牙架）一手开车。

（10）切大料时应留有足够的余量，卸下砸断，以免切断时料掉下伤人，小料切断时不能用手接。

D　铣床操作安全要求

（1）夹工件、工具必须牢固可靠，不允许有松动的现象；所用扳手必须符合标准规格。

（2）在机床上进行上下工件、刀具，紧固、调整、变速及测量工件时必须停车，两人同时工作要协调一致。

（3）高速切削时必须装防护挡板，操作者要戴防护眼镜。

（4）工作台上不得放置工、量具及其他物件，操作者要戴防护眼镜。

（5）切削过程中，人员的头、手不得接近铣削面。取卸工件时，必须在移开刀具后进行。

（6）坚决不允许用手摸或用棉纱擦拭正在转动的刀具和机床的传动部位；清除铁屑时只允许用毛刷，不能用嘴吹。

（7）拆装立铣刀时，台面应垫木板，不允许用手拆托刀盘。

（8）装平铣刀、使用扳手扳螺母时，要注意扳手开口选用适当，用刀不可过猛，防止滑倒。

（9）对刀时必须慢速进刀，刀接近工件时，须用手摇进刀，不能快速进刀，正在走刀时不允许停车；铣深槽时要停车退刀；快速进刀时，注意防止手柄伤人。

（10）吃刀不能过猛，自动走刀须拉脱工作台上的手轮，不能突然改变进刀速度。有限位撞块应预先调整好。

E　弓锯床操作安全要求

（1）工作前要先低速运转 3~5min，确认油路畅通、润滑良好、各部正常运转后，再开始工作。

（2）装卡工件必须牢固可靠；必须放置水平，并垂直于锯条。

（3）虎钳要装在锯料中心，位于弓锯行程的中间。切割有角度的材料时，旋转虎钳后必须注意紧牢。

（4）弓锯床在运转中，严禁变换速度。

（5）不能使用磨钝了的锯条进行工作；安装锯条时必须拉紧。

（6）工作前必须先检查各手柄位置，应在"静止"或"升向"位置；切料时把手柄放在进给位置，使锯条徐徐下降与工件接触，确认工作情况良好后，再拖动手柄达到正常要求进给量。

（7）在加工过程中，必须有足够的冷却液。冷却液必须定期过滤、更换，并经常保持清洁。

（8）不允许操作者离开后托人代管开动着的设备。

（9）在锯割过程中，锯条未提起之前，不能停车。

F　刨床操作安全要求

（1）工件装夹要牢固，增加虎钳夹固力时要使用接长套筒，不能用榔头敲打扳手。

（2）刀具不能伸过长，刨刀要装牢；工作台上不能放置工具。

（3）调整牛头冲程时，刀具不能接触工件，并用手摇动全行程进行试验；注意溜板前后不能站人。

（4）机床调整好后，即将摇手柄取下。

（5）刨削过程中，人员头、手不能伸到车头前检查；不能用棉纱擦拭工件和机床转动部位，车头未停稳，不得测量工件。

（6）清扫铁屑只允许用毛刷，不允许用嘴吹或是用手清理。

（7）装卸较大工件和夹具时，应请人帮助，防止滑落伤人。

G　摇臂钻床操作安全要求

（1）工作前对所用钻床和工卡进行全面检查，确认无误后方可操作；工作中严禁戴手套。

（2）工作夹装必须牢固可靠。钻小件时，应用工具夹持，不能用手拿着钻。

（3）使用自动走刀时，要选好进给速度，调整好行程限位块；手动进刀时，一般按照逐渐增压和逐渐减压原则进行，以免用力过猛造成事故。

（4）钻花绕有铁屑时，要停车清除，不能用嘴吹或用手拉，要用刷子和铁钩清除。

（5）不允许在旋转的刀具下翻转、下压或测量工件，手不能触摸旋转的刀具。

（6）使用摇臂钻时，横臂的回转范围内不能有障碍物；工作前横臂必须卡紧。

（7）横臂和工作台上不能有浮放的物件。

（8）工作结束时，将横臂降到最低位置，主轴箱靠立柱，并且都要卡紧。

H 钻床操作安全要求

（1）工作前对所用钻床进行全面检查，确认无误后方可操作；工作中严禁戴手套。

（2）工作夹装必须牢固可靠。钻小件时，应用工具夹持，不能用手拿着钻。

（3）使用自动走刀时，必须选好进给速度，调整好行程限位块；手动进刀时，一般按照逐渐增压和逐渐减压原则进行，以免用力过猛造成事故。

（4）钻花绕有铁屑时，要停车清除，不能用嘴吹或用手拉，要用刷子和铁钩清除。

（5）精绞深孔时，拔取圆器和销棒，不可用力过猛，以免手撞在刀具上。

（6）不能在旋转的刀具下翻转、下压或测量工件，手不准触摸旋转的刀具。

（7）使用摇臂钻时，横臂的回转范围不能有障碍物。工作前横臂必须卡紧。

（8）横臂和工作台上不能有浮放的物件。

（9）工作结束时，将横臂降到最低位置，主轴箱靠立柱，并且都要卡紧。

I 电焊机操作安全要求

（1）操作者要按规定佩戴好劳保用品。

（2）检查接头是否松动，焊机是否正常，焊条、焊具是否符合要求。

（3）焊接场地禁止堆放易燃易爆物品，焊接场地要离易燃易爆物品 10m 以上距离，焊接场地应有相应的消防器材。

（4）高空作业必须系好安全带。

（5）下雨天不能露天电焊，在潮湿地方工作要防止漏电伤人。

（6）要防止点弧光伤人，敲渣子时应戴防护眼镜。

（7）换焊条时应戴好手套，身体不要靠在铁板或其他导电物件上。

（8）工作完毕先关电焊机，再断电源，收好焊机线，并清理现场。

J 气焊、气割操作安全要求

（1）操作者须穿戴好劳保用品。

（2）操作前检查气焊、气割设备是否完好、安全正常，做好焊前准备工作。

（3）焊接场地应离易燃易爆物品 10m 远，氧气瓶、乙炔瓶离明火作用点应距 10m 以上；热天还应将氧气瓶、乙炔瓶放置在阴凉处。

（4）焊接地必须配备有相应的消防器材。

（5）2m 以上高处作业时要系好安全带。

（6）焊工工作结束时要按规定，收好气焊、气割设备，并清理现场。

❧❧❧❧❧❧❧❧❧❧❧❧❧❧❧❧❧❧❧❧❧❧❧❧❧❧❧❧❧❧❧❧

典型案例

（1）2011 年 3 月 31 日，某高校化学实验楼一楼的一间实验室突然起火。大火很快将里面的仪器烧毁，熊熊火焰从破损的门窗处喷出蔓延到楼上房间，5 辆消防车扑救半小时才将大火扑灭。起火原因初步判定是实验仪器夜间未断电。

————————※　※　※————————

（2）2011年11月17日凌晨4时许，某大学实验楼一楼有机化学室突然起火，大火蔓延至实验楼二、三楼，顶楼发电机也被波及。实验室内大量化学用品被点燃，散发大量有毒气体。发现火势后，值班保安和老师紧急报警，随后约8辆消防车到场将大火扑灭。

据悉，着火实验室过火面积达30多平方米。所幸是事故未造成人员伤亡。起火原因初步判定为化学药品反应或电线短路。

思考与练习

（1）实训室进行实训教学时易发生的安全事故有哪些？
（2）大学生在进行校内实习实训时要注意哪些方面的事故预防？

4.2　校外实习安全

4.2.1　外出实习的安全防范

职业院校的实习，尤其是生产实习和顶岗实习，学生需要离开校园到有关企业、事业单位去，特别是到工矿企业或野外实习。在此期间，学生应该特别注意安全防范。

4.2.1.1　野外实习时的安全防范

（1）大学生实习班组或实习团队进行编组时，要注意男、女大学生混合编组，禁止一人单独进行野外实习。

（2）在野外实习时要集体行事，并指定专人负责安全工作，防止有人走散迷路。每到一个实习地，先要了解当地的治安情况及风俗习惯，并针对可能发生的问题采取切实可行的措施。

（3）注意防止被有毒动物咬伤或有毒植物刺伤，防止发生人身伤亡事故。

（4）夏天时要避免中暑，冬天时要防止冻伤。

（5）必须严格按照操作规程操作，避免损坏仪表仪器；此外，还应保管好各类重要资料，注意防火、防盗、防毒、防工伤事故。

4.2.1.2　下厂实习时的安全防范

（1）不论在何单位实习，都要服从该单位的领导，虚心向技术人员、工人师傅学习，不得违反各项规章制度，以确保实习安全。

（2）在厂矿、企业或单位实习的大学生，在实习前必须接受安全教育，学习安全法规，并在专人指导下学习并掌握有关的安全操作知识和技能。

（3）正确使用和保管个人劳动防护用品，保持工作场所的整洁。准确了解厂矿、企业内特殊危险工区、地点及物品，避免发生意外事故。

（4）工作前，必须掌握需要使用的机器、设备或工具的性能、特点、安全装置和正确操作程序及维护方法，做到安全操作和规范操作。

4.2.2　生活安全

4.2.2.1　购物

大学生的日常生活离不开购物，在购物过程中，如缺乏必要的警惕，极可能会落入某些利欲熏心者设置的陷阱，最后得不偿失，甚至违法违纪。

目前高校中因购物不当而引起的案件、纠纷等不在少数，较为典型的当属个别大学生购买赃物。这种行为在客观上助长了盗窃之风，那种不知者不怪的想法是不正确的。

如何防止购买赃物呢？

（1）从价格上判断。盗窃分子均有急于将赃物脱手的心理，故对价格要求不高，如果价格与物品的质量相差悬殊，购买者则应慎重行事。

（2）从手续上判断。看卖方是否持有商品的发票（包括原始发票、二手货市场出具的发票）或有效证件等，如果对方不能提供，则该商品的来路就值得怀疑（这也是公安、保卫部门认定商品所有人的主要依据）。

（3）购买二手货要到正规的二手货市场。不要轻易相信所谓低价转让的广告，更不能从街头巷尾和不明底细的人那里购物。

4.2.2.2　租房

大学生在校外租房居住的现象，在全国各地高校中十分普遍，在校外租房有利有弊，但从安全的角度上讲则是有百害而无一利。特别需要引起重视的是，多名互不熟悉的人合租，以及当前所谓时尚的"异性合租"是大学生在外租房的大忌，其形成的安全隐患最大，造成的危害后果往往最严重。

很多人由于租房心切，或过于注重房租价格，加之自己的安全意识不够、安全常识缺乏，而将房主的信用程度、合租者的身份背景、房子本身的安全条件、用电及用气这些最平常但最致命的安全问题置之度外。

因此，大学生在外租房，首先应从以下方面考虑安全问题：

（1）租房的位置离学校或实习单位越近越好，这样既便于往返，也便于在出现意外情况时及早得到学校和单位的帮助。

（2）要充分考虑房屋的安全性，优先选择有专门保安人员、封闭管理的小区。

（3）检查室内门、窗、锁的防护能力，优先选择装有防盗门、窗的房屋；检查用电、用气方面是否存在安全隐患。

（4）对所租住房所处地区的环境、秩序、人员结构等情况做基本了解，熟记当地公安派出所报警电话，在发生问题时尽快求助。

（5）尽量避免与互不熟悉的人合租或与异性合租住房，以有效防止各类案件或不必要的纠纷。合租者最好是同学，以便相互照应。

4.2.2.3 酗酒

逢年过节、毕业庆贺或是同学聚会常免不了喝酒，尤其刚踏入社会、走上工作岗位的大学生。偶尔少量饮酒并不为过，但个别同学偏偏养成了酗酒的不良嗜好，这就会对身心健康构成很大的危害。

酗酒是指无节制的饮酒。在全国高校中，大学生的饮酒现象极为普遍，酗酒者也不在少数。纵酒，不但直接损害身心健康，而且也是构成社会不安定的因素。

大学生饮酒，多见于以下心理原因：

（1）好胜心理。年轻人血气方刚，不肯服输，一端酒杯，就容易出现逞能求胜的心理，结果喝得烂醉如泥，丑态百出。

（2）交往心理。受社会上吃吃喝喝的不良风气影响，一些大学生也常利用喝酒来联络感情。

（3）借酒浇愁心理。有的因恋爱受挫，有的因学业不良或考试失败，有的因同学间出现摩擦，种种烦恼不快之事无法摆脱，而借杯中之物以麻痹自己。

所以，年轻大学生自身应养成良好的生活习惯、自制自律，拒绝酒精给身心带来危害。

4.2.2.4 赌博

大学生的主要任务是学习，可一旦参与并沉溺于赌博，就要耗费大量的时间和精力，专业学习自然会受到影响。由于赌博活动的结果与金钱、财物的得失密切相关，所以迫使参与者要全力以赴，精神高度紧张，精力消耗大。其主要危害如下：

（1）影响学业。据调查，参与赌博的大学生都会有不同程度的学习成绩下降，而且陷入赌博活动的程度越深，学习成绩下降得就越严重。

（2）危害身心健康。经常参与赌博活动会诱发严重的失眠、神经衰弱和记忆力下降等症状。这些都是大学生顺利完成学业的大敌。

（3）人际关系紧张。一方面，赌博的人对周围人和事物麻木不仁，相互之间钩心斗角，随时都在算计对方，或将人们之间的关系看成赤裸裸的金钱关系，逐渐成为自私自利、注重金钱、见利忘义的人；另一方面，个别人在宿舍内聚赌，实际上是对他人时间和空间的一种无理侵占，干扰了他人正常的学习和生活，因而势必会导致他人的反感、厌恶，引起人际关系紧张。

4.2.2.5 毒品

毒品对人类社会的危害极大。它不仅摧毁人的意志、人格及良知，严重危害健康，而且使人犯罪，是社会不安定的重要因素。

据联合国统计，自2009年以来全世界每年毒品交易额达8000亿美元以上，全球每年大约有1000多万人因吸毒而丧失劳动力，每年有10万人因此死亡。毒品蔓延的范围已扩展到五大洲的200多个国家和地区，全世界吸食各种毒品的人数已高达3亿多，其中17～35周岁的青年占80%以上。

对于在校大学生，初入社会，一下子脱离学校到外面实习，思想比较单纯，好交往，自认为已经长大，开始追求自己所谓的思想和个性独立。但他们毕竟没有社会经验，也并未完全形成正确的人生观和世界观，讲哥们义气，同学、朋友中有人吸毒便会交叉感染。一旦染上毒瘾，不仅会伤害自己的身体和家庭，而且由于毒品犯罪往往与黑社会、暴力、凶杀联系在一起，诱发严重的刑事犯罪和治安问题。我们不能不清醒地意识到，毒品，从来没有像今天这样肆虐横行，它威胁着人类的生存和发展，吞噬着人类的一切文明和希望。

拒绝毒品，对于初涉社会的大学生而言主要从以下几方面去预防：

（1）拒绝毒品，从拒绝吸烟、喝酒开始，养成良好的生活习惯。

（2）不要随便进入治安环境复杂的场所，如歌舞厅、酒吧。

（3）要有警觉戒备意识，对诱惑提高警惕，采取坚决拒绝的态度，不轻信谎言。如不轻易和陌生人搭讪，不接受陌生人提供的香烟和饮料；出入娱乐场所，要有家长陪同，不随便离开座位，离开座位时，最好有人看守饮料和食物等。

（4）不要盲目攀比、盲目追求时尚。

（5）不要滥用药品（如减肥药、兴奋药、镇静药等）。

（6）遇到无法排解的事端或问题，首先要设法寻找正确的途径去解决，而不是沉溺其中，自暴自弃，更不能借毒解愁。

4.2.3　交通安全

我国的道路交通安全管理主要是以《中华人民共和国道路交通安全法》、《中华人民共和国道路交通安全法实施条例》等为法律依据来进行的。

4.2.3.1　安全基本原则

作为在校大学生，即将踏入社会的年轻人，在道路交通安全方面应遵守以下基本原则：

（1）我国的道路安全驾驶管理遵循"人人要遵守交通法规、车辆右侧行驶、车辆行人各行其道以及对机动车非机动车和行人实际管理并重"四个基本原则来进行。

（2）车辆必须经过车辆管理机关检验合格，领取号牌、行驶证，方准行驶。号牌须按指定位置安装，并保持清晰。号牌和行驶证不能转借、涂改或伪造。车辆必须在车况良好、车容整洁的情况下上路行驶。

（3）未取得机动车驾驶证的，不得驾驶机动车；驾驶机动车时，必须随身携带驾驶证和行驶证。

（4）不能在患有妨碍安全行车的疾病或过度疲劳时驾驶；车门、车厢没关好时，不能行车；不允许穿拖鞋驾驶车辆，驾驶或乘坐二轮摩托车时须戴安全头盔。

（5）自行车、三轮车在转弯前须减速慢行，向后观望伸手示意，不能突然猛拐；不允许双手离把或攀附其他车辆；通过交通信号灯控制的路口或穿行车道时须下车推行。

（6）行人须在人行横道内行走，没有人行横道的靠路边行走；横过马路穿越车行道时须走人行横道；在设有交通隔离设施的道路上，不能翻越隔离设施进入车行道。

（7）行人不能在道路上进行扒车、追车、强行拦车或抛物击车等妨碍交通、影响安全的活动。

（8）学龄前儿童在街道或公路上行走，须有成年人带领。

（9）饮酒后或醉酒，不得驾驶机动车。

4.2.3.2 各种车辆、交通标志、划线、符号等知识

A 车辆

我国道路交通法则中所称的车辆，是指在道路上行驶的机动车和非机动车。

机动车辆必须经过车辆管理机关检验合格，领取号牌、行驶证，才能准许行驶。号牌须按指定位置安装，并保持清晰。号牌和行驶证不准转借、涂改或伪造。

B 道路交通标志

交通标志是用形状、颜色、符号、文字对交通进行导向、警告、规制或指示的一种道路附属设施，一般设置在路侧或道路上方（跨路式），以实现静态交通控制。它分为主标志和辅助标志两大类。主标志又分为警告标志、禁令标志、指示标志、指路标志、旅游区标志和道路施工安全标志 6 种。

（1）警告标志。警告标志共有 49 种，起警告的作用，是警告车辆、行人注意危险的标志，如图 4-5 所示。其颜色为黄底、黑边、黑图案，形状为顶角朝上的等边三角形。

图 4-5 警告标志

（2）禁令标志。禁令标志共有 43 中，起禁止某种行为的作用，如图 4-6 所示。

图 4-6 禁令标志

（3）指示标志。指示标志共有 29 种，起指示的作用，是指示车辆、行人行进的标志，如图 4-7 所示。

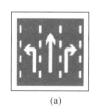  

(a) (b) (c)

图 4-7 指示标志

(a) 分向行驶车道；(b) 直行和右转合用车道；(c) 直行车道

（4）指路标志。指路标志起指路的作用，如图 4-8 所示。

(a)　　　　　　　　　　　　　　　　　(b)

图 4-8　指路标志

（a）出口预告；（b）出口预告，车辆需走直行车道，由"14B"出口

（5）旅游区标志。旅游区标志共有 17 种，是提供旅游景点方向、距离的标志，如图 4-9 所示。

(a)　　　　　　　　(b)　　　　　　　　(c)

图 4-9　旅游区标志

（a）索道；（b）野营地；（c）营火

（6）道路施工安全标志。道路施工安全标志是通告道路施工区通行的标志，用以提醒车辆驾驶人和行人注意，如图 4-10 所示。它共有 26 种。其中，道路施工区标志有 20 种，用以通告高速公路及一般道路交通阻断、绕行等情况，设在道路施工、养护等路段前适当位置。

辅助标志共 5 种，是附设在主标志下，起辅助说明作用的标志，这种标志不能单独设立和使用，如图 4-11 所示。辅助标志按其用途又分为表示时间、表示车辆种类、表示区域距离、表示警告和禁令理由的辅助标志以及组合辅助标志等几种。

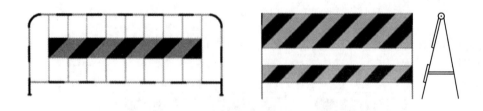

图 4-10　道路施工安全标志（施工路栏）

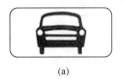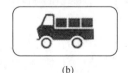

(a)　　　　　　　　　(b)　　　　　　　　(c)

图 4-11　辅助标志

（a）机动车；（b）货车；（c）货车、拖拉机

C　道路交通标线

道路交通标线（见图4-12）是指用漆类物质喷印或用混凝土预制块、瓷瓦等镶嵌在路面或缘石表面，用来表示交通规则、警告或导向的示意线、文字、符号或颜色等。

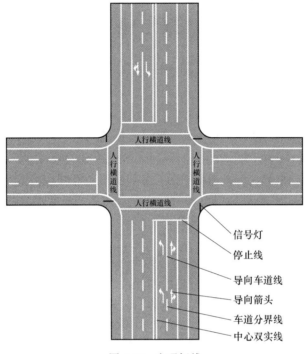

图4-12　交通标线

它的作用有：可实行机动车与非机动车分隔和人与车分隔；可改善路口的交通状况；可与交通标志、交通信号配合使用，增强其有效性；提供明确的法律依据。

交通标线按其几何位置可分为路面标志、立面及缘石标志和视线引导标志等三类。路面标线的颜色有黄色和白色两种：

（1）白色一般用于准许车辆越过的标线，如车道线、转弯符号等。

（2）黄色一般用于车辆不准许超越的标线，如禁止通行区、不准超车的双中心线等。

视线引导标志如路标为沿道路中线或车道边线或防撞墙埋设的反光标志物。车辆夜间行驶时，在车灯照射下，路标的反光作用会勾画出行车道或车道的轮廓，从而向驾驶员提供行驶导向。

4.2.3.3　交通信号

交通信号（见图4-13）是一种动态的交通控制形式，它有指挥灯信号、车道灯信号、人行横道信号、交通指挥手势信号等一些形式。

（1）指挥灯信号。当指挥灯信号横向安装时，面向灯光从左到右为红、黄、绿三色；竖直安装时，面向灯光自上而下为红、黄、绿。其意义为：

1）绿灯亮时，准许车辆、行人通行。

2）黄灯亮时，不准车辆、行人通行，但已越过停止线的车辆和进入人行横道的行

图 4-13　交通信号

人，可以继续通行。

3）红灯亮时，不准车辆、行人通行。

4）绿色箭头灯亮时，允许车辆按箭头所示方向通行。红灯本是禁行信号，但如果在红灯位置的上方或下方设有绿色箭头灯，该灯亮时车辆可按箭头所指方向直行或左转弯。

5）黄灯闪烁时，车辆、行人须在确保安全的原则下通行。

（2）车道灯信号。车道灯信号有两种，由绿色箭头灯和红色叉形灯组成，设在可变车道上。绿色箭头灯亮时，表示本车道准许车辆通行；红色叉形灯亮时，表示本车道不准车辆通行。

（3）人行横道信号。人行横道灯由红、绿两色灯光组成。在红灯镜面上有一个站立的黑色人形象，在绿色镜面上有一个行走的黑色人形象。

（4）交通指挥手势信号。手势信号分为直行、转弯和停止三种。

1）直行信号。右臂（左臂）向右（向左）平伸，手掌向前。该信号准许左右两方直行的车辆通行；各方右转弯的车辆在不妨碍被放行的车辆通行的情况下，可以通行。

2）转弯信号。以左转弯信号为例。右臂向前平伸，手掌向前。该信号准许左方车辆的左转弯、调头和直行的车辆通行；左臂同时向右前方摆动时，准许车辆左小转弯；各方右转弯的车辆和 T 形路口右边无横道的直行车辆，在不妨碍被放行车辆通行的情况下，可以通行。

3）停止信号。左臂向上直伸，手掌向前。该信号不准前方车辆通行；右臂同时向左前方摆动时，车辆须靠边停车。

4.2.4　饮食安全

自古以来，"民以食为天"。大学生一般都是吃食堂，平时"油水"不足，也经常在外打打牙祭。这样一来，我们大学生能吃的地方很多，除了学生食堂以外，快餐店、蒸菜楼、麻辣烫、烧烤、美食街，凡此等等，不一而足。由此就引出一个问题："什么样的饮食才是安全的、健康的？"

4.2.4.1　安全饮食

在这里我们可以借鉴世界卫生组织提出的食品安全十原则来界定安全饮食。

（1）食品一旦煮好应立即吃掉。

（2）家禽、肉类等，须煮熟才能食用。

（3）应选择已加工处理过的食品（例如，应选择已加工消毒的牛奶而不是生牛奶）。

（4）如需要把食物存放 4~5h，应在高温（60℃）或低温（10℃）条件下保存。

（5）存放过的熟食必须重新加热后才能食用。

（6）不要让未煮过的食品与煮熟的食品接触。

（7）保持厨房清洁。烹饪用具、刀叉餐具等都应洁净；抹布使用不应超过一天，下次使用前应放在沸水中煮一下。

（8）处理食物前先洗手。

（9）不要让昆虫、鼠、兔和其他动物接触食品（动物通常带有致病的微生物）。

（10）饮用水及准备做食品时用的水应纯清干净。

4.2.4.2　合理营养

大学生必须在平时的饮食中注意合理营养，才能保持健康的身体、充沛的精力，以胜任繁重的学习。

人体所需要的营养素是保证人体健康和正常生长发育的物质基础，它是人体所吸收的食物中的有用成分。它具有参与机体组织、细胞的构成，提供人体所需热量以及维持和调节人体生理活动等功能。

（1）机体摄取营养素不足，可导致一些营养缺乏病。例如：面黄肌瘦——营养不良；贫血——可能由缺铁引起；佝偻病——缺钙引起；坏血病——膳食中长期缺乏维生素 C，使体内胶原蛋白合成受阻引起等。

（2）机体营养素摄取过多会引起营养过剩性疾病，如肥胖症、糖尿病、冠心病等。有些营养素摄取过多，可对机体产生副作用。例如：钙是组成骨骼和牙齿的重要成分，如果机体摄取的钙过多，可引起钙沉积症；锌可促进机体的免疫功能，但如果锌摄取过多，却可对体内免疫功能产生抑制作用。

由此可见，营养素是保证我们机体正常生理活动的必备物质。营养素摄取过多或过少，对机体均无益处，要保持机体健康，就应使营养素摄取保持平衡，即要注意合理营养。

4.2.4.3　合理组织一日三餐

安排好一日三餐，是每个人共同关心的问题。尤其作为大学生，组织好一日三餐，不仅可有利于提高食欲、促进消化吸收，还能调节机体的精神状态，为更好的学习提供一个好的身体。中国营养学会向人们提出了如下的建议：

（1）食物多样，谷类为主。

（2）多吃蔬菜、水果和薯类。

（3）常吃奶类、豆类或其制品。

（4）食量与体力活动要平衡，保持适宜体重。

（5）吃清淡少盐的膳食。

（6）饮酒应限量。

（7）吃清洁卫生、不变质的食物。

4.2.5　交际安全

有的大学生从没离开过父母，有的大学生刚刚适应学校的集体生活，到校外实习对于他们来说，就是要面对各种各样的人际关系。有的学生不能处理好人与人之间关系；也有的学生不善于和不主动与他人交往，心理压力大，生活态度不乐观；还有的学生遇事从坏处着想，对自己的能力没有信心或过于自负等，由此常会引发一些安全问题。因此，在人际交往过程中应注意以下几方面：

（1）保持心理平衡。

1）积极主动地与人交往，尽快将自己融入工作环境中，走出去接近他人，积极参加集体活动，增加人际交往的信心。

2）不要固守偏执，要培养自己乐观开朗的性格，学会倾诉和倾听，学会包容，敞开心扉与朋友、同学和老师交流心得，进行沟通，建立起相互信任、欢乐共享与痛苦分担的良好人际关系，走出心理误区。

3）遇到心理困惑问题时，可请心理医生或心理咨询老师帮忙，适当进行一些心理咨询或简单的人际交往训练，也能收到较好的效果。

（2）不盲目与陌生人交友。交友是人类的心理需要，尤其是当人换了一个新环境的时候，会特别地渴望有那么一两个朋友。但如果为此失去原则，或轻信他人、滥交朋友，结果反而事与愿违，自酿苦果。

青年学生在初入社会，交友时应注意：

1）慎重择友。朋友从相识到相知需要一个逐渐了解的过程，萍水相逢就一见如故、无话不谈是非常不明智的做法。

大学生需要掌握一定的交友技巧，保持一定警惕，冷静地分析对方身份、背景以及交友动机，不要为假相所迷惑，也不要让对方左右你的思想。尤其是不要轻信初次见面就自我吹嘘、夸夸其谈和热情过度的人，不要轻率地投入感情、金钱，以防上当受骗，落入他人设下的陷阱。

2）提倡积极文明的朋友交往方式。近朱者赤，近墨者黑。交一个好朋友会令人终生受益，反之，则有可能让你得不偿失，甚至引你步入歧途。

因此，交友也要择其善者而从之，选择那些遵纪守法、品德端正的人作为深入交往的对象，而与那些人格低下、品行不端者保持距离。

同时，要对朋友负责。对于其不良思想或行为，要勇于纠正，不可听之任之，更不能同流合污。

（3）恋爱安全。爱情是人类永恒的主题，它对于正值青春、感情丰富的大学生们来说更是极具魅力。有资料表明，当今大学校园里有过爱情经历或正在谈恋爱的大学生占60%以上。

1）对于即将毕业的大学生来说，恋爱问题也一直备受关注。恋爱动机和恋爱的不严肃性，往往会给大学生们带来很大危害，主要表现在以下几方面：

①浪费时间，影响学业。从恋爱的过程看，无论是初恋、热恋还是失恋，都要占用大量的时间、精力和情感，这势必会导致学习成绩下降。

②失恋导致各类伤害案件发生。近年来，大学生由于单恋、失恋而出现的违法违纪

案件和问题屡见不鲜。一些人走不出失恋的阴影，极度悲观，寻死觅活；还有的在追求异性被拒绝后，苦苦纠缠，绝望后不惜动用暴力。

由于爱情具有自私性和排他性，学生到校外实习后为争风吃醋而打架斗殴的治安案件也不在少数。

③ 容易促发大学生的性过错。在错误恋爱观的支配下，有甚者置婚姻伦理于不顾，充当起"第三者"，涉足他人家庭。特别是女大学生出现类似行为后，会背负内心的焦惧、社会舆论的谴责，往往改变了自己的一生。

2）青年学生，尤其是即将毕业的大学生，在对待恋爱时要注意以下问题：

① 树立正确的恋爱观，纠正各种消极的恋爱动机。以认真、严肃的态度对待恋爱、婚姻和家庭问题，剔除恋爱动机中的空虚心理、好奇心理和从众心理，不可视恋爱为儿戏。

② 处理好恋爱与学业的关系。学业是事业的必要准备，丰富的学识和事业上的成功往往会促成美好的爱情。

③ 处理好恋爱与友谊的关系。异性间的友谊是爱情的基础，纯洁的友谊是恋爱发展的生命力所在。大学生应建立广泛的友谊圈，多参加男女同学共同参与的活动，发展健康、文明的异性朋友关系。

④ 正确对待失恋。为失恋而耽误前程是一生的损失。恋爱无论是成功还是失败，都是十分正常的现象。失恋不能失志，更不能失德。恋不成，仇相见，采取不道德的手段报复对方，或者进行无休止的纠缠是极不明智的。

4.2.6　体育安全

大学生到校外参加实习期间，工作之余，会参与一些体育运动项目，如跑步、打排球、打篮球、踢足球、游泳等。不同的运动项目可能造成的运动损伤也不尽相同。从事任何形式的体育锻炼都要注意安全，如果体育锻炼安排得不合理，违背科学规律，就可能出现伤害事故。

因此，大学生到校外实习，参加体育运动应注意以下几个方面：

（1）体育锻炼前做好充分的准备活动，待各器官、系统的机能进入活动状态后，再进行较剧烈的运动。准备活动可以使身体机能进入最佳状态，通过准备活动既可以提高锻炼效果，又可以减少运动损伤。

（2）皮肤擦伤、裂伤的处理方法。由于外力摩擦所致的体表皮肤浅表性的损伤，肉眼可见有出血、渗血或组织液渗出，对小面积的擦伤，可用生理盐水冲洗伤口后，涂20%红药水、1%的紫药水或2%的碘酊进行消毒处理。如果擦伤面积较大或者嵌入较多的泥、沙等异物时，最好到医院进行彻底的清洗、消毒和包扎。

（3）肌肉拉伤的处理方法。对轻微的肌肉拉伤，可用一块布包着冰块或者冰袋对受伤处施行冷敷，以防进一步肿胀，并减轻疼痛。用绷带或布条将受伤区包扎起来，给它支撑力量，但是要注意松紧适度，扎得太紧会导致肌肉进一步肿胀。在疼痛消失之前，避免使用受伤的肌肉。

（4）骨折的处理方法。发生骨折后，骨折部位有疼痛及压痛感，并伴有肿胀、淤斑、畸形等。首先要进行现场急救，这是保证治疗效果的关键。发生骨折后要保持镇静，不可任意移动骨折部位，在对伤口进行检查后，可以利用干净衣物或其他物品先行包扎，再利用板子、木棍等硬物使骨折处固定，避免骨折易位，然后尽快就医。

（5）游泳是大学生喜闻乐见的体育运动之一，既强身健体又舒适惬意。然而，每个泳季里都有不幸者溺水而亡。大学生预防溺水要做到以下"五不"：

1）不私自下水游泳。

2）不与他人结伴游泳。

3）不到无安全设施、无救援人员的水域游泳。

4）不到不熟悉的水域游泳。

5）不擅自下水施救。

作为一名大学生，必须了解起码的医学常识。当身体遇到伤害或健康问题，一方面可以自己采取自救，另一方面也可以及时到正规医院请医生医治。

4.2.7　心理健康

21世纪的大学生，应学会更好地认识自己、了解他人，开发自身的潜能，提高心理健康水平，掌握心理调适方法，优化心理健康途径，预防心理疾病，纠正不良心理，促进身心健康与人格完善。大学生的人生观、价值观尚为最后形成，心理还未完全成熟，在复杂多变的社会环境中难免会出现心理失衡，产生心理困惑。加强心理素质锻炼，学会自我心理调适，不断提高心理健康水平，不仅可以有效地化解心理困惑和消除心理障碍，而且可以建立和谐的人际关系，有效地学习和工作，发挥自身聪明才智。

4.2.7.1　大学生常见的心理问题

（1）环境适应问题。如大学新生进校后对大学校园学习、生活环境的不适应；大三进入顶岗实习以后，逐渐脱离校园环境步入社会，对工作环境、人际环境、生活环境等的不适应。

（2）学习问题。主要表现为学习目的问题、学习动力问题、学习方法问题、学习态度问题以及学习成绩不理想等。大学期间，学习往往不再如高中阶段那样得到绝大多数人的重视，目的不明确、动力不足、态度不好构成了学习问题的主要方面。

（3）人际关系问题。如何与周围的同学、老师友好相处，建立和谐的人际关系，是大学生面临的一个重要课题。人际关系问题常常表现为难以和别人愉快相处、没有知心朋友、缺乏必要的交往技巧、过分委曲求全等，以及由此而引起的孤单、苦闷、缺少支持和关爱等痛苦感受。

（4）恋爱与性心理问题。大学生处于青春期，性发育成熟是重要特征，恋爱与性问题是不可避免的。恋爱问题一般包括单相思、恋爱受挫、恋爱与学业关系问题、情感破裂的报复心理等；而常见的性心理问题有手淫困扰，以及由婚前性行为、校园同居等问题引起的恐惧、焦虑、担忧等。

（5）性格与情绪问题。性格障碍是大学生中较为严重的心理障碍，其形成与成长经历有关，原因较为复杂，主要表现为自卑、怯懦、依赖、神经质、偏激、敌对、孤僻、抑郁等。

（6）求职与择业问题。在即将毕业跨入社会时，大学生往往感到困惑和担忧。如何选择自己的职业，如何规划自己的生涯，求职需要些什么样的技巧等问题，都会或多或少带来困扰和忧虑。

（7）神经症问题。长期的睡眠困难、焦虑、抑郁、强迫、疑病、恐怖等都是神经症的临床表现症状。

4.2.7.2 大学生自我心理调节的方法

（1）坦然面对。心理健康也跟身体健康一样，在人的一生中难免会出现这样那样的问题，出现心理困惑只是成长的正常状态，没有问题就没有成长可言，因而不必大惊小怪、怨天尤人。

（2）不要急于"诊断"。心理问题本身多种多样，成因往往也很复杂，切忌盲目从一些书籍上断章取义，或者道听途说，急于"对号入座"，认定自己患了什么病。弄清问题当然是必要的，但大学生的问题还是发展性的居多，很多都是"成长中的烦恼"，实在不必自己吓自己。

（3）转移注意。心理问题往往有这么一个特点，就是越注意它，它似乎就越严重。所以，不要老盯着自己所谓的问题不放，不可过分关注自我，而应把注意力转移到学习、生活、工作的方方面面。有自己感兴趣的事情并全力投入是很有利于心理健康的。

（4）调整生活规律。很多时候，只要将自己习惯了的生活规律稍加调整，就会给自己的精神面貌带来焕然一新的感受。所谓的心理问题也随之轻松化解了。

（5）不要讳疾心理咨询。对于严重的、难以排解的心理问题，也可寻求专家咨询及心理卫生机构的帮助。

4.2.7.3 大学生自我情绪调节的方法

大学生在学会调节自己心理的同时也要学会调节自己情绪。

（1）制怒术。要做情绪的主人，当喜则喜，但遇到令人愤怒的事情时，先想一想发怒有无道理，再想一想发怒后会有什么后果，最后想一想有没有其他方式来代替。这样想过后人就会变得理智起来。

（2）愉悦术。努力增加积极情绪以削弱消极情绪。具体方法有三：一是多交朋友，在人际交往中感受快乐；二是多立些小目标，小目标易实现，每实现一个小目标都会带来愉悦的满足感；三是学会辩证思想，从容对待挫折与失败。

（3）幽默术。幽默是避免人际冲突、缓解紧张的灵丹妙药。生活中要多笑勿愁，经常幽上一默，既可以给他人带来快乐，也可以使自己心境坦然。

（4）宣泄术。遇到不如意、不愉快的事情，可以通过去做另外一件事情来转移注意力，如跑步、读小说、看电影，甚至可以大哭一场，或者找朋友谈心诉说来宣泄自己不愉快的情绪。

（5）升华术。升华术就是把受挫折的不良情绪引向崇高的境界。如司马迁在遭受奇耻大辱的宫刑后，把全部精力放在了著述《史记》上，终成一代史学大师。

（6）放松术。心情不佳时，可通过循序渐进自上而下地放松全身，或通过自我按摩等方法使自己进入放松入静状态，然后面带微笑，抛开面前不愉快之事，回忆自己曾经历过的愉快情境，从而消除不良情绪。

4.2.8 网络安全

大学生到校外参加实习期间，工作之余，都会使用到网络，如上网查资源、网络购物、网游等。使用网络要注意网络安全。

4.2.8.1 关于计算机病毒

病毒是生物学领域的术语，是指能够自我繁衍并传染的使人或动物致病的一种微生物。人们借用它来形容计算机信息系统中能够自我复制并破坏计算机信息系统的恶性软件。关于计算机病毒的定义，众说纷纭，莫衷一是。《中华人民共和国计算机信息系统安全保护条例》第二十八条规定："计算机病毒，是指编制或者在计算机程序中插入的破坏计算机功能或者毁坏数据，影响计算机使用，并能自我复制的一组计算机指令或者程序代码。"这是一个具有法律效力的定义。

计算机病毒实质上是一段可执行程序，它具有广泛传染性、潜伏性、破坏性、可触发性、针对性、衍生性和传染速度快等特点。早期的计算机病毒多是良性的，偏重于表现自我而不进行破坏。后来的恶性计算机病毒则大肆破坏计算机软件，甚至破坏硬件，最终导致计算机信息系统和网络系统瘫痪，给人们造成各种损失。计算机病毒可被预先编制在程序里，也可通过软件、网络或者无线发射的方式传播。在我国，故意制作、传播计算机病毒等破坏性程序是违法犯罪行为，要受法律制裁。

4.2.8.2 计算机安全的防护

（1）注意防范计算机盗窃。在高校经常会发生计算机被盗的案件。小偷趁学生疏忽、节假日外出、夜晚睡觉不关房门或外出不锁门等机会，偷盗台式电脑、笔记本电脑或掌上电脑，或者偷拆走电脑的 CPU、硬盘、内存条等部件，给学生造成学习困难和经济损失。

（2）注意防止火灾、水害、雷电、静电、灰尘、强磁场、摔砸撞击等自然或人为因素对计算机的危害，要注意保证计算机运行环境和辅助保障系统的可靠性、安全性。报纸上曾报道过《新电脑也有大麻烦》的新闻。一户人家花了一万多元买了一台名牌电脑，没用 20 天主板就坏了。维修人员认为是静电引起的，是人身静电"烧毁"主板，电脑公司不承担保修义务。

（3）防止计算机病毒的侵害。要使用正版软件，不要使用盗版软件或来路不明的软件。从网络上下载免费软件要慎重，注意电子邮件的安全可靠性。不要自己制作或试验病毒。重创世界计算机界的 CIH 病毒，据说是一个大学生制作的，它给全世界带来了非常严重的电子灾难。

（4）如果计算机接入了互联网，就必须小心"黑客"的袭击，后面第（9）条的"防黑十招"请注意。

（5）要选用正版的杀毒软件，要选用可靠的、具有实时（在线）杀毒能力的软件。

（6）养成文件备份的好习惯。首先是系统软件的备份，重要的软件要多备份并进行写保护，有了系统软件备份就能迅速恢复被病毒破坏或因误操作被破坏的系统。其次是重要数据的备份，不要以为硬盘是永不消失的保险数据库。如：某高校一位研究生把毕业论文存储在笔记本电脑里，没有打印和备份，后来该笔记本电脑丢失，令他十分痛苦，几个月的心血白费了。另外，病毒也会破坏你的硬盘或数据。

（7）树立计算机安全观念，心理上要设防。网络虽好，可是安全问题丛生，网络陷阱密布，"黑客"伺机作案，病毒层出不穷，要特别小心。不要以为我是高手我怕谁，须知天外有天，网上"杀手"多如牛毛，弄不好你就被人"黑了"。

（8）保护计算机安全的其他措施。

1）最好选购与你周围人的计算机有明显区别特征的产品，或者在不被人轻易发觉的地方留有显著的辨认标志。

2）当要和计算机分开较久时，如寒暑假等，最好把计算机另存他处。

3）上网的计算机千万注意防止密码泄露给他人，并且要经常更改密码。

（9）防止"黑客"攻击的十种办法。

1）要使用正版防病毒软件并且定期将其升级更新，这样可以防"黑客"程序侵入计算机系统。

2）如果使用数字用户专线或是电缆调制解调器连接因特网，就要安装防火墙软件，监视数据流动。要尽量选用最先进的防火墙软件。

3）不要按常规思维设置网络密码，要使用由数字和字母和符号混排而成，令"黑客"难以破译的口令密码。另外，要经常性地变换自己的口令密码。

4）对不同的网站和程序，要使用不同的口令密码，不要图省事使用统一密码，以防止被"黑客"破译后产生"多米诺骨牌"效应。

5）对来路不明的电子邮件或亲友电子邮件的附件或邮件列表要保持警惕，不要一收到就马上打开。要首先用杀病毒软件查杀，确定无病毒和"黑客"程序后再打开。

6）要尽量使用最新版本的互联网浏览器软件、电子邮件软件和其他相关软件。

7）下载软件要去声誉好的专业网站，既安全又能保证较快速度，不要去资质不清楚的网站。

8）不要轻易在网站上留下自己的电子身份资料，不要允许电子商务企业随意储存你的信用卡资料。

9）只向有安全保证的网站发送个人信用卡资料，注意寻找浏览器底部显示的挂锁图标或钥匙形图标。

10）要注意确认你要去的网站地址，注意输入的字母和标点符号的绝对正确，防止误入网络陷阱。

在计算机网络世界要牢记："黑"人之心不可有，防"黑"之心不可无。

4.2.8.3　上网聊天交友应注意的问题

在网络这个虚拟世界里，一个现实的人可以以多种身份出现，也可以以多种不同的面貌出现，善良与丑恶往往结伴而行。由于受到沟通方式的限制，人与人之间缺乏多方面、真切的交流，当交流方式仅用电子文字、语音和视频等时，一个人原本应显现出来的素质就有可能被掩盖，这为一些居心叵测者提供了可乘之机，因此，大学生在互联网上聊天交友时，必须把握慎重的原则，不要轻易相信他人。

（1）在聊天室或上网交友时，尽量使用 QQ、微信等方式，尽量避免使用真实的姓名，不轻易告诉对方自己的电话号码、住址等有关个人真实的信息。

（2）不轻易与网友见面，许多大学生与网友沟通一段时间后，感情迅速升温，不但交换的真实姓名、电话号码，而且还有一种强烈见面的欲望。但最好不要见面，以免发生意外。假如要与网友见面，那么见面时要有自己信任的同学或朋友陪伴，尽量不要一个人赴约，约会的地点尽量选择在公共场所，人员较多的地方，并且尽量选择在白天，不要选择偏僻、隐蔽的场所，否则一旦发生危险情况时，得不到他人的帮助。

（3）在聊天室聊天时，不要轻易点击来历不明的网址链接或文件，因为这些链接或文件往往会携带聊天室炸弹、逻辑炸弹，或带有攻击性质的黑客软件，造成聊天室强行关闭、系统崩溃或被植入木马程式。

（4）警惕网络色情聊天、反动宣传。聊天室里汇聚了各类人群，其中不乏好色之徒，言语间充满挑逗，对不谙男女事故的大学生极具诱惑，或在聊天室散布色情网站的链接，换取高频点击率，对大学生的身心造成伤害。也有一些组织或个人利用聊天室进行反动宣传、拉拢、腐蚀，这些都应引起大学生的警惕。

4.2.8.4 浏览网页时应注意的问题

浏览网页是上网时做得最多的一件事，通过对各个网站的浏览，可以掌握大量的信息，丰富自己的知识、经验，但同时也会遇到一些不安全的情况。因此浏览网页时应注意：

（1）在浏览网页时，尽量选择合法网站。互联网上的各种网站数以亿计，网页的内容五花八门，绝大部分内容是健康的，但一些非法网站为达到其自身的目的，不择手段，利用人们好奇、歪曲的心理，放置一些不健康，甚至是反动的内容。合法网站在内容的安排和设置上则大多是健康的、有益的。

（2）不要浏览色情网站。色情网站在大多数的国家都被列为非法网站，在我国则更是扫黄打非的对象。浏览色情网站，会给自己的身心健康造成伤害，长此以往还会导致走向性犯罪的道路。

（3）浏览 BBS 等虚拟社区时，有的人喜欢发表一些带有攻击性的言论，或者反动、迷信的内容。这些人有的是因为好奇，有的是在网上打抱不平，这些都容易造成自己 IP 地址泄露，受到他人的攻击，更主要的是稍不注意会触犯法律。

4.2.8.5 进行网络购物时应注意的问题

随着信息技术的发展，电子商务进入人们的日常生活之中，人们对网络的依赖性逐渐增强，网络购物成为一种时尚。但也有人在网上购买的刻录机，邮到的却是乌龙茶，网络上大卖的随身听，结果却是一场空。因此在网上购物时应注意如下几方面的问题。

（1）选择合法的、信誉度较高的网站交易。网上购物时必须对该网站的信誉度、安全性、付款方式，特别是以信誉卡付费的保密性进行考查，防止个人账号、密码遗失或被盗，造成不必要的损失。

（2）一些虚拟社区、BBS 里面的销售广告，只能作为一个参考。进行二手货物交易时，更要谨慎，不可贪图小便宜，以防上当受骗。

（3）避免与未提供足以辨识和确认身份资料（缺少登记名称、负责人名称、地址、电话）的电子商店进行交易。若对某电子商店感到陌生，可通过电话或询问当地消费团体电子商店的信誉度等基本资料。

（4）若网上商店所提供的商品与市价相距甚远或明显不合理时，要小心求证，切勿贸然购买，谨防上当受骗。

（5）消费者进行网上交易时，应打印出交易内容与确认号码的订单，或将其存入电脑，妥善保存交易记录。

4.2.8.6 预防网络犯罪

网络给人们带来了巨大的便利，一些不法分子看准了这一点，利用网络频频作案，近些年来，网络犯罪案件不断增长。一位精通网络的社会学家说："互联网是一个自由且身份隐蔽的地方，网络犯罪的隐秘性非一般犯罪可比，而人类一旦冲破了某种束缚，其行为可能近乎疯狂，潜伏于人心深处的邪念头便会无拘无束地发泄。"一些大学生在学习了一些计算机的知识后，急于寻找显示自己才华的场所，会在互联网上显一显身手，寻找一些网站的安全漏洞进行攻击，肆意浏览网站内部资料、删改网页内容，在有意无意之间触犯了法律，追悔莫及。也有的学生依仗自己技术水平高人一等，利用高科技的互联网络从事违法活动，最终走上一条不归路。

作为一名大学生，要时刻保持谦虚的态度，不在互联网上炫耀自己或利用互联网实施犯罪活动。

典型案例

（1）2011年6月，某市职业院校3名男生相约到郊外游玩。由于天气炎热，3名男生便到水库中游水嬉戏。其中王某突然出现溺水，另外2名男生丁某和周某看到出现意外情况，惊慌失措。几秒钟后，眼见王某沉入水中，才赶紧呼救。水库巡逻人员赶到后连忙将王某打捞上岸，并进行紧急人工救援和通知120。但为时已晚，王某还是未能抢救过来。

事故原因分析：

1）3名男生在不熟悉环境的情况下，贸然下水，给自身安全带来了极大的安全隐患。

2）3名当事人不能正确认识到自身的水性，并缺乏一定的自救互救常识。

————————————※ ※ ※————————————

（2）2010年4月，某校大三顶岗实习学生余某等5人，在下中班后相约到夜市摊上吃宵夜。中间与邻桌的几名社会青年发生口角，进而发展到大打出手。在酒精作用的驱使下，余某拿起夜市摊的菜刀刺向其中一名社会青年。后来这名社会青年由于失血过多而抢救无效死亡，余某也被公安机关依法逮捕，等待他的将是严厉的法律制裁。

事故原因分析： 当事人平时脾气暴躁，不能正确控制自己的情绪，加之酒后失控，给两个家庭都带来了深深的伤害和无法弥补的伤痛。

————————————※ ※ ※————————————

（3）林某和黄某在学校时是对恋人，大三顶岗实习时两人分别到了不同的企业。由于各种原因，两人的感情渐渐疏远。2010年12月，当女生林某提出要跟黄某分手时，被黄某拒绝。在纠缠一段时间后，黄某见无论怎样都无法挽回女友的心时，向林某提出了经济赔偿的要求，随后又到林某的家中挑衅闹事并将林某的父亲打成重伤。最后黄某因故意伤害罪被公安机关带走。

事故原因分析：

1）两人未能正确对待爱情，在双方感情出现危机时不冷静，采取极端的方法。

2）黄某法律意识淡薄，是导致这起事件的主要原因。不仅伤害了别人，也给自己的人生道路带来了不良的影响。

———————※ ※ ※———————

（4）2011年，某学院临床专业的学生李某，在其实习的医院附近与男友杨某发生激烈争执后提出分手，男友苦苦哀求后，拿出一把十余厘米的刀威胁并刺伤李某，导致李某失血过多后死亡。

事故原因分析：

1）李某、杨某均未能正确地对待爱情，在感情出现危机时不冷静，采取了极端措施。

2）杨某的法律意识淡薄是导致这起事件的主要原因。这不仅给他人带来了不可挽回的后果，也给自己的人生道路带来了不良影响。

———————※ ※ ※———————

（5）某大学学生刘某两次把掺有氢氧化钠、硫酸的饮料，倒在北京动物园饲养的狗熊身上和嘴里，造成多只狗熊受伤。

事故原因分析：

刘某学业、生活心理压力大，但没能采取正确的排解方式，无视动物园相关管理规定虐待动物。这不仅给动物园造成了损失，也给自己的人生道路带来了不良的影响。

———————※ ※ ※———————

（6）王某在一网吧上网，当她进入一个网站时，被告知中了10万元大奖。随后，这个网站告诉她，要领这笔大奖，需要先支付650元的手续费。此时，王某已经被喜悦冲昏了头脑，她不假思索便将650元打入对方指定的账户。当她再次询问领奖事宜时，对方再次让其打入手续费，王某这才发觉上当。

事故原因分析：

当事人未能正确地认识网络安全的重要性，在知道中奖的消息后没有确认信息真实与否，就按照对方的要求去做。

———————※ ※ ※———————

（7）某职业技术学院学生刘某网购后，接到声称是淘宝店客服人员的来电，称网站系统升级，其之前的支付无效，需要在支付宝上进行激活才能退款。根据对方指示，刘某加了一个用户名为"支付宝客服id666"的QQ账号。对方向其发来一个网站链接，并要求刘某填写交易账号、手机号码、身份证号码等信息，随后刘某在手机上收到一个"95555"发来的验证码，并提示刘某提交验证码后，货款会返还到交易账号。可就在她输入验证码后，自己银行卡账户里的2767.5元被盗刷。

事故原因分析：

1）刘某未能正确地认识网络安全的重要性，并且在接到来电后没有确认来电信息的真实与否，就按照对方要求去做了。

2) 在整个事件过程中，刘某没有任何警惕，没有及时采取有效措施保护自己的利益。

 思考与练习

（1）学生在校内进行实训时，应特别注意哪些有安全隐患的实训室？

（2）学生外出实习时，有哪些安全注意防范事项？

下 篇

职 业 健 康

5 职业健康与职业病

5.1 职业健康保护

马斯洛在其《激励和人》一书中提到个人的需要有 5 个层次。第一层生理需要，要吃、要喝、要睡觉。第二层安全需要，人人都希望平平安安，否则就会产生威胁感和恐惧感。这两个层次是基本需求，人们只有活下去，并且平安地活下去，才能够顾及高层次的需求，才能够有第三层社交需要——社会交往、寻求友谊；才能够有第四层尊重需要——考虑名誉、地位这些身外之物；才能够有第五层自我实现的需要——希望自己成为所期望的人物，发挥潜能，追求成功。

对社会大众来说，生理需要和安全需要是最基本的需要，安全地活着比什么都重要。

生命从诞生的那一刻起，就被赋予了无比沉重的意义。安全是人类生存生活、劳动创造、拥有财富等的保障；代表着道义和责任、社会发展和文明进步。对于即将走出校门，步入社会、参与生产建设工作的大学生来说，了解和学习相关的就业安全知识是必不可少的。个人的安全工作意识和安全技能的高低，不仅关系到企业生产活动的可靠性，而且更影响到个人的职业发展和家庭幸福、社会稳定。

5.1.1 劳动合同的签订

劳动合同是生产经营单位与从业人员之间确立劳动关系、明确双方权利和义务的书面协议，是从业人员与生产经营单位确立劳动关系的基本形式。劳动合同的签订直接关系到从业人员的各项劳动权利，包括劳动就业、劳动报酬、劳动安全卫生、社会保险等权利的实现。

《中华人民共和国劳动法》规定，从业人员享有获得劳动安全卫生保护的权利和享有社会保险的权利。在 2008 年施行的《中华人民共和国劳动合同法》（以下简称《劳动合同法》）第十七条规定，劳动合同中应当具有劳动保护、劳动条件和职业危害防护的条款。

（1）劳动合同应当载明有关保障从业人员劳动安全的事项。为了保证从业人员在劳动中的人身安全，明确责任，在劳动合同中必须就劳动安全条件、劳动防护用品的配备等有关劳动安全的事项进行明确。

正如《劳动合同法》第八条中规定，用人单位招用劳动者时，应当如实告知劳动者工作内容、工作条件、工作地点、职业危害、安全生产状况、劳动报酬以及劳动者要求了解的其他情况。第十七条规定，劳动合同应当具备的条款包括劳动保护、劳动条件；第三十二条规定，劳动者拒绝用人单位管理人员违章指挥、强令冒险作业的，不视为违反劳动合同；劳动者对危害生命安全和身体健康的劳动条件，有权对用人单位提出批评、检举和控告。

（2）劳动合同中必须载明有关防止职业危害的事项。除了在《劳动合同法》第十七条做出了相应的规定，2012 年《工作场所职业卫生监督管理规定》第三十条中也规定，对从事接触职业病危害因素作业的劳动者，用人单位应当按照《用人单位职业健康监护监督管理办法》、《放射工作人员职业健康管理办法》、《职业健康监护技术规范》（GBZ 188）、《放射工作人员职业健康监护技术规范》（GBZ 235）等有关规定组织上岗前、在岗期间、离岗时的职业健康检查，并将检查结果书面如实告知劳动者。职业健康检查费由用人单位承担。

（3）劳动合同应当载明依法为从业人员办理工伤社会保险的事项。《劳动合同法》第十七条中要求，劳动合同的条款应当具备社会保险的条款。生产经营单位必须参加工伤社会保险，为从业人员缴纳保险费，且这些事项都必须在合同中载明。这对于有效降低生产经营风险和从业人员职业风险、稳定从业人员队伍、调动从业人员的劳动积极性、促进安全生产，都具有重大意义。

生产经营单位在与从业人员签订劳动合同时，必须按照上述规定，明确有关安全生产方面的事项。

（4）生产经营单位不能免除的责任。生产经营单位不得以任何形式与从业人员订立协议，免除或者减轻其从业人员因生产安全事故伤亡依法应承担的责任。

从业人员因生产安全事故受到伤害时的求偿权利，是一项根本性的权利，任何单位和个人都无权剥夺。但在实践中，一些生产经营单位为了逃避应当承担的事故赔偿责任，在劳动合同中与从业人员订立协议，免除或者减轻其对从业人员因生产安全事故伤亡依法应承担的责任，如"工伤、死亡概不负责"等；从业人员由于法律意识淡薄或者急于就业，往往在不知情或者被迫的情况下签订此类合同。这种情况在实践中并不少见。

因此，《劳动合同法》第二十六条明确规定，生产经营单位不得以任何形式与从业人员订立协议，免除或者减轻其对从业人员因安全生产事故伤亡依法应承担的责任。如果生产经营单位与从业人员签订"工伤概不负责"等内容的协议，与上述订立劳动合同的原则明显不符，是无效协议，不受法律保护，不能为其减轻和免除对从业人员生产安全事故伤亡依法应承担的责任。《最高人民法院关于雇工合同应当严格执行劳动保护法规问题的批复》也明确指出："对劳动者实行劳动保护，在我国宪法中已有明文规定，这是劳动者所享受到权利，受国家法律保护，任何人和组织都不得任意侵犯"。在招工登记表中注明"工伤概不负责"是违反宪法和有关劳动保护法规的，也严重违反了社会主义公德，对这种行为应认定是无效的。

5.1.2　职业健康监护

职业健康又称为劳动健康，是以职工的健康在职业活动过程中免受有害因素侵害为目的的工作领域及在法律、技术、设备、组织制度和教育等方面所采取的相应措施。不同的劳动条件存在着不同的职业性有害因素，对作业人员的健康造成不良影响，可以导致职业性病损。职业健康监护主要研究的是如何防止作业人员在职业活动中发生职业病。

国家安全生产监督管理总局公布的《工作场所职业卫生监督管理规定》中明确规定，用人单位必须建立健全职业性健康检查管理制度，对本单位的职业性健康检查工作负责。用人单位凡安排人员从事或解除有职业危害因素或对健康有特殊要求的作业时，必须对其进行上岗前的职业性健康检查，经检查合格后方可安排从事作业。

按照该规定，用人单位应做好五个方面工作：

（1）用人单位在招聘员工时，应当告知其相关职业危害。

职业性有害因素按照其来源可以分为生产工艺过程中产生的有害因素、劳动过程中的有害因素和生产环境中的有害因素三大类。

《中华人民共和国职业病防治法》（以下简称《职业病防治法》）第三十三条中规定，用人单位与劳动者订立劳动合同（含聘用合同，下同）时，应当将工作过程中可能产生的职业病危害及其后果、职业病防护措施和待遇等如实告知劳动者，并在劳动合同中写明，不得隐瞒或者欺骗。劳动者在已订立劳动合同期间因工作岗位或者工作内容变更，从事与所订立劳动合同中未告知的存在职业病危害的作业时，用人单位应当依照前款规定，向劳动者履行如实告知的义务，并协商变更原劳动合同相关条款。如用人单位违反前两款规定的，劳动者有权拒绝从事存在职业病危害的作业，用人单位不得因此解除与劳动者所订立的劳动合同。

（2）用人单位应当为劳动者提供符合国家职业卫生标准的职业病防护用品，并督促、指导劳动者按照使用规则正确佩戴、使用，且应当对职业病防护用品进行经常性的维护、保养，确保防护用品有效，不得使用不符合国家职业卫生标准或者已经失效的职业病防护用品。

佩戴合适的防护用品是保护劳动者生命健康的最后一道防线，正确选用合适级别的防护用品能够有效地预防职业中毒和职业病。个人防护用品有防护服、防护鞋帽、防护手套、防护面罩及眼镜、护耳器、呼吸防护器和皮肤防护剂等。利用个人防护用品的屏蔽和吸收过滤作用，达到防护目的。

（3）用人单位应当对劳动者进行上岗前的职业卫生培训和在岗期间的定期职业卫生培训，普及职业卫生知识，且对职业病危害严重的岗位的劳动者，要进行专门的职业卫生培训，经培训合格后方可上岗作业。

因变更工艺、技术、设备、材料或者岗位调整导致劳动者接触的职业病危害因素发生变化的，用人单位应当重新对劳动者进行上岗前的职业卫生培训。

《职业病防治法》第三十四条中规定，用人单位应当对劳动者进行上岗前的职业卫生培训和在岗期间的定期职业卫生培训。劳动者应当学习和掌握相关的职业卫生知识，增强职业病防范意识，遵守职业病防治法律、法规、规章和操作规程，正确使用、维护职业病防护设备和个人使用的职业病防护用品，发现职业病危害事故隐患应当及时报告。

（4）对从事接触职业病危害因素作业的劳动者，用人单位应当按照有关规定组织上岗前、在岗期间、离岗时的职业健康检查，并将检查结果书面如实告知劳动者。职业健康检查费用由用人单位承担。

（5）在可能发生急性职业损伤的有毒、有害工作场所，用人单位应当设置报警装置，配置现场急救用品、冲洗设备、应急撤离通道和必要的泄险区。

现场急救用品、冲洗设备等应当设在可能发生急性职业损伤的工作场所或者临近地点，并在醒目位置设置清晰的标识。

典型案例

（1）常熟市某制品公司主要从事工艺包装盒、塑料制品、木制工艺品制造、加工。自2004年3月以来，该市卫生局不断接到由市疾病预防控制中心发来的该公司职工多起职业病诊断的报告，且多数诊断为苯中毒。随后在对该公司调查处理时发现该公司使用的胶水黏合剂中存在苯、甲苯、二甲苯等职业病危害因素，且未向卫生行政部门申报产生职业危害的项目。对于接触该职业病危害因素的职工，该公司既没有告知职工本人，也未按规定为其配备符合职业病防护要求的个人防护用品，而仅只在作业过程中提供普通的纱布口罩。

本案例中，该公司未按规定对工人进行职业卫生知识培训，未建立职业卫生健康监护档案，也未按规定为生产工人配备有效的个人防护用品。

———————※ ※ ※———————

（2）李先生在某公司一直任文职工作，后公司将李先生调到公司的厂区从事生产工作。但在厂区一线工作会接触到化学原料，可能引起职业病。公司并未对相关情况做出说明，也未与李先生协商增加工资等关于福利的问题。李先生找到公司经理，表明自己不愿意调动岗位。经理说，如果李先生不服从单位调动，单位就与其解除合同。

本案例中，按照职业病防治法规定，劳动者在已订立劳动合同期间，因工作岗位或工作内容变更，从事所订立劳动合同中未告知的存在职业病危害的作业时，用人单位应将工作中可能产生的职业病危害和待遇等如实告知劳动者，并协商变更原劳动合同相关条款。用人单位如违反相关规定，劳动者有权拒绝从事存在职业病危害的作业，用人单位不得因此解除或者终止与劳动者所订立的劳动合同。

 思考与练习

（1）签订劳动合同时，劳动者应注意哪些与职业安全有关的内容？

（2）从职业健康监护的角度来看，除了生产经营单位应做好的相关工作外，劳动者本人还应注意哪些事项？

5.2 职业病相关知识及工伤认定

5.2.1 职业病相关知识

当职业危害因素作用于人体的强度与时间超过一定限度时，人体就会出现某些功能或器质性的病理改变，出现相应的临床症状，影响人的劳动能力，这类病症统称为职业病。

职业病的发生不仅与职工接触的职业危害因素的种类、性质、浓度或强度有关，而且还与生产过程和作业环境有关。此外，个人的个体差异也是职业病产生的一个因素。总之，职业病的发病因素主要有：有害因素本身的性质、有害因素作用于人体的量、劳动者个体易感性。

劳动者一旦患上职业病，用人单位该如何上报、职业病诊断的程序如何，患者的待遇问题该如何解决等问题，在此做简单介绍。

5.2.1.1 职业病报告

《职业病防治法》中明确了职业病报告职责：用人单位和医疗机构发现职业病病人时，应当及时向所在当地卫生行政部门报告；确诊为职业病的，用人单位还应当向所在地劳动保障行政部门报告。

《职业病报告办法》中指的职业病是国家现行职业病范围内所列的职业病。

近年来，随着我国经济快速发展，新技术、新材料、新工艺的广泛应用，以及新的职业、工种和劳动方式不断产生，劳动者在职业活动中接触的职业病危害因素更为多样、复杂。根据《职业病防治法》有关规定，国家卫生计生委、安全监管总局、人力资源社会保障部和全国总工会联合于 2013 年组织对职业病的分类和目录进行了调整。新修订后的《职业病分类和目录》，所列职业病共计 10 类 132 种。

（1）职业性尘肺病及其他呼吸系统疾病。

1）尘肺：①矽肺；②煤工尘肺；③石墨尘肺；④碳黑尘肺；⑤石棉肺；⑥滑石尘肺；⑦水泥尘肺；⑧云母尘肺；⑨陶工尘肺；⑩铝尘肺；⑪电焊工尘肺；⑫铸工尘肺；⑬根据《尘肺病诊断标准》和《尘肺病理诊断标准》可以诊断的其他尘肺病。

2）其他呼吸系统疾病：①过敏性肺炎；②棉尘病；③哮喘；④金属及其化合物粉尘肺沉着病（锡、铁、锑、钡及其化合物等）；⑤刺激性化学物所致慢性阻塞性肺疾病；⑥硬金属肺病。

（2）职业性皮肤病。

1）接触性皮炎；2）光接触性皮炎；3）电光性皮炎；4）黑变病；5）痤疮；6）溃疡；7）化学性皮肤灼伤；8）白斑；9）根据《职业性皮肤病的诊断总则》可以诊断的其他职业性皮肤病。

（3）职业性眼病。

1）化学性眼部灼伤；2）电光性眼炎；3）白内障（含放射性白内障、三硝基甲苯白内障）。

（4）职业性耳鼻喉口腔疾病。

1）噪声聋；2）铬鼻病；3）牙酸蚀病；4）爆震聋。

（5）职业性化学中毒。

1）铅及其化合物中毒（不包括四乙基铅）；2）汞及其化合物中毒；3）锰及其化合物中毒；4）镉及其化合物中毒；5）铍病；6）铊及其化合物中毒；7）钡及其化合物中毒；8）钒及其化合物中毒；9）磷及其化合物中毒；10）砷及其化合物中毒；11）铀及其化合物中毒；12）砷化氢中毒；13）氯气中毒；14）二氧化硫中毒；15）光气中毒；

16）氨中毒；17）偏二甲基肼中毒；18）氮氧化合物中毒；19）一氧化碳中毒；20）二硫化碳中毒；21）硫化氢中毒；22）磷化氢、磷化锌、磷化铝中毒；23）氟及其无机化合物中毒；24）氰及腈类化合物中毒；25）四乙基铅中毒；26）有机锡中毒；27）羰基镍中毒；28）苯中毒；29）甲苯中毒；30）二甲苯中毒；31）正己烷中毒；32）汽油中毒；33）一甲胺中毒；34）有机氟聚合物单体及其热裂解物中毒；35）二氯乙烷中毒；36）四氯化碳中毒；37）氯乙烯中毒；38）三氯乙烯中毒；39）氯丙烯中毒；40）氯丁二烯中毒；41）苯的氨基及硝基化合物（不包括三硝基甲苯）中毒；42）三硝基甲苯中毒；43）甲醇中毒；44）酚中毒；45）五氯酚（钠）中毒；46）甲醛中毒；47）硫酸二甲酯中毒；48）丙烯酰胺中毒；49）二甲基甲酰胺中毒；50）有机磷中毒；51）氨基甲酸酯类中毒；52）杀虫脒中毒；53）溴甲烷中毒；54）拟除虫菊酯类中毒；55）铟及其化合物中毒；56）溴丙烷中毒；57）碘甲烷中毒；58）氯乙酸中毒；59）环氧乙烷中毒；60）上述条目未提及的与职业有害因素接触之间存在直接因果联系的其他化学中毒。

（6）物理因素所致职业病。

1）中暑；2）减压病；3）高原病；4）航空病；5）手臂振动病；6）激光所致眼（角膜、晶状体、视网膜）损伤；7）冻伤。

（7）职业性放射性疾病。

1）外照射急性放射病；2）外照射亚急性放射病；3）外照射慢性放射病；4）内照射放射病；5）放射性皮肤疾病；6）放射性肿瘤（含矿工高氡暴露所致肺癌）；7）放射性骨损伤；8）放射性甲状腺疾病；9）放射性性腺疾病；10）放射复合伤；11）根据《职业性放射性疾病诊断标准（总则）》可以诊断的其他放射性损伤。

（8）职业性传染病。

1）炭疽；2）森林脑炎；3）布鲁氏菌病；4）艾滋病（限于医疗卫生人员及人民警察）；5）莱姆病。

（9）职业性肿瘤。

1）石棉所致肺癌、间皮瘤；2）联苯胺所致膀胱癌；3）苯所致白血病；4）氯甲醚、双氯甲醚所致肺癌；5）砷及其化合物所致肺癌、皮肤癌；6）氯乙烯所致肝血管肉瘤；7）焦炉逸散物所致肺癌；8）六价铬化合物所致肺癌；9）毛沸石所致肺癌、胸膜间皮瘤；10）煤焦油、煤焦油沥青、石油沥青所致皮肤癌；11）β-萘胺所致膀胱癌。

（10）其他职业病。

1）金属烟热；2）滑囊炎（限于井下工人）；3）股静脉血栓综合征、股动脉闭塞症或淋巴管闭塞症。

报告职业病时，要根据有害物质类别不同，分别编制《尘肺病报告卡》、《农药中毒报告卡》和《职业病报告卡》。尘肺病报告卡适用于我国境内一切有粉尘作业的用人单位。农药中毒报告卡适用于农林业等生产活动中使用农药或生产中误用各类农药而发生中毒者。职业病报告卡适用于我国境内一切有危险作业的用人单位，除了尘肺病、农林业生产活动中使用农药或生活中误用各类农药而发生中毒以外的一切职业病报告。

5.2.1.2 职业病诊断

如果怀疑自己得了职业病，首先应该到当地卫生局或户口所在地卫生局批准的有职业病诊断资格的医院看病。

当事人申请职业病诊断要提供以下材料：职业史、既往史；职业健康监护档案复印件；职业健康检查结果；工作场所历年职业病危害因素检测、评价资料；诊断机构要求提供的其他必需的有关材料。

复诊时，如果医生作出了职业病诊断，患者要仔细阅读职业病诊断书内容，特别要注意，职业病诊断要有3名医生同时签名，还要盖上医院的职业病诊断专用章。

如果对诊断结果有异议，可以在拿到职业病诊断书起30天内，到职业病诊断鉴定委员会办公室申请鉴定，同时提供用人单位出具的有关职业卫生（包括职业接触史、既往史、工作场所职业危害因素检测报告复印件）和职业监护资料，以及医院的职业病诊断证明书。职业病诊断鉴定委员会作出鉴定结论后，应该向患者出具职业病诊断鉴定证书。劳动者的诊断鉴定费用，应该由所在单位承担。

关于职业病的诊断，卫生部发布的《职业病诊断与鉴定管理办法》有以下规定：职业病诊断应当由省级以上人民政府卫生部行政部门批准的医疗卫生机构承担。

职业病诊断一般要经历四个阶段：

（1）劳动者或用人单位提出诊断申请。可以选择在用人单位所在地或者本人居住地依法承担职业病诊断的医疗机构进行职业病诊断。

（2）诊断机构受理。

（3）诊断机构现场调查取证。

（4）诊断。职业病诊断应当依据职业病诊断标准，结合职业危害接触史、工作场所职业病危害因素检测与评价、临床表现和医学检查结果等资料，进行综合分析后做出。

对不能确诊的疑似职业病病人，可以经必要的医学检查或者住院观察后，再作出诊断。没有证据否定职业病危害因素与病人临床表现之间的必然联系的，在排除其他致病因素后，应当诊断为职业病。

职业病诊断必须要由3名或3名以上取得职业病诊断资格的职业病医师共同诊断，出具职业病诊断证明书并共同署名，最后由诊断机构审核并加盖诊断机构公章。

职业病诊断机构做出职业病诊断后，应当向当事人出具职业病诊断鉴定书。职业病诊断鉴定书应当明确是否患有职业病，对患有职业病的，还应当载明所患职业病的名称、程度（期别）、处理意见和复查时间。

劳动者依据诊断证明可依法享有职业病待遇。

5.2.1.3 职业病待遇

劳动者应该在拿到职业病诊断书后的30天内，到用人单位所在地统筹地区的劳动和社会保障部门申请工伤认定。申请工伤认定时，需要向劳动和社会保障部门相关部门提供以下3项资料：工伤认定申请表、与用人单位存在劳动关系（包括事实劳动关系）的证明材料、有资质医院做出职业病诊断证明书或者职业病诊断鉴定书。

拿到工伤认定后，已参加工伤保险的劳动者可以享受以下11项职业病待遇：医疗费、住院伙食补助费、康复费、残疾用具费、停工留薪期间待遇、生活护理补助费、一次性伤残补助金、伤残津贴、死亡补助金、丧葬补助金、供养亲属抚恤金。职业病待遇的支付方式和额度按照《工伤保险条例》的规定执行。

如果用人单位没有参加工伤保险，那么，从业人员的职业病待遇应当由用人单位按照以上 11 项待遇，按规定标准由用人单位支付。

如果用人单位无营业执照或已被吊销营业执照，也要按规定标准由用人单位一次性赔偿给从业人员。

5.2.2　工伤保险相关知识

工伤即"工作伤害"的简称，又称为"职业伤害、工作事故伤害"，是指职工在"工作时间"和"工作场所"，因"工作原因"受到事故伤害或者患职业病。工伤事故是职工在执行工作职责中因工作原因发生的事故。因个人原因发生伤害不属于工伤事故。

我国工伤事故既包括突发性伤害事故，又包括患职业病；工伤事故排除职工自身故意行为（自残/自杀）、故意犯罪行为（不含过失犯罪行为）、醉酒行为、吸毒行为引起的事故；新修订《工伤保险条例》不再将违反治安管理行为、过失犯罪行为作为工伤认定的排除事项。

5.2.2.1　工伤保险概念

《工伤保险条例》规定："中华人民共和国境内的各类企业、有雇工的个体工商户应当依照本条例规定参加工伤保险，为本单位全部职工或者雇工（以下称'职工'）缴纳工伤保险费。"

2011 年实施修订后的《工伤保险条例》进一步扩大了工伤保险制度覆盖的职业人群，将不参照公务员法管理的事业单位、社会团体，以及民办非企业单位、基金会、律师事务所、会计师事务所等组织也纳入了工伤保险适用范围。

在 2011 年 1 月 1 日施行后，企业、事业单位、社会团体、民办非企业单位、基金会、律师事务所、会计师事务所等组织和有雇工的个体工商户都需要参加工伤保险，这有利于发挥社会保险的大数法则优势，有利于保障职业人群的工伤保险权益。

《劳动保障部关于实施（工伤保险条例）若干问题的意见》第一条规定："职工在两个或两个以上用人单位同时就业的，各用人单位应当分别为职工缴纳工伤保险费。职工发生了工伤，由职工受到伤害时其工作的单位依法承担工伤保险责任"。

工伤保险的宗旨不限于工伤的救治和康复，从源头来看，工伤的预防更为重要，只有工伤预防做好了，职工才能减少因工伤亡，工伤保险制度才能实现可持续发展的良性循环。

5.2.2.2　工伤预防的责任

工伤预防的责任主要在用人单位。根据《中华人民共和国安全生产法》（以下简称《安全生产法》）和《职业病防治法》的有关规定，用人单位在预防工伤事故和职业病危害方面的主要义务有：

（1）取得或者达到相应的职业安全卫生生产条件。

（2）项目设计评估中需包括职业安全卫生方面的内容。

（3）保证职业安全卫生的资金投入。

（4）制定职业安全卫生的应急预案和措施。

（5）负责职业安全卫生设备的配置与维护。

（6）配备符合条件的职业安全卫生管理专职人员。

（7）提供职业安全卫生防护用品。

（8）落实特种作业人员的持证上岗。

（9）设置职业安全卫生警示标志。

（10）进行职业安全卫生的培训教育。

（11）在上岗前事先告知职工有关危险源及职业危害的情况。

（12）做好职工宿舍的职业安全卫生工作。

（13）做好特种设备、危险物的安全管理工作。

（14）对职工进行定期健康检查等。

5.2.2.3　用人单位应当履行的义务

按照《工伤保险条例》中的规定，职工发生事故伤害或者被诊断、鉴定为职业病后，用人单位应当履行以下义务：

（1）及时救治受伤职工。这是指职工受到事故伤害后，用人单位首先应当采取的措施。《工伤保险条例》第四条规定："职工发生工伤时，用人单位应当采取措施使职工得到及时救治。"

（2）及时进行工伤认定申请。《工伤保险条例》第十七条规定："职工发生事故伤害或者按照职业病防治法规定被诊断、鉴定为职业病，所在单位应当自事故发生之日或者被诊断、鉴定为职业病之日起 30 日内，向统筹地区社会保险行政部门提出工伤认定申请。遇有特殊情况，经报社会保险行政部门同意，申请时限可以适当延长。"按照这一规定，在法定时限内申请工伤认定是用人单位的一项义务。

（3）支付应由用人单位承担的相关费用。这些费用包括工伤职工停工留薪内的工资福利待遇及必要的生活护理费用、住院治疗工伤的伙食补助费、到统筹地区以外就医的交通食宿费。此外，职工被鉴定为 5~6 级伤残的，其伤残津贴实际金额低于当地最低工资标准的，由用人单位补足差额；用人单位未在规定的时限内提交工伤认定申请，在此期间发生的工伤待遇费用应该由用人单位承担。

5.2.2.4　职工承担的义务和权利

（1）在预防工伤事故和职业病危害方面，职工承担的义务主要包括：

1）遵守单位有关职业安全卫生的规章制度和操作规程，服从管理。

2）正确佩戴和使用职业安全卫生防护用品。

3）检查岗位安全隐患及存在的职业危害因素，及时报告。

（2）职工在工伤事故和职业病预防方面的权利包括：

1）参加工伤保险，依法享有相应待遇。

2）有获得生产危险情况的知情权。

3）有批评、检举、控告权。

4）参与单位的民主管理，有改进工作的建议权。

5）有权拒绝违章指挥作业和强制冒险作业。

6）在紧急情况下，有权停止作业或者撤离作业场所。

7）有权获得职业安全卫生教育培训。

8）有权获得健康检查、职业病诊疗、康复等服务。

9）有权获得职业安全卫生防护设备等。

5.2.2.5　其他人员的工伤保险待遇

（1）没有参加工伤保险的用人单位职工。《工伤保险条例》第二条规定，我国境内的各类用人单位应当参加工伤保险，为本单位全部职工缴纳工伤保险费。

如果用人单位没有参加工伤保险，职工发生工伤事故的，对工伤认定没有任何影响，工伤认定后，工伤待遇由用人单位支付。

（2）个体工商户的雇工。《工伤保险条例》第二条规定，我国境内有雇工的个体工商户应当参加工伤保险，为本单位雇工缴纳工伤保险费。目前我国各地个体工商户的发展速度和规模、相关部门的管理水平不同，《工伤保险条例》授权由各省级人民政府规定具体的步骤和实施办法，但不论各省、自治区、直辖市规定个体工商户何时参加工伤保险，个体工商户的雇工都有依照《工伤保险条例》的规定享受工伤保险待遇的权利。

（3）公务员。新修订的《工伤保险条例》第六十五条规定，公务员和参照公务员管理办法的事业单位、社会团体的工作人员因工作遭受事故伤害或者患职业病的，由所在单位支付费用。具体办法由国务院社会保险行政部门会同国务院财政部门规定。《中华人民共和国公务员法》第十二章第七十七条规定，国家建立公务员保险制度，保障公务员在退休、患病、工伤、生育、失业等情况下获得帮助和补偿；所有公务员和参照公务员管理的事业单位、社会团体的工作人员遭遇工伤，则执行国家机关工作人员的工伤政策。

（4）事业单位、民间非营利组织。新修订的《工伤保险条例》第二条规定，我国境内的事业单位、社会团体、民办非企业单位、基金会、律师事务所、会计师事务所等组织，即民间非营利组织应当依照《工伤保险条例》参加工伤保险，为本单位全部职工缴纳工伤保险费；职工均有依照《工伤保险条例》的规定享受工伤保险待遇的权利。

民间非营利组织是指社会团体、基金会和民办非企业单位。参照公务员管理的单位统一享受公务员工伤政策；除此之外的财政拨款单位或是无财政拨款单位依照新修订的《工伤保险条例》均应当参保，享受工伤保险待遇。

（5）外来务工人员（下面文件中提到的农民工均指外来务工人员，下同）。《工伤保险条例》规定，所有与用人单位建立劳动关系的劳动者都享有工伤保险的权利，用人单位应当为包括农民工在内的职工缴纳工伤保险费。

劳动和社会保障部发出的《关于农民工参加工伤保险有关问题的通知》第三条规定，农民工受到事故伤害或患职业病后，在参保地进行工伤认定、劳动能力鉴定，并按参保地的规定依法享有工伤保险待遇。用人单位在注册地和生产经营地均未参加工伤保险的，农民工受到事故伤害或者患职业病后，在生产经营地进行工伤认定、劳动能力鉴定，并按生产经营地的规定依法由用人单位支付工伤保险待遇。

第四条规定，对跨省流动的农民工，即户籍不在参加工伤保险统筹地区（生产经营地）所在省（自治区、直辖市）的农民工，1~4级伤残长期待遇支付，可实行一次性支付和长期支付两种方式，供农民工选择。一次性享受工伤保险长期待遇的，需由农民工本人提出，与用人单位解除或者终止劳动关系，与统筹地区社会保险经办机构签订协议，终止工伤保险关系。

劳动和社会保障部、建设部发布《关于做好建筑施工企业农民工参加工伤保险有关工作的通知》规定，建筑施工企业除了为农民工办理工伤保险手续并按时足额缴纳工伤保险费以外，同时还必须按照《中华人民共和国建筑法》规定，为施工现场从事危险作业的农民工办理意外伤害保险，并规定各地建设行政主管部门要将参加工伤保险作为建筑施工企业取得安全生产许可证的必备条件之一。

（6）自由职业人员。自由职业人员是指无业人员或无固定工作单位的人员。根据《工伤保险条例》的规定，自由职业人员属于灵活就业人员，因不存在劳动关系而不属于《工伤保险条例》适用范围，不能享有工伤保险待遇。

5.2.3　工伤认定及工伤保险待遇

5.2.3.1　工伤认定

A　认定为工伤的情形

根据《工伤保险条例》第十四条规定，职工有下列情形之一的，应当认定为工伤：

（1）在工作时间和公众场所内，因工作原因受到事故伤害的。

（2）工作时间前后在工作场所内，从事与工作有关的预备性或者收尾性工作受到事故伤害的。

（3）工作时间前后在工作场所内，因履行工作职责受到暴力等意外伤害的。

（4）患职业病的。

（5）因工外出期间，由于工作原因受到伤害或者发生事故下落不明的。

（6）在上下班途中，受到非本人主要责任的交通事故或者城市轨道交通、客运轮渡、火车事故伤害的。

（7）法律、行政法规规定应当认定为工伤的其他情形。

B　视同工伤的情形

根据《工伤保险条例》第十五条规定，职工有下列情形之一的，视同工伤：

（1）在工作时间和工作岗位，突发疾病死亡或者在48小时之内经抢救无效死亡的。

（2）在抢险救灾等维护国家利益、公共利益活动中受到伤害的。

（3）职工原在军队服役，因战、因工负伤致残，已取得革命伤残军人证，到用人单位后旧伤复发的。

C　不能认定为工伤或者视同工伤的情形

根据新修订《工伤保险条例》第十六条规定，有下列情形之一的，不得认定工伤或者视同工伤：

（1）故意犯罪的。

（2）醉酒或吸毒的。

（3）自残或者自杀的。

新修订《工伤保险条例》不再将过失犯罪和违反治安管理条例处罚法行为排除在工伤认定范围之外；依法可以认定为工伤或者视同工伤。

D　交通事故伤害认定为工伤的情形

上下班途中交通事故工伤的认定要具备 3 个条件：一是上下班途中；二是受到交通事故或者城市轨道交通、客运轮渡、火车事故伤害的；三是本人非主要责任。

新修订《工伤保险条例》第十四条第（六）项规定，在上下班途中，受到非本人主要责任的交通事故或者城市轨道交通、客运渡轮、火车事故伤害的，应当认定为工伤。

事故伤害范围：交通事故（包括机动车交通事故和非机动车交通事故）、城市轨道交通事故、客运轮渡（不包括货运等轮渡事故）、火车事故。

新修订《工伤保险条例》虽然扩大了上下班途中交通事故伤害工伤范围，尤其是将非机动车交通事故伤害纳入工伤认定范围，但对事故责任要求更加严格，职工本人必须是非主要责任。

5.2.3.2　工伤保险待遇

A　职工发生工伤可享受的保险待遇

职工因工作遭受事故或者患职业病后，可享受以下工伤保险待遇：

（1）工伤医疗及康复待遇。这包括工伤治疗及相关补助待遇、康复性治疗待遇、辅助器具的安装与配置待遇等。

（2）停工留薪期待遇。职工因工伤需暂停工作接受治疗的原工资福利待遇不变；生活不能自理的还可享受护理待遇。停工留薪期是职工因工作遭受事故伤害或者患职业病需要暂停工作接受工伤医疗的期限。工伤停工留薪期应当根据伤情的具体情况来确定，一般不超过 12 个月。停工留薪期的时间，由工伤协议医疗机构提出意见，经劳动力鉴定委员会确认并通知有关用人单位和工伤职工。伤情严重或者情况特殊需要延长治疗期限的，经市区的市级劳动能力鉴定委员会确认，可以适当延长，但最多可再延长 12 个月。

职工在停工留薪期内，除享受工伤医疗待遇外，原工资福利待遇不变，由所在单位发给，生活不能自理需要护理的，由所在单位负责护理。工伤职工评定伤残等级后，停发原待遇，按规定享受伤残待遇。

（3）伤残待遇。根据不同的伤残等级，工伤职工可享受一次性伤残补助金、伤残津贴、伤残就业补助金以及生活护理费等。

（4）工亡待遇。职工因工死亡，其直系亲属可以按规定领取丧葬补助金、供养亲属抚恤金和一次性工亡补助金。

上述待遇充分体现了救治、经济补偿和职业康复相结合，以及分散用人单位工伤风险的要求。

B　职工因公致残可享受的保险待遇

（1）职工因公致残被鉴定为一级至四级伤残的。《工伤保险条例》第三十五条规定，职工因公致残被鉴定为一级至四级伤残的，保留劳动关系，退出工作岗位，享受以下待遇：

1）从工伤保险基金按伤残等级支付一次性伤残补助金，标准为：一级伤残为 27 个月的本人工资，二级伤残为 25 个月的本人工资，三级伤残为 23 个月的本人工资，四级伤残为 21 个月的本人工资。

2）从工伤保险基金按月支付伤残津贴，标准为：一级伤残为本人工资的 90%，二级伤残为本人工资的 85%，三级伤残为本人工资的 80%，四级伤残为本人工资的 75%。伤残津贴实际金额低于当地最低工作标准的，由工伤保险基金补足差额。

3）工伤职工达到退休年龄并办理退休手续后，停发伤残津贴，按照国家有关规定享受基本养老保险待遇。基本养老保险待遇低于伤残津贴的，由工伤保险基金补足差额。

职工因公致残被鉴定为一级至四级伤残的，由用人单位和职工个人以伤残津贴为基数，缴纳基本医疗保险费。

（2）职工因公致残被鉴定为五级、六级伤残的。《工伤保险条例》第三十六条规定，职工因公致残被鉴定为五级、六级伤残的，享受以下待遇：

1）从工伤保险基金按伤残等级支付一次性伤残补助金，标准为：五级伤残为 18 个月的本人工资，六级伤残为 16 个月的本人工资。

2）保留与用人单位的劳动关系，由用人单位安排适当工作。难以安排工作的，由用人单位发给伤残津贴，标准为：五级伤残为本人工资的 70%，六级伤残为本人工资的60%，并由用人单位按照规定为其缴纳应缴纳的各项社会保险费。伤残津贴实际金额低于当地最低工作标准的，由用人单位补足差额。

经工伤职工本人提出，该职工可以与用人单位解除或者终止劳动关系，由工伤保险基金支付一次性工伤医疗补助金，由用人单位支付一次性伤残就业补助金。一次性工伤医疗补助金和一次性伤残就业补助金的具体标准由省、自治区、直辖市人民政府规定。

（3）职工因公致残被鉴定为七级至十级伤残的。《工伤保险条例》第三十七条规定，职工因公致残被鉴定为七级至十级伤残的，享受以下待遇：

1）从工伤保险基金按伤残等级支付一次性伤残补助金，标准为：七级伤残为 13 个月的本人工资，八级伤残为 11 个月的本人工资，九级伤残为 9 个月的本人工资，十级伤残为 7 个月的本人工资。

2）劳动、聘用合同期满终止，或者职工本人提出解除劳动合同、聘用合同的，由工伤保险基金支付一次性工伤医疗补助金，由用人单位支付一次性伤残就业补助金。一次性工伤医疗补助金和一次性伤残就业补助金的具体标准由省、自治区、直辖市人民政府规定。

C 职工因公死亡可享受的保险待遇

《工伤保险条例》第三十七条规定，职工因公死亡，其近亲属按照下列规定从工伤保险基金领取丧葬补助金、供养亲属抚恤金和一次性工亡补助金：

（1）丧葬补助金为 6 个月的统筹地区上年度职工月平均工资。

（2）供养亲属抚恤金按照职工本人工资的一定比例发给因公死亡职工生前提供主要生活来源、无劳动能力的亲属。标准为：配偶每月 40%，其他亲属每人每月 30%，孤寡老人或者孤儿每人每月在上述标准的基础上增加 10%。核定的各供养亲属的抚恤金之和不应高于因公死亡职工生前的工资。供养亲属的具体范围由国务院社会保险行政部门规定。

（3）一次性工亡补助金标准为上一年度全国城镇居民人均可支配收入的 20 倍。

典型案例

（1）周某系陕西某建筑劳务公司木工，2007年年底工作期间手被锯伤，后被送往医院救治。经诊断为左食指创伤性指截断等，期间单位支付了周某所有医疗费。周某于2008年2月申请工伤认定被认定为工伤。经过西安市劳动能力仲裁委员会鉴定为八级伤残，部分丧失劳动能力，停工留薪期为4个月。后周某提出仲裁申请，经过西安市劳动能力仲裁委员会仲裁裁决了工伤待遇，共计10万余元。裁决生效后，周某申请强制执行，后经过律师代理、听证程序等最终双方达成和解，周某获得了工伤待遇。

———————————※　※　※———————————

（2）王某在代表厂区参加公司组织的年终长跑活动中，摔倒受伤。后提出工伤申请，但经仲裁认定王某不属于工伤。因为文体活动不属于职工的本职工作，工伤认定中的工作时间、工作地点、工作原因三要素中只有工作原因这一要素，因此参加文体活动不算工伤。即使是代表单位参加，也只能看做是因公外出期间由于非工作原因而受到的伤害。

———————————※　※　※———————————

（3）有一工人在工地上不慎从二楼摔下，当时送小诊所检查，本人主诉臀部着地受伤，检查也未发现身体其他部位有外伤。5天后，该工人突然昏迷不醒，经医院诊断为特重型脑外伤、脑疝、肺部感染。家属向劳动保障局提出了工伤申请，后经相关部门仲裁、医院证明等程序，认定为工伤。

———————————※　※　※———————————

（4）某公司业务销售员王某，其工作任务是早上进单位打卡报到后外出跑业务，下午5：30再回公司汇报工作。有一天王某在外出销售过程中，上厕所时在厕所内被歹徒抢劫受伤。尽管王某受到伤害的是在工作的间隙，而不是由于直接的工作原因受到伤害，但出于销售工作的性质王某受到伤害与工作原因密切相关，是工作原因间接造成的暴力伤害，所以最终王某认定为工伤。

思考与练习

（1）什么是工伤？职工在工作当中承担的义务和享有的权利有哪些？

（2）当怀疑自己因工患上职业病时，应该采取怎样的诊治手段？

6 职业危害与常见事故的应急处置和救援方法

6.1 职 业 危 害

6.1.1 安全生产条件与职业危害类型

6.1.1.1 安全生产条件

《安全生产法》规定："生产经营单位应当具备本法和有关法律行政法规和国家标准或者行业标准规定的安全生产条件；不具备安全生产条件的，不得从事生产经营活动"。

各类生产经营单位必须具备法定的安全生产条件，这是实现安全生产的基本条件。这里所指的"安全生产条件"是综合性的，包括生产经营单位设施、设备、人员素质、管理制度、采用的工艺技术等各方面条件。只有这些条件都达到了相应的要求，才能保证职工的安全，具备必要的安全生产条件。

《安全生产许可证条例》中规定的企业应当具备的安全生产条件，不是指高危生产企业应当具备的全部的安全生产条件，而是这些企业必须具备的共同的安全生产条件，即从相关安全生产法律、行政法规中概括出来的基本安全生产条件。这些安全生产条件好似"通用件"，对高危生产企业普遍使用。

由于各类生产经营单位的安全生产条件千差万别，法律不宜也难以作出统一的规定。受行业、管理方式、规模和地区等因素影响，不同生产经营单位的安全生产条件差异很大，各有自身的特殊性。

6.1.1.2 职业危害类型

职业危害因素通常是指在生产环境和劳动过程中存在的可能危害人体健康的因素。职业危害的类型有：

（1）生产过程中的危害因素：如化学因素、物理因素、生物因素等。

（2）劳动过程中的危害因素：

1）劳动组织和劳动制度不合理，如劳动时间过长、轮班制度不合理等。

2）劳动中精神过度紧张。

3）劳动强度大或劳动时间安排不均衡，如安排的作业与劳动者的生理状况不相适应、超负荷加班加点等。例如，我国的《劳动法》中有"不得安排女职工从事矿山井下、国家规定的第四级体力劳动强度和其他禁忌从事的劳动"等条款。

4）肌体过度疲劳，如光线不足引起的视力疲劳、久坐引起的颈椎劳损、高分贝噪声引起的耳鸣等。

5）长时间处于某种不良体位或使用不合理的工具等。

（3）生产环境中的危害因素：如生产场所的设计不符合卫生标准和要求、缺乏必要的卫生技术设施、劳动防护设备和个人防护用品不全等。

6.1.2　粉尘

6.1.2.1　生产性粉尘

生产粉尘是指在生产中形成的、能较长时间漂浮在作业场所空气中的固体颗粒，其粒径多在 0.1~10μm。

生产性粉尘的来源十分广泛，如固体物质的机械加工、粉碎、研磨，粉状物料的混合、筛分、包装及运输，物质的加热和燃烧等。生产性粉尘进入人体后，由于其性质、沉积的部位和数量的不同，会引起人体不同的病变。

6.1.2.2　综合防尘措施

对于生产性粉尘的综合防尘措施，可概括为八个字，即"革、水、密、风、护、管、教、查"。

"革"——工艺改革。

"水"——湿式作业可有效防止粉尘飞扬。

"密"——密闭尘源。

"风"——通风排尘。

"护"——合理、正确地使用防尘口罩、防尘服等个人防护用品。

"管"——加强管理，确保防尘设备的良好、高效运行。

"教"——加强宣传教育，普及防尘知识。

"查"——定期做好相关健康检查，有作业禁忌证的人员，不得从事接触粉尘作业。

6.1.3　职业中毒

6.1.3.1　常见的职业中毒

（1）铅中毒。铅是常见的工业毒物。职业性铅中毒主要为慢性中毒，早期常感乏力、口内有金属味、肌肉关节酸痛等，随后可出现神经衰弱综合征、食欲不振、腹部隐痛、便秘等。

（2）汞（水银）中毒。慢性汞中毒是职业性汞中毒中最常见的类型，在汞污染较严重的作业环境中会逐渐发病。

（3）一氧化碳中毒。一氧化碳急性中毒的典型症状有头痛、头昏、四肢无力、恶心、呕吐甚至昏迷，还可出现脑水肿、心肌损害、肺水肿等并发症。

（4）硫化氢中毒。硫化氢急性中毒的典型症状是明显的头痛、头晕，出现意识障碍。

（5）苯中毒。慢性苯中毒最常表现为神经衰弱综合征，主要症状为头痛、头晕、记忆力减退、失眠等，有的出现自主神经功能紊乱，如心动过速或过缓，甚至四肢麻木和疼痛感减退等。

6.1.3.2　职业中毒的预防

对于职业中毒的预防，主要有以下措施和方法：

（1）消除毒物。

（2）密闭、隔离有害物质污染源，控制有害物质逸散。

（3）加强对有害物质的检测，控制其浓度，使其低于国家有关标准规定的最高容许浓度。

（4）加强对毒物及预防措施的宣传教育。

（5）加强个人防护。

（6）提高机体免疫力。

（7）接触毒物的作业人员要定期进行健康检查。

6.1.4　噪声

6.1.4.1　噪声的定义与分类

A　定义

人类处在一个有声的环境中，噪声也是一种声音。从物理角度看，噪声是由声源做无规则和非周期性振动产生的声音。从环境保护角度看，环境噪声是指在工业生产、建筑施工、交通运输和社会生活中产生的人们不需要的、令人厌恶的、对人类生活和工作有不良影响的声音，如工厂中各种鼓风机、发动机、球磨机、粉碎机发出的声音等。噪声不仅有其客观的物理特性，还依赖于主观感觉的评定。同样是音乐声，在一些场合不是噪声，而在另一些场合如老师讲课的课堂上，高音播放的音乐却属于噪声。

B　分类

（1）根据声源的不同，噪声分为交通噪声、工业噪声及生活噪声三类。

1）交通噪声：主要是由交通工具在运行时发出来的。如汽车、飞机、火车、轮船等在运行中都会发出交通噪声。研究表明：在机动车辆中，载重汽车、公共汽车等重型车辆的噪声在 89~92dB，而轿车、吉普车等轻型车辆噪声为 82~85dB，以上声级均为距 7.5m 处测量。交通工具的速度与噪声大小也有较大关系，速度越快，噪声越大，速度提高 1 倍，噪声增加 6~10dB。当大型喷气客机起飞时，跑道两侧 1km 内语言、通信都受到干扰，4km 范围内人们不能休息和睡眠。

2）工业噪声：主要由生产中各种机械振动、摩擦、撞击以及气流扰动而产生的声音。其影响虽然不及交通运输广，但对局部地区的污染却比交通运输严重得多。

3）生活噪声：主要指街道和建筑物内部各种生活设施、人群活动等产生的声音，如在居室中，儿童哭闹，大声播放收音机、电视和音响设备；户外或街道人声喧哗，宣传或做广告用高音喇叭等。这些噪声一般在 80dB 以下，对人没有直接生理危害，但都能干扰人们交谈、工作和休息。

（2）按照声源的机械特点，噪声又可分为机械性噪声、空气动力性噪声、电磁性噪声。

1）机械性噪声：是由机械的撞击、摩擦、转动而产生，如织机、球磨机、电锯、机床等发出的声音。

2）空气动力性噪声：是由气体压力的突变或液体流动而产生，如通风机、空压机、喷射器、汽笛、放水、冲刷等发出的声音。

3）电磁性噪声：是由电磁场交替变化而引进某些机械部件或空间容积振动而产生的噪声，如发电机、变压器等发出的嗡嗡声。

6.1.4.2 噪声的危害

噪声作为一种环境的污染源，其对生物的影响已引起人们的高度重视。早在公元前7世纪，人们就知道噪声会影响人的情绪，损害健康，甚至引起死亡。随着生产技术的迅速发展，噪声干扰范围之广、危害之深有增无减。在我国，约有2000万人在90dB以上的环境下工作，有约2亿人在超过环境噪声标准下生活。

噪声已被认为是仅次于大气污染和水污染的第三大公害。科学家的研究表明：若小白鼠处在160dB的环境中，几分钟就会死亡。若人处在离喷气发动机5m处，几分钟就变成聋子。一般认为40dB以上的声音就是有害噪声。噪声的危害主要表现在以下几个方面。

（1）噪声对人类健康状况的影响。

1）噪声损伤听觉。人短期处于噪声环境时，可能会产生短期的听力下降，这种暂时性听力偏移（或听觉疲劳）经过一段时间后听力可以恢复。如果常年无防护地在较强的噪声环境中工作，随着听觉疲劳的加重会造成听觉机能恢复不全甚至造成噪声性耳聋。一般情况下，85dB以下的噪声不至于危害听觉，而85dB以上则可能发生危险。统计表明：长期工作在90dB以上的噪声环境中，耳聋发病率急剧增加。

2）噪声影响睡眠。睡眠是消除疲劳、恢复体力、维持健康的一个重要条件。环境噪声会造成不能入睡或从睡眠中被惊醒。当睡眠被干扰后，工作效率和健康都会受到影响。研究表明，40dB的连续噪声可使10%的人受到影响；70dB可影响到50%的人；而突发噪声在40dB时可使10%的人惊醒，到60dB时，可使70%的人惊醒。长期性噪声干扰使人产生失眠、疲劳无力、记忆力衰退、神经衰弱等疾病。

3）噪声对人的中枢神经系统有损害，导致脑血管张力异常，从而使人产生头疼、脑涨、耳鸣及胎儿畸形甚至智力障碍。噪声对消化系统、心血管系统也会产生影响，常引起消化不良、食欲不振、恶心呕吐，从而使胃病、高血压、动脉硬化及冠心病的发病率提高。年老体弱者对噪声干扰更为敏感，因而受其影响更大。

（2）噪声对人类日常生活和工作的影响。噪声对语言交流的影响轻则降低交流效率，重则损伤人们的语言听力。研究表明，30dB以下属于非常安静的环境，如播音室、医院等应该满足这个条件；40dB是正常的环境，如一般办公室应保持这种水平；50~60dB则属于较吵的环境，此时脑力劳动受到影响，谈话、听广播、打电话、开会等一切语言交流都会受到干扰；在噪声达80~90dB时，距离约0.15m也得提高嗓门才能进行交流。噪声会使人心情烦躁、乏力、注意力不集中，从而影响工作质量，工作中的工伤事故也会因此增多。

（3）噪声对建筑物及仪器设备的影响。高强噪声会使材料因声疲劳而产生裂纹甚至断裂，如大型喷气式飞机以超声速飞过天空时会导致地面建筑因强烈的空气冲击波引起的噪声而出现墙壁开裂、窗玻璃损坏、烟囱倒塌等。例如，英法合作研制的协和式飞机在试航过程中航道下面的一些古老建筑物，如教堂等，因飞机轰鸣声的影响受到破坏，出现了裂缝。一些精密设备会由于高强噪声出现灵敏度降低甚至遥控失灵等故障。150dB 以上的强噪声还会导致金属结构件疲劳，例如，由于声疲劳的缘故导致的飞机失事或导弹失灵事件也有发生。

（4）对其他生物的影响。噪声对自然界的其他生物也是有影响的。如强噪声会使鸟羽毛脱落，不产卵，甚至会使其内出血和死亡。20 世纪 60 年代，美国空军的 F-104 喷气飞机，在俄克拉河马城上空做超声速飞行试验，每天飞越 8 次，高度为 10000m，整整飞了 6 个月。结果在飞机轰鸣声的作用下，一个农场的 10000 只鸡只剩下 4000 只。解剖鸡的尸体后发现，暴露于轰鸣声下的鸡脑神经细胞与未暴露的有本质区别。高强噪声实验证明，170dB 的噪声 5min 就能使豚鼠死亡。

6.1.4.3 噪声的评价

在我们生活的空间充满着各类声音，就人的感觉而言，有的声音悦耳动听，有的声音嘈杂烦闷，有的声音尖锐刺耳……在环保领域如何确定声音的性质是噪声还是乐声呢？噪声的大小又如何来界定呢？"音频"决定声音的尖或沉；"音调"决定声音是悦耳还的嘈杂。对人体有害的、人们不需要的一切声音都是噪声。

同水、气、渣等物质的污染相比，噪声污染具有如下显著特点：

（1）能量性。噪声污染是能量物流，它不具有物质的累计性，声源一旦关闭，污染便立即消除。

（2）波动性。声能是以波动的形式传播的，可以说是"无孔不入"。

（3）局限性。一般的噪声源只能影响它周围的一定区域。

（4）难避性。突发的噪声是难以避免的，"迅雷不及掩耳"就是这个意思。

（5）危害潜伏性。有人认为噪声污染死不了人，也认为能够忍受，实际上这种"忍受"是以听力偏移为代价的。噪声污染会给人体带来语言干扰、睡眠干扰和烦恼效应，由此还会引起神经衰弱及其他非特异性疾病。

6.1.4.4 降低噪声强度的措施

噪声的危害很大，采用一定的措施可以降低噪声的强度，减小噪声危害。对于工业噪声，一般可采取多种手段如隔声、消声、减振、隔振等加以防治。在强噪声区域工作的人员还必须佩戴个人防护用品，以降低噪声对人体健康的危害。常用于个人的防护有耳塞、耳罩、头盔等。此外，对于劳动者个人而言，还要注意定期体检。

6.1.5 振动和辐射

6.1.5.1 振动

物体以中心为基准，在外力的作用下做往复运动的现象即为振动。在生产过程中，由机器转动、撞击或车船行驶等产生的振动为生产性振动。产生振动的振动源有风动工具、电动工具、运输工具、农业机械等。

预防振动的危害首先应从工艺改革入手，其次是采用减振装置或缓冲装置，最后是建立合理的劳动制度，订立休息及轮换制度。

6.1.5.2 辐射

电磁辐射有射频辐射、红外线、紫外线、激光、X 射线等。

放射源发出的射线是看不见、闻不到、摸不着的，可能在无形当中就对人体造成了伤害。在进入工作场所前，要先了解现场是否有辐射源，并熟知放射源物质的标签、标识的包装，严格遵守操作规程。

6.1.6 高温和低温

6.1.6.1 高温

A 高温作业对人体的影响

当高温环境的热强度超过一定限度时，会对人体产生多方面的不利影响。例如：

（1）人体热平衡。当人体体温上升到 38℃ 以上时，会出现头痛、头晕、心慌等症状，严重的会导致中暑或热衰竭。

（2）水盐代谢。若人大量丧失水分、盐分而不能及时得到补充的话，可出现工作效率低、乏力、口渴、脉搏加快、体温升高等。

（3）循环系统。高温作业时，人体皮肤血管扩张，大量出汗使血液浓缩，造成心脏活动增加、心跳加快、血压升高、心血管负担增加。长期从事高温作业的工人，血压有升高的趋势。

（4）消化系统。高温会使人食欲不振、消化不良，或形成其他胃肠道疾病。高温作业工人消化道疾病患病率往往高于一般工人，而且工龄越长，患病率越高。

（5）泌尿系统。高温下，人体的大部分体液由汗腺排出，使尿液浓缩，肾脏负担加重。若长期水盐量供应不足，可使肾脏负担加重，甚至导致肾功能不全。

（6）神经系统。在高温及热辐射作用下，大脑反应速度及注意力降低，出现人的机体反应速度降低，肌肉的工作能力、动作的准确性和协调性受到阻碍，易引发工伤事故。

B 预防措施

（1）做好防暑降温的保障措施。

（2）改进设备工艺，做好通风隔热。

（3）保证休息，适当饮用含盐饮料。

（4）加强个人防护，定期进行体检。

6.1.6.2 低温

低温作业是指在寒冷季节从事室外作业以及室内无采暖的作业，或在冷藏设备的低温条件下以及在极区的作业。

在低温环境中，人的肌体散热加快，会引起身体各系统的生理变化，可造成局部性或全身性损伤，如冻伤或冻僵，甚至导致死亡。

低温作业防护措施以采暖和保暖以及个人防护为主。

6.1.7 焊接作业污染

焊接作业污染种类多、危害大，各种不安全、不卫生的因素威胁着焊工及其他生产人员的安全与健康。

焊接过程中的有害因素可分为金属烟尘、有毒气体、高频电磁场、射线、电弧辐射和噪声等。这些有害因素主要与焊接方法、被焊材料和保护气体有关，而其强烈程度则受焊接作业规范的影响。

（1）电焊烟尘。熔焊过程中会产生大量的电焊烟尘。它包括烟和粉尘。烟是直径小于 $0.1\mu m$ 的微粒，粉尘是直径在 $0.1\sim10\mu m$ 之间的微粒。焊条和母材金属熔融时产生的蒸气，在空气中迅速冷凝、氧化形成不同粒度的电焊烟尘。它以气溶胶形态漂浮于作业环境空气中。

电焊烟尘首先来源于焊接过程金属的蒸发，这是因为焊接电弧的温度在 3000℃ 以上，而弧中心温度高于 6000℃，如此高的温度必然引起金属元素的蒸发和氧化。其次是在电弧高温作用下分解的氧气与弧区内的液体金属发生氧化反应而产生的金属氧化物。它们除了可能留在焊缝里造成夹渣等缺陷外，还会向作业现场扩散。这些金属氧化物主要是氧化铁、氧化锰、氟化物及二氧化硅等组成的混合性粉尘。

焊接黑色金属材料时，烟尘主要成分是铁、硅、锰。焊接其他不同材料时，烟尘中还有铝、氧化锌、钼等，其中毒性最大的是锰。铁、硅的毒性虽然不大，但因其尘粒在 $5\mu m$ 以下，在空气中停留时间较长，容易经呼吸道进入肺内形成尘肺。氧化铁、氧化锰微粒和氟化物等通过上呼吸道进入末梢细支气管和肺泡，再进入体内，易引起焊工金属热。

焊工长期接触这样的金属烟尘，如果防护不良，吸进过多的烟尘，将引起头痛、恶心、气管炎、肺炎，甚至有形成焊工尘肺、金属热和锰中毒的危险。

（2）有毒气体。在电弧高温和强烈紫外线作用下，弧区周围可形成多种有毒气体，其中主要有臭氧、氮氧化物、一氧化碳和氟化氢等。

有毒气体成分及量的多少与焊接方法、焊接材料、保护气体和焊接规范有关。例如熔化极氩弧焊焊接碳钢时，由于紫外线激发作用而产生的臭氧量高达 $73\mu g/min$；二氧化碳气体保护焊焊接碳钢时，臭氧产生量仅为 $7\mu g/min$。

各种有毒气体被吸入人体内，将影响操作者的健康。

1）臭氧主要对人体的呼吸道及肺有强烈的刺激作用。臭氧浓度超过一定限度，特别是在密闭空间内焊接而通风不良时，可引起支气管炎、咳嗽、胸闷等症状。

2）氮氧化物对肺有强烈刺激作用。急性氮氧化物中毒是以呼吸系统急性损害为主的全身疾病。

3）一氧化碳是种能令人窒息的气体，人体经呼吸道吸入的一氧化碳，能使氧在人体内的输送或组织吸收氧的功能发生障碍，致使人体组织因缺氧而坏死。

4）吸入较高浓度的氟化氢气体或蒸气，可严重刺激眼、鼻和呼吸道黏膜，发生支气管炎、骨质病变等。

烟尘与有毒气体存在着一定的内在联系。电弧辐射越弱，则烟尘越多，有毒气体浓度越低。反之，电弧辐射越强，有毒气体浓度就越高。

（3）弧光辐射。电弧放电时，产生高热的同时还会产生弧光辐射。弧光辐射主要包括可见光线、红外线和紫外线。它作用在人体上，被体内组织吸收，引起组织的热作用、光化学作用或电离作用，造成人体组织急性或慢性损伤。

（4）噪声。等离子弧焊接和切割过程中，由于等离子流以高速喷射，发生摩擦，产生噪声。噪声强度超过卫生标准时，对人体有危害。人体对噪声最敏感的是听觉器官。无防护情况下，强烈的噪声可引起听觉障碍、噪声性外伤、耳聋等症状。长期接触噪声，还会引起中枢神经系统和血液系统失调，出现厌倦、烦躁、血压升高、心跳过速等症状。

（5）放射性物质。氩弧焊和等离子弧焊接、切割使用的钍钨棒电极中的钍是天然放射性物质，能放出 α、β、γ 三种射线。放射性物质以两种形式作用于人体：一是体外照射，二是焊接操作时，含有钍及其衰变产物的烟尘通过呼吸系统和消化系统进入人体，很难被排出体外，形成内照射。内照射危害较大。人体长期受到超过容许剂量的照射，或者放射性物质经常少量进入并积蓄在体内，可引起病变，造成中枢神经系统、造血器官和消化系统的疾病，严重的可能发生放射病。

（6）高频电磁场。在非熔化极氩弧焊和等离子弧焊割时，常用高频振荡器来激发引弧，有的交流氩弧焊机还用高频振荡器来稳定电弧。人体在高频电磁场作用下会产生生物学效应。焊工长期接触高频电磁场能引起植物功能紊乱和神经衰弱，表现为全身不适、头昏头痛、疲乏、食欲不振、失眠及血压偏低等症状。据测定，手工钨极氩弧焊时，焊工各部位承受的高频电磁强度均超过标准，其中以手部强度最大，超过卫生标准五倍多。

6.1.8 煤气

煤气是一种无色、无味、有毒的可燃气体，其主要成分为一氧化碳，与氧混合容易发生燃烧爆炸。煤气的三大危险是中毒、爆炸和着火。

6.1.8.1 煤气中毒的表现

（1）轻度中毒：表现为头痛、恶心、呕吐、眩晕、耳鸣、眼花、胸闷、全身无力、两腿沉重软弱等症状。

（2）中度中毒：全身软弱无力，最初意识还可保持清醒，但已力不从心，不能自救，继而很快意识模糊，大小便失禁，进而昏迷，出现失去知觉、口吐白沫等症状。

（3）重度中毒：意识丧失，进入深度昏迷，呼吸和脉搏渐趋弱、慢、极不规则或有渐式呼吸，最后停止呼吸，有时可立即死亡。中毒者皮肤呈桃红色，对光放射、腱反射等消失。

6.1.8.2 煤气中毒的机理

一氧化碳（CO）是一种剧毒的窒息性毒物，主要是破坏人体的供氧过程，从而引起种种缺氧窒息症状。

由于一氧化碳对血红蛋白的亲和力远远大于氧对血红蛋白的亲和力（前者大约是后者的 200~300 倍），且能将氧合血红蛋白中的氧排挤出去，自身与血红蛋白结合，因此即便吸入的空气中仅存在少量的一氧化碳，亦能形成大量的碳氧血红蛋白而造成全身缺氧。

碳氧血红蛋白可以解离，但解离的速度很慢，相当于氧合血红蛋白解离速度的 1/3600

左右，停止吸入一氧化碳后，患者吸入正常的空气，其血液中碳氧血红蛋白减少一半的时间大约为320min，其全部解离需一昼夜。

吸入氧气可使一氧化碳的排出大为加快，使吸入的一氧化碳排出一半的时间减少为80min，数小时内即可全部解离。

一氧化碳本身不会引起特殊的病理损害，组织损伤的原因皆由缺氧所致，而一氧化碳中毒受损最严重的组织乃是那些对缺氧最敏感的组织，如脑、心、肺、消化系统及肾脏等。

一氧化碳中毒症状的轻重与吸入的一氧化碳浓度以及吸入时间有很大关系。

6.1.8.3 煤气中毒后的急救

（1）将中毒者迅速地救出煤气危险区域，抬到空气新鲜的地方平卧，解除一切阻碍呼吸的衣服并注意保暖。

（2）抢救现场应保持清净、通风并派专人维持秩序，同时迅速通知调度室及120急救中心。在等待急救车辆的过程中，对于昏迷不醒的患者可将其头部偏向一侧，以防呕吐物误吸入肺内导致窒息。

（3）为促其清醒可用针刺或指甲掐其人中穴，若其仍无呼吸则需立即开始口对口人工呼吸。

（4）如果患者曾呕吐，人工呼吸前应先消除口腔中的呕吐物。如果心跳停止，需要立即就地进行心脏复苏。

典型案例

（1）2003年8月，某市某建筑工程公司的3名工人在对某主干道上的污水窨井进行工程施工。该窨井直径600mm，深2.5m，下面支管直径300mm，总管直径800mm。下午2时半，当工人王某在污水窨井内敲破旧污水管封头时，突然从管内冲出大量污水并伴有臭鸡蛋味，致使王某当即昏倒在井下，在场的另两名工人郭某和翟某下去救人也相继昏倒。一位居民见后奋不顾身下井救人，拉出了翟某一人，刚爬出井后也昏倒在地。上边的旁观者立即打119报警，火速赶到的119消防人员戴上防毒面具后下井将昏倒在窨井内的另两名工人救出，4人均被送至医院抢救。

事故原因分析：后经市疾控中心职业卫生人员对事故现场窨井中的有毒气体进行检测。结果显示，该次事故为硫化氢中毒引起。

————————※　※　※————————

（2）2005年泰顺县某叶蜡石矿455名工人体检发现约有90名患硅肺病，估计安置和补偿费用需600万元。

1993年泰顺县承包沈阳至本溪高速公路致使196名职工患尘肺，温州中院判决赔偿2亿元。

事故原因分析：

1）原料、设备、环境因素：经济相对落后，中小企业和非正规企业问题突出，经费投入明显不足。

2）人的原因：安全意识淡薄，弱势群体，流动劳动者；职业伤亡事故 60%~70% 是由于职工违章操作和缺乏卫生知识所造成。

3）管理的原因：职业卫生管理与服务与经济发展不相适应，管理缺乏科学依据，随意性大。

思考与练习

（1）什么是职业危害？在职业活动中预防职业中毒的措施有哪些？

（2）振动与辐射、高温与低温能够对人体健康造成什么危害？

6.2 常见事故的应急处置和救援方法

我国作为世界上人口最多的发展中国家，正处在经济与社会发展的快速转型期，也是各类公共安全突发事故的易发期。虽然近几年来各级政府均加强了公共安全工作，但安全形势依然严峻。

安全是人类生存、生活、劳动创造、拥有财富的前提和基础，生命和健康是一切保障。作为高职高专的学生，除了学习和掌握各项专业技能知识，还应对突发安全事件中应急自救、互救的技能加以学习和了解。在生产劳动和社会生活中，充分发挥人的主观能动性和个人救援力量，最大限度地减少各类事故灾难造成的人员伤亡和危害。

6.2.1 生活中常见事故的处置和救援方法

6.2.1.1 家用电、气、水事故的应急处置

（1）停电事故的应急处置。遇到停电，应利用手电筒等照明工具，首先检查内部配电开关、漏电保护器是否跳开。室内有焦煳味、冒烟和放电等现象，应立即切断所有电源，以免发生火灾。

保险丝熔断，应及时更换，但不能用铜、铁、铝丝代替。家中应备有蜡烛、手电筒等应急照明光源，并放在固定的位置。电线老化易造成停电事故，要及时报告有关部门更换。

如果发现不是室内原因造成停电，则及时与物业管理人员联系。

（2）燃气事故的应急处置。发现燃气泄漏时，应立即切断气源，迅速打开门窗通风换气。但动作应轻缓，避免金属猛烈摩擦产生火花，引起爆炸。

燃气泄漏时，千万不要开启或关闭任何电器设备，不要打开抽油烟机或排风扇排风，不要在充满燃气的房间内拨打电话，以免产生火花，引发爆炸。不要在室内停留，以防中毒、窒息。

液化气罐着火时，应迅速用浸湿的毛巾、被褥、衣物扑压，并立即关闭液化气罐的阀门。

时常用肥皂水刷沾燃气管道接口处、开关、软管、阀门，观察有无气泡产生，检查燃

气是否泄漏。使用燃气具时，如发现火焰呈黄色，说明燃烧异常，这时一定要开窗通风。

（3）供水事故的应急处置。停水后，应立即关好水龙头，防止来水后造成跑水事故。发现水管爆裂后，要立即向有关部门报告，同时设法关闭供水总阀门。来水后，需打开水龙头适当放水，待管道内的残水及杂质冲放干净后再使用。

（4）饮用水污染的应急处置。水源污染、管网污染、二次供水污染等各种因素，都能导致饮用水中出现致病病菌或有毒、有害的物质。当自来水或者饮水机的桶装水浑浊、有悬浮物、有异味或水温出现明显异常时，很可能发生了水污染。应立即停止使用，及时向卫生监督部门或疾病控制中心报告情况，并及时告知居委会、物业部门和周围邻居停止使用。用干净容器留取 3~5L 水作为样本，提供给卫生防疫部门。

如不慎饮用了被污染的水，要密切关注自己的身体有无不适。如果出现异常，应立即到医院就诊。

6.2.1.2　中毒事故的急救

（1）食物中毒的急救。食物中毒通常指吃了含有毒物质或变质的肉类、水产品、蔬菜、植物或化学品后，感觉肠胃不舒服，出现恶心、呕吐、腹痛、腹泻等症状，共同进餐的人常常出现相同症状。

出现食物中毒症状或者误食化学品时，应及时用筷子或手指向喉咙深处刺激咽喉后壁、舌根进行催吐。在中毒者意识不清时，需由他人帮助催吐，并及时就医。了解与病人一同进餐的人有无异常，并告知医生。

抢救食物中毒病人，时间是最宝贵的。从时间上判断，化学性食物中毒和有毒的动植物毒素中毒，自进食到发病是以分钟计算的；生物性（细菌、真菌）食物中毒，自进食到发病是以小时计算的。必须立即送往医院抢救，不要自行乱服药。

预防食物中毒，要做到不吃不新鲜或有异味的食物。如不要自行采摘蘑菇、鲜黄花菜或不认识的植物食用。扁豆一定要炒熟后再吃，不吃发芽的土豆。从正规渠道购买食用盐、水产品及肉类食品。生熟食物要分开存放，水产品及肉类食品要做熟后再吃。

不要用饮料瓶盛装化学品。存放化学品的瓶子应该有明显的标志，并存放在隐蔽处，以免儿童辨别不清误食用。发生食物中毒后应可能留取食物样本，或者保留呕吐物和排泄物，供化验使用。

（2）农药中毒的急救。大量接触和误食农药，人会出现头晕、头痛、全身乏力、多汗、恶心、呕吐、腹痛、腹泻、胸闷、呼吸困难等症状。有的人还会出现特殊症状，如瞳孔明显缩小、嗜睡、肢体震颤抖动、肌肉纤维颤动、肌肉痉挛或癫痫样大抽搐、口中有金属味、有出血等倾向。

发生农药中毒后，要立即切断毒源，脱离中毒现场。脱去被污染的衣物，用微温的肥皂水、稀释碱水反复冲洗体表 10min 以上（注意有些农药中毒不能使用碱性液体）。

对神志清楚的病人，需要刺激催吐；对昏迷的病人，出现频繁呕吐时，要将其头放低，使其口部偏向一侧，以防呕吐物阻塞呼吸道引起窒息，并立即送医院洗胃抢救；如病人呼吸、心跳停止时，先实施心肺复苏，待生命体征稳定后再送医院治疗。

尽可能地向医务人员提供引起中毒的农药名称、剂型、浓度等，以便争取时间抢救。

特别注意：施洒农药时，人要站在上风头进行。

6.2.1.3　烧烫伤急救

（1）轻微烧烫伤急救。万一被火或开水烫伤，要迅速脱下烧烫部位的衣物，对烧烫部位用凉水冲淋或直接浸泡在水中。伤处冷却后，用灭菌纱布或干净布覆盖包扎。不要用紫药水、红药水、消炎粉等药物处理。

自救时切忌乱跑，也不要用手扑打火焰，以免引起面部、呼吸道和双手烧伤。

如果眼睛被烧伤，将面部浸入水中，并做睁眼、闭眼活动，浸泡 10min 以上。

如果是呼吸道被烧伤，应用冰袋冷敷颈部，口内也可含冰块，目的是收缩局部血管，减轻梗阻，并立即送医院抢救。

（2）化学烧伤的现场急救。万一被强碱、强酸等化学物品烧伤，应立即脱下浸有强碱、强酸液的衣物，用大量冷水冲洗烧伤部位，反复冲洗至少 20min，直至干净。切忌在不冲洗的情况下用酸性（或碱性）液中和。

如果是被生石灰、电石灰等伤，应先将局部擦拭干净，再用大量清水冲洗。切忌在为清除干净前直接用水冲洗。

如果眼睛中溅入酸液或碱液，千万不要揉眼睛，应立即用大量清水冲洗，或将眼部浸入水中，双眼睁开，摆动头部或转动眼球。

注意：眼部受到烧烫伤应立即冲洗，越快越好，越彻底越好。

6.2.1.4　电梯发生故障时的应急处置

（1）电梯速度不正常，应两腿微微弯曲，上身向前倾斜，以应对可能受到的冲击。

（2）如果被困电梯内，要保持镇静，立即用电梯内的警铃、对讲机或电话与管理人员联系，等待外部救援。如果报警无效，可以大声呼叫或间歇性地拍打电梯门。

（3）电梯停运时，不要轻易扒门爬出，以免电梯突然开动。

（4）运行中的电梯进水时，应将电梯开到顶层，并通知维修人员。

（5）如果乘梯途中发生火灾，应将电梯在就近楼层停梯，并利用楼梯逃生。发生地震、火灾、电梯进水等紧急情况时，严禁使用电梯。

6.2.1.5　溺水的急救

（1）发现溺水者后应尽快将其救出水面，但施救者如不懂得水中施救和不了解现场水情，不可轻易下水，可充分利用现场器材，如绳、竿、救生圈等救人。

（2）将溺水者平放在地面，迅速撬开其口腔，清除其口腔和鼻腔异物，如淤泥、杂草等，使其呼吸道保持畅通。意识丧失者，置于侧卧位，并注意保暖。

倒出腹腔内吸入物，但应注意不可一味倒水而延误抢救时间。倒水方法：将溺水者置于抢救者屈膝的大腿上，头部朝下，按压其背部迫使呼吸道和胃里的吸入物排出。

（3）当溺水者呼吸停止或极为微弱时，应立即实施人工呼吸法或胸外心脏按压法，一直坚持到专业救护人员到来。

注意：未成年人不宜下水救人，可采取报警求助的方式。

6.2.1.6 外伤急救

事故救援中，掌握科学的外伤急救方法，在第一时间抢救受伤人员，能够大大提高救援成功率。

A 心肺复苏急救

对呼吸心跳停止者的抢救措施称为心肺复苏。在许多情况下，及时有效地对呼吸心跳停止的伤员进行心肺复苏工作具有"起死回生"的作用。常用心肺复苏急救方法有以下几种：

（1）口对口人工呼吸（见图6-1）。救援人员用仰头抬额法保持伤者气道畅通，同时用拇指和食指捏紧伤者鼻孔，以防止气体从伤者鼻孔逸出，然后深吸一口气屏住，用自己的嘴唇包绕封住伤员微张的嘴，做两次大口吹气，每次 $1 \sim 1.5s$，然后迅速松手，同时观察伤者的胸部起伏情况和测试有无气流。口对口呼吸频率为 $16 \sim 18$ 次/min。

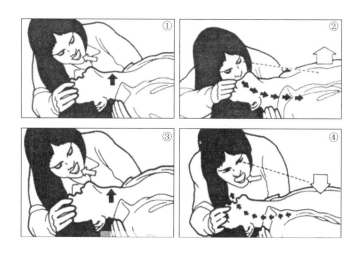

图6-1 口对口人工呼吸

（2）口对鼻人工呼吸。伤员有严重的下颌和嘴唇外伤、牙关紧闭、下颌骨折等难以做到口对口密封时，可用口对鼻人工呼吸。用一只手放在伤员前额上使其头部后仰，用另一只手抬起其下颌并使口闭合。救援人员做一深呼吸，用嘴唇包绕封住伤员鼻孔，再向鼻内吹气，然后救援人员的口迅速移开，让伤员被动地将气呼出。

（3）胸外心脏按压法（见图6-2）。胸外心脏按压是有节奏地按压胸骨下半部。实施

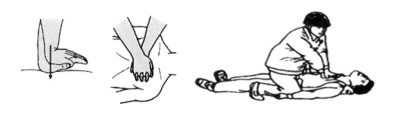

图6-2 胸外心脏按压法

胸外按压时应让伤员仰面平卧，如头部比心脏高，将影响流向头部的血流量。另外在伤员的背部垫上与比身体稍宽些的硬板，使身体其他部位处于水平位，必要时可抬高下肢，以促进静脉血回流，增加人工循环血流量。

1）按压时手的正确位置。先用右食指和中指沿伤员肋弓上移至胸骨下切迹（肋弓与胸骨结合处），中指置切迹处，食指紧靠中指，起定位作用，再用左手的掌根部紧靠右手的食指，则左手掌根位置即为按压的正确位置。

2）按压的正确姿势。救助人员应处较高的位置，腰部稍弯曲，上身略向前倾。双肩位于自己双手的正上方，两臂伸直垂直于按压位置上方，从而使胸外按压的每次压力均直接压向胸骨。压陷3.8~5cm后，应立即全部放松，使胸部恢复其正常位置，让血液回流入心脏。每次按压放松时，双手不要离开胸壁，也不要在按压中途挪动手的位置，以保证按压的掌根始终在标准的按压部位上。

3）胸外按压频率。胸外按压频率为每分钟80~100次，放松时间应与按压时间相等，各占50%。

B 现场止血方法

当一个人一次失血量超过30%时，就可能危及生命。失血量较多时，伤员会出现脸色苍白、冷汗淋漓、手脚发凉、呼吸急迫、血压下降、心率加快、尿量减少等情况。因此，在外伤大出血时，必须采取止血措施，它对挽救伤员的生命具有非常重要的作用。

（1）指压止血法（见图6-3）。这是一项最基本、最常用、最简单、最有效的止血法，适用于头、颈、四肢大动脉出血管临时出血。该方法是用手指或手掌用力压住出血的血管上端（近心脏一端），使得血管内血流阻断，较快地收到临时止血的效果。

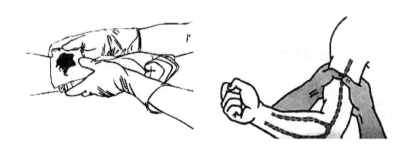

图6-3 指压止血法

（2）加压包扎止血法（见图6-4）。这是一种最常用的有效止血方法，适用于小动脉、

图6-4 加压包扎止血法

小静脉和毛细血管出血的止血。该方法是先用消毒纱布或干净的毛巾、布料等敷在伤口上，再用绷带、三角巾或布带加压紧紧包扎，达到止血的目的。假如伤肢有骨折，还要另加夹板固定。

当小臂和小腿发生出血，可利用肘关节或膝关节的弯曲功能压迫血管达到止血的目的。此时需在肘窝或膝后弯内放入棉垫或布垫，然后使关节弯曲到最大限度，再用绷带把前臂和上臂或小腿和大腿固定。假如伤肢有骨折，必须另加夹板固定。

（3）止血带止血法（见图 6-5）。此方法适用于四肢大血管出血，尤其是大动脉出血的止血。它是靠止血带的力量将出血管上端勒住，阻断血流，达到止血的目的。

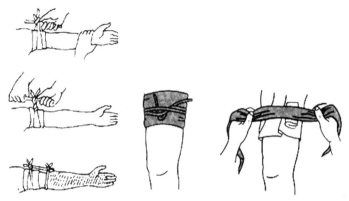

图 6-5 止血带止血法

止血带常用橡皮管或橡皮带，也可用大三角巾、手帕、毛巾、布腰带、绷带等来代替止血带，但不能用电缆或绳子来做止血带。结扎止血带的部位：上臂宜在上 1/2 处；大腿宜在 2/3 处。

C 现场伤员的搬运

现场伤员经过急救、止血、包扎、骨折临时固定后，就要将伤员迅速送到医院进一步救治。如果搬运不当，可使伤情加重，甚至造成神经、血管损坏，还可能造成瘫痪，难以治疗，给伤员造成终身痛苦。所以，在整个抢救过程中，搬运伤员也是一个非常重要的环节，必须十分注意。

现场常用的伤员搬运方法有徒手搬运法和担架搬运法。

（1）徒手搬运法。当伤员的伤情不重，根据伤员受伤的具体情况，可采用背、抱、扶等方法将伤员搬运到安全地点，如图 6-6~图 6-8 所示。

图 6-6 单人搬运法

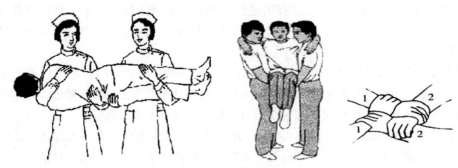

图 6-7 双人搬运法

图 6-8 三人搬运法

（2）担架搬运法。当伤员的伤情重，如大腿、脊柱骨折，大出血或休克等情况时，就不能用徒手搬运法，一定要用担架搬运法，如图 6-9 所示。搬运伤员的担架可用专门准备的医用担架，也可就地取材，如用木板、竹竿、绳子、衣服、毯子、木棍等绑扎成简易担架。

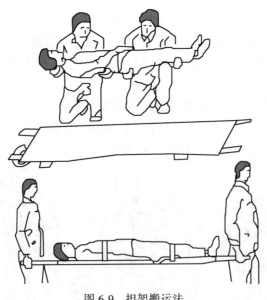

图 6-9 担架搬运法

搬运伤员时，要根据伤员伤情的轻重，确定相应的搬运方法；搬运人员要随时观察伤员面部表情，如发现有异常变化，就要停下来及时抢救。所以用担架搬运伤员时，一定要使伤员的头在后，脚朝前，这样可使后面的抬担架的人能随时观察到伤员面部的表情。

图 6-10 所示为错误的搬运方法。

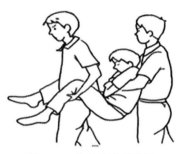

图 6-10　伤员的错误搬运

6.2.1.7　遇险求救信号

用摩尔斯电码发出 SOS 求救信号，是国际通用的紧急求救方式。此电码将 S 表示为 "…"，即 3 个短信号；O 表示为 "---"，即 3 个长信号。长信号时间长度约是短信号的 3 倍。这样，SOS 就可以利用 "三短、三长、三短" 的任何信号来表示。如利用光线，开关手电筒、矿灯、应急灯、汽车大灯、室内照明灯甚至遮盖煤油灯等方法发送；如利用声音，哨音、汽笛、汽车鸣号甚至敲击等方法发送。每发送一组 SOS，停顿片刻再发下一组。

当实际遇险时，还可就地取材发出求救信号。

6.2.2　生产中常见事故的救援方法

6.2.2.1　高处坠落事故的应急自救

当发生高处坠落事故后，抢救的重点应放在对休克、骨折和出血的处理上。

（1）颌面部伤员。首先应保持呼吸通畅，摘除义齿、清楚移位的组织碎片、血凝块、口腔内分泌物等，同时松解伤员的颈、胸部纽扣。

（2）脊椎受伤者。创伤处用消毒的纱布或清洁布等覆盖，用绷带或布条包扎。搬运时，将伤者平卧放在帆布担架或硬板上，以免受伤的脊椎移位、断裂造成截瘫，导致死亡。搬运过程中，严禁只抬伤者的两肩与两腿或单肩背运。

（3）手足骨折者。不要盲目搬动伤者。应在骨折部位用夹板把受伤的位置临时固定，使断端不再移位或刺伤肌肉、神经或血管。固定时以固定骨折处上下关节为原则，可就地取材，用木板、竹片等。

（4）复合伤员。要求平仰卧位，保持呼吸道畅通，解开衣领纽扣。

（5）周围血管伤者。压迫伤部以上动脉干至骨骼，直接在伤口上放置厚敷料，绷带加压包扎，以不出血和不影响肢体血液循环为宜。

6.2.2.2　物体打击事故的应急处置

当发生物体打击事故后，尽可能不要移动伤员，尽量当场施救。抢救的重点放在颅脑损伤、胸骨骨折和出血上。

（1）发生物体打击事故后，应马上组织抢救伤者，首先观察伤者的受伤情况、部位、伤害性质。如伤员发生休克，应先处理休克。遇呼吸、心跳停止者，应立即进行人工呼吸、胸外心脏按压。处于休克状态的伤员要让其保暖、平卧、少动，并将下肢抬高约 20°，尽快送医院进行抢救治疗。

（2）出现颅脑损伤，必须维持呼吸道畅通。昏迷者应平卧，面部转向一侧，以防舌根下坠或分泌物、呕吐物吸入，发生喉阻塞。有骨折者，应初步固定后再搬运。遇有凹陷骨折、严重的颅底骨折及严重的脑损伤症状出现，创伤处用消毒纱布或清洁布等覆盖，用绷带或布条包扎后，及时就近送往有条件的医院治疗。

如果处在不宜施救的场所时必须将伤员搬运到能够安静施救的地方，应尽量多找一些人来搬运，观察伤员呼吸和脸色的变化，如果是脊柱骨折，不要弯曲、扭动伤员的颈部和身体，不要接触其伤口，要使其身体放松，尽量将其放到担架或平板上进行搬运。

6.2.2.3　机械伤害的应急处置

常见的机械伤害有挤压、咬入（咬合）、碰撞和撞击、剪切、卡住和缠住。

一种机械可能同时存在几种危险，即可同时造成几种形式的伤害。

伤害事故发生后，要立即停止现场活动，将伤员放置于平坦的地方，现场有救护经验的人员应立即对伤员的伤势进行检查，然后有针对性紧急救护。

根据伤员的伤情和现场条件迅速转送伤员。如果伤员伤势不重，可采用背、抱、扶的方法将伤员运走。如果伤员伤势较重，有大腿或脊柱骨折、大出血或休克等情况时，一定要把伤员小心地放在担架或木板上抬送。把伤员放置在担架上转送时动作要平稳。上、下坡或楼梯时，担架要保持平衡，不能一头低、一头高。伤员应头在后，这样便于观察伤员情况。

在事故现场没有担架时，可以用椅子、长凳、衣服、竹子、绳子、被单、门板等制成简易担架使用。对于脊柱骨折的伤员，一定要用硬木板做的担架抬送。将伤员放在担架上以后，要让他平卧，腰部垫一个衣服垫，然后用东西把伤员固定在木板上，以免在转送到过程中滚动或跌落，否则极易造成脊柱移位或扭转，刺激血管和神经，使其下肢瘫痪。

6.2.2.4　起重伤害的应急处置

A　起重伤害的主要类型

（1）吊重、吊具等重物从空中坠落所造成的人身伤亡和设备损坏事故。

（2）作业人员被挤压在两个物体之间造成的挤伤、压伤、击伤等人身伤害事故。

（3）从事起重机检修、维护的作业人员不慎从机体摔下或被正在运转的起重机机体撞击摔落至地面的坠落事故。

（4）从事起重机操作人员或检修、维护人员因触电而造成的电击伤亡事故。

（5）起重机机体因失去整体稳定性而发生倾翻事故，造成起重机机体严重损坏以及人员伤亡的机毁事故。

此外，还有误操作事故、起重机等之间的相互碰撞事故、安全装置失效事故以及野蛮操作等事故。

B　起重事故的应急处置

（1）发现有人受伤后，必须立即停止起重作业，向周围人员呼救，同时通知现场急救中心，以及拨打"120"等社会急救电话。报警时，注意说明受伤者的受伤部位和受伤情况、发生事故的区域或场所，以便救护人员事先做好急救的准备。

（2）组织进行急救的同时，应立即上报安全生产管理部门，启动应急救援预案和现场处置方案，最大限度地减小人员伤害和财产损失。

（3）现场医护人员进行现场包扎、止血等措施，送往医院救治，防止受伤人员流血过多造成死亡事故发生。

（4）发生断手、断指等严重情况时，对伤者伤口要进行包扎、止血、止痛、进行半握拳状的功能固定。对断手、断指应消毒清洁或敷料包扎，忌将断指浸入酒精等消毒液中，以防细胞变质。将包好的断手、断指放在无泄漏的塑料袋内，扎紧袋口，在袋周围放置冰块，速随伤者送医院抢救。

（5）受伤人员出现肢体骨折时，应尽量保持受伤的体位，对肢体进行固定，并在采用正确的方式进行抬运，防止因救助方法不当导致伤情的进一步加重。

（6）受伤人员出现呼吸、心跳停止症状后，必须立即进行心脏按压或人工呼吸。

（7）事件有可能进一步扩大，或造成群体事件时，必须立即上报当地政府有关部门，并请求必要的支持和救援。

6.2.2.5 车辆伤害的应急处置

车辆伤害事故的类型主要有碰撞和碾压、车辆失稳倾翻、重物坠落打击、其他伤害。

（1）发生厂内机动车倾翻事故时，应及时通知有关部门和维修单位维保人员到达现场，进行施救。

当有人被压埋在倾倒机动车下面或驾驶室内时，应立即采取千斤顶、起吊设备、切割等措施，将被压人员救出，在实施处置时，必须指定1名有经验的人员进行现场指挥，并采取警戒措施，防止机动车倾倒、挤压事故的再次发生。

发生汽油、柴油等易燃易爆品和有毒物质泄漏时，应采取措施堵塞泄漏和稀释爆炸性物质或有毒物质混合浓度，避免发生爆炸或中毒事故。

（2）发生火灾时，应采取措施施救被困在车厢内或驾驶室内无法逃生的人员，并应立即使机动车熄火，防止电气火灾的蔓延扩大。

灭火时，注意防止二氧化碳等中毒窒息事故的发生。

（3）在救助行动中，救护人员要严格执行安全操作规程，配齐安全设施和防护工具，加强自我保护，确保抢救过程中的人身安全和财产安全。

（4）厂内机动车辆发生事故后，采取厂内机动车辆专业维修人员的一般救援措施，通过厂内机动车辆专业维修队与起重机械的人工操作，完成救援活动。

6.2.2.6 触电事故的急救

安全电压是为了防止触电事故而由特定电源供电所采用的电压系列，是指不致使人直接致死或致残的电压。一般环境条件下允许持续接触的"安全特低电压"是36V。行业规定安全电压36V，持续接触安全电压为24V，安全电流为10mA。电击对人体的危害程度，主要取决于通过人体电流的大小和通电时间长短。触电急救的原则是动作迅速、方法正确。资料显示，从触电后1min开始救治者，有90%的良好效果。

A 主要急救方法

（1）使触电者迅速脱离电源。发现有人触电后，应立即关闭开关、切断电源，使触电者脱开带电物体。

（2）解开妨碍触电者呼吸的紧身衣服，检查起口腔，取下义齿。

（3）就地抢救。触电者脱离电源后，现场应用的主要救护方法人工呼吸和胸外心脏按压法，即使在送往医院的途中也不能终止急救。

（4）如有电烧伤的伤口，应包扎后到医院就诊。

B　低压触电事故急救

目前我国 1000V 以下为低压电，一般分为 380V、220V、110V 等。低压触电事故的现场急救应注意以下几点：

（1）立即拉掉开关或拔出插销，切断电源。

（2）如果找不到电源开关可用带有绝缘把的钳子或带木柄的斧子断开电源线；或用木板等绝缘物插入触电者身下，以隔断流经人体的电流。

（3）当电线搭在触电者身上或被压在身下时，可用干燥的衣服、手套、绳索、木板等绝缘物作为工具，拉开触电者或挑开电线。

（4）如果触电者的衣服是干燥的，又没有紧缠在身上，可以用一只手抓住他的衣服脱离电源，但不得接触带电者的皮肤和鞋。

C　高压触电事故急救

1000V 及以上为高压电，一般分为 10kV、35kV、66kV、110kV、220kV、500kV、750kV、1000kV 等级别。高压触电事故的现场急救应注意以下几点：

（1）立即通知有关部门停电。

（2）戴上绝缘手套，穿上绝缘鞋，用相应电压等级的绝缘工具断开开关。

（3）抛掷裸金属线使线路接地，迫使保护装置动作，断开电源。注意抛掷金属线时先将金属线的一端可靠接地，然后抛掷另一端，抛掷的一端不可接触触电者和其他人。

在施救过程中需要注意：救护人必须使用适当的绝缘工具；救护人要一只手操作，以防自己触电；当触电者在高处时，应防止触电者脱离电源后可能的摔伤。

6.2.2.7　灼烫事故的应急处置

当发生热物体灼烫事故时，要先了解情况，及时进行堵漏，并使伤者迅速脱离热源，然后对烫伤部位用自来水冲洗或浸泡。但不要给烫伤创面涂有颜色的药物如紫药水，以免影响对烫伤深度的观察和判断，也不要将牙膏、油膏等物质涂于烫伤创面，以减少创面感染的机会，减少就医时处理的难度。如果出现水疱，不能把疱皮撕去，以免感染。

火焰、开水、蒸汽、热液体或固体直接接触人体引起的烧伤，都属于热烧伤。其救护方法如下：

（1）轻度烧伤，应立即用清水冲洗，以使伤口尽快冷却降温，减轻损伤。穿着衣服的部位，不要先脱衣服，以免撕脱伤口。

（2）若烧伤处有水疱，不要随便弄破，应用消过毒的针刺或到医院处理，以免感染。

（3）火灾引起烧伤时，着火的衣服要立即脱去或卧倒在地滚压灭火。切忌奔跑或用手拍打。也不要在火场大声呼救，以免呼吸道烧伤或吸入烟雾中毒、窒息。

6.2.2.8　有毒气体中毒的急救

中毒窒息事故的救护，首先是通风，加强全面或局部通风；其次是救护人员在进入危险区域前必须做好自我防护工作。

A 一氧化碳中毒的急救

一氧化碳在血液中与血红蛋白结合会造成组织缺氧。轻度中毒者出现头痛、心悸、恶心等症状；中度中毒者还有面色潮红、步态不稳、意识模糊；重度中毒者出现昏迷不醒、频繁抽搐、大小便失禁等；深度中毒可致死。长期反复吸入一定量的一氧化碳可导致神经和心血管系统损害。

a 现场急救方法

低浓度一氧化碳场所且氧含量高于 18%时，可佩戴过滤式防毒面具，也可使用湿毛巾掩住口鼻进入现场救人。一氧化碳浓度较高或氧含量低于 18%时，必须佩戴隔绝式呼吸器进入现场。

对于吸入中毒，轻度中毒者，应迅速使其脱离有毒场所至空气新鲜处，注意休息与保暖。对于中度中毒者，必要时采取吸氧或送医院治疗。而重度中毒者，要立即在原地进行抢救。中毒者还有呼吸的情况下，立即松开其领口和腰带，使其呼吸道畅通。对昏迷且有自主呼吸者，立即供氧；对无自主呼吸的要立即强制供氧，迅速进行胸外心脏按压，并人工呼吸。在不影响救护的前提下送医院抢救。

b 注意事项

在现场救护时，注意防火防爆。使用氧气时不要与有机溶剂接触，气管接头要可靠密封。切忌在个人没有合格的防护装备时贸然进入有毒区域。

B 硫化氢中毒的急救

硫化氢是强烈的神经毒物，对黏膜有强烈的刺激作用。浓度高时直接抑制呼吸中枢，引起窒息死亡。

a 现场急救方法

皮肤接触者，立即脱去污染衣物，用清水冲洗，然后就医；眼睛接触者，立即翻开上下眼皮用清水冲洗不短于 20min，然后立即就医。

吸入中毒者，立即脱离现场至空气新鲜处，脱掉被污染的衣物，同时注意保暖休息。吸入量较多，造成呼吸困难的要及时输氧，送医院治疗；如呼吸停止、窒息的要立即进行人工呼吸与强制供氧，待恢复呼吸后，送医院治疗。

b 注意事项

硫化氢为高毒物，在有毒区救人必须佩戴隔绝式呼吸器，且不能在有毒区域摘下呼吸器，以防中毒。

硫化氢为易燃易爆气体，救人时还要注意防火防爆。坚决不允许对硫化氢中毒人员采用口对口人工呼吸，且要用浸透食盐溶液的棉花或手帕盖住中毒者的口鼻。

C 其他气体中毒的急救

如果是氯气、氨气、瓦斯或二氧化碳窒息，在情况不太严重时，中毒者只需到空气新鲜的场所稍作休息即可；若时间较长就要进行人工呼吸了。

如果污染物污染了皮肤和眼睛，应立即用水冲洗；若是口服毒物中毒，要立即催吐；若误服腐蚀性毒物，可口服牛奶、蛋清、植物油等对消化道进行保护。

在救护中救护人员一定要沉着，动作迅速。在有毒区域不可摘下面罩或呼吸器，以防中毒，事后均应进行医疗体检以防意外。

　　作为即将走出校门的大学生一定要从自身做起，从小事做起，时时刻刻提醒自己，不忘安全。工作中，讲安全守制度，一丝不苟，受点束缚，能保安全。生活中，"衣、食、住、行"无一不在影响着我们的生命安全和生活安全。讲安全是我们的基本需求，没有安全，就没有生活的空间、生命的乐园；珍惜生命，就是珍惜生活；热爱生命，就是热爱明天。

思考与练习

(1) 日常生活中你或周围人最常接触到哪些常见事故？对于这些常见事故的应急处置和救援方法是什么？

(2) 在工作中，每个人都不可避免地会遇到一些突发情况。请结合本专业群的职业环境，谈谈作为高职院校的学生，除了要学习和掌握专业的职业技术技能外，还应该了解和掌握哪些生产中常见事故的应急自救常识？

(3) 结合实际，选择本专业群或职业岗位生产作业中常见事故的应急救援处置措施做现场演练。

附 录

安全生产法律法规

附录1 中华人民共和国安全生产法（节选）

2014年8月31日第十二届全国人民代表大会常务委员会第十次会议通过全国人民代表大会常务委员会关于修改《中华人民共和国安全生产法》的决定，自2014年12月1日起施行。

第一章 总 则

第一条 为了加强安全生产工作，防止和减少生产安全事故，保障人民群众生命和财产安全，促进经济社会持续健康发展，制定本法。

第二条 在中华人民共和国领域内从事生产经营活动的单位（以下统称生产经营单位）的安全生产，适用本法；有关法律、行政法规对消防安全和道路交通安全、铁路交通安全、水上交通安全、民用航空安全以及核与辐射安全、特种设备安全另有规定的，适用其规定。

第三条 安全生产工作应当以人为本，坚持安全发展，坚持安全第一、预防为主、综合治理的方针，强化和落实生产经营单位的主体责任，建立生产经营单位负责、职工参与、政府监管、行业自律和社会监督的机制。

第六条 生产经营单位的从业人员有依法获得安全生产保障的权利，并应当依法履行安全生产方面的义务。

第十六条 国家对在改善安全生产条件、防止生产安全事故、参加抢险救护等方面取得显著成绩的单位和个人，给予奖励。

第二章 生产经营单位的安全生产保障

第二十五条 生产经营单位应当对从业人员进行安全生产教育和培训，保证从业人员具备必要的安全生产知识，熟悉有关的安全生产规章制度和安全操作规程，掌握本岗位的安全操作技能，了解事故应急处理措施，知悉自身在安全生产方面的权利和义务。未经安全生产教育和培训合格的从业人员，不得上岗作业。

生产经营单位接收中等职业学校、高等学校学生实习的，应当对实习学生进行相应的安全生产教育和培训，提供必要的劳动防护用品。学校应当协助生产经营单位对实习学生进行安全生产教育和培训。

生产经营单位应当建立安全生产教育和培训档案，如实记录安全生产教育和培训的时间、内容、参加人员以及考核结果等情况。

第二十六条　生产经营单位采用新工艺、新技术、新材料或者使用新设备，必须了解、掌握其安全技术特性，采取有效的安全防护措施，并对从业人员进行专门的安全生产教育和培训。

第二十七条　生产经营单位的特种作业人员必须按照国家有关规定经专门的安全作业培训，取得相应资格，方可上岗作业。

特种作业人员的范围由国务院安全生产监督管理部门会同国务院有关部门确定。

第三十二条　生产经营单位应当在有较大危险因素的生产经营场所和有关设施、设备上，设置明显的安全警示标志。

第三十七条　生产经营单位对重大危险源应当登记建档，进行定期检测、评估、监控，并制定应急预案，告知从业人员和相关人员在紧急情况下应当采取的应急措施。

生产经营单位应当按照国家有关规定将本单位重大危险源及有关安全措施、应急措施报有关地方人民政府安全生产监督管理部门和有关部门备案。

第三十九条　生产、经营、储存、使用危险物品的车间、商店、仓库不得与员工宿舍在同一座建筑物内，并应当与员工宿舍保持安全距离。

生产经营场所和员工宿舍应当设有符合紧急疏散要求、标志明显、保持畅通的出口。禁止锁闭、封堵生产经营场所或者员工宿舍的出口。

第四十一条　生产经营单位应当教育和督促从业人员严格执行本单位的安全生产规章制度和安全操作规程；并向从业人员如实告知作业场所和工作岗位存在的危险因素、防范措施以及事故应急措施。

第四十二条　生产经营单位必须为从业人员提供符合国家标准或者行业标准的劳动防护用品，并监督、教育从业人员按照使用规则佩戴、使用。

第四十四条　生产经营单位应当安排用于配备劳动防护用品、进行安全生产培训的经费。

第四十八条　生产经营单位必须依法参加工伤保险，为从业人员缴纳保险费。

国家鼓励生产经营单位投保安全生产责任保险。

第三章　从业人员的权利和义务

第四十九条　生产经营单位与从业人员订立的劳动合同，应当载明有关保障从业人员劳动安全、防止职业危害的事项，以及依法为从业人员办理工伤保险的事项。

生产经营单位不得以任何形式与从业人员订立协议，免除或者减轻其对从业人员因生产安全事故伤亡依法应承担的责任。

第五十条　生产经营单位的从业人员有权了解其作业场所和工作岗位存在的危险因素、防范措施及事故应急措施，有权对本单位的安全生产工作提出建议。

第五十一条　从业人员有权对本单位安全生产工作中存在的问题提出批评、检举、控告；有权拒绝违章指挥和强令冒险作业。

生产经营单位不得因从业人员对本单位安全生产工作提出批评、检举、控告或者拒绝违章指挥、强令冒险作业而降低其工资、福利等待遇或者解除与其订立的劳动合同。

第五十二条 从业人员发现直接危及人身安全的紧急情况时，有权停止作业或者在采取可能的应急措施后撤离作业场所。

生产经营单位不得因从业人员在前款紧急情况下停止作业或者采取紧急撤离措施而降低其工资、福利等待遇或者解除与其订立的劳动合同。

第五十三条 因生产安全事故受到损害的从业人员，除依法享有工伤保险外，依照有关民事法律尚有获得赔偿的权利的，有权向本单位提出赔偿要求。

第五十四条 从业人员在作业过程中，应当严格遵守本单位的安全生产规章制度和操作规程，服从管理，正确佩戴和使用劳动防护用品。

第五十五条 从业人员应当接受安全生产教育和培训，掌握本职工作所需的安全生产知识，提高安全生产技能，增强事故预防和应急处理能力。

第五十六条 从业人员发现事故隐患或者其他不安全因素，应当立即向现场安全生产管理人员或者本单位负责人报告；接到报告的人员应当及时予以处理。

第五章 生产安全事故的应急救援与调查处理

第八十条 生产经营单位发生生产安全事故后，事故现场有关人员应当立即报告本单位负责人。

单位负责人接到事故报告后，应当迅速采取有效措施，组织抢救，防止事故扩大，减少人员伤亡和财产损失，并按照国家有关规定立即如实报告当地负有安全生产监督管理职责的部门，不得隐瞒不报、谎报或者迟报，不得故意破坏事故现场、毁灭有关证据。

第八十二条 有关地方人民政府和负有安全生产监督管理职责的部门的负责人接到生产安全事故报告后，应当按照生产安全事故应急救援预案的要求立即赶到事故现场，组织事故抢救。

参与事故抢救的部门和单位应当服从统一指挥，加强协同联动，采取有效的应急救援措施，并根据事故救援的需要采取警戒、疏散等措施，防止事故扩大和次生灾害的发生，减少人员伤亡和财产损失。

事故抢救过程中应当采取必要措施，避免或者减少对环境造成的危害。

任何单位和个人都应当支持、配合事故抢救，并提供一切便利条件。

第八十五条 任何单位和个人不得阻挠和干涉对事故的依法调查处理。

第八十六条 县级以上地方各级人民政府负责安全生产监督管理的部门应当定期统计分析本行政区域内发生生产安全事故的情况，并定期向社会公布。

第六章 法 律 责 任

第一百零三条 生产经营单位与从业人员订立协议，免除或者减轻其对从业人员因生产安全事故伤亡依法应承担的责任的，该协议无效；对生产经营单位的主要负责人、个人经营的投资人处 2 万元以上 10 万元以下的罚款。

第一百零四条 生产经营单位的从业人员不服从管理，违反安全生产规章制度或者操作规程的，由生产经营单位给予批评教育，依照有关规章制度给予处分；构成犯罪的，依照刑法有关规定追究刑事责任。

第一百一十一条 生产经营单位发生生产安全事故造成人员伤亡、他人财产损失的，应当依法承担赔偿责任；拒不承担或者其负责人逃匿的，由人民法院依法强制执行。

生产安全事故的责任人未依法承担赔偿责任，经人民法院依法采取执行措施后，仍不能对受害人给予足额赔偿的，应当继续履行赔偿义务；受害人发现责任人有其他财产的，可以随时请求人民法院执行。

第七章 附 则

第一百一十四条 本法自 2014 年 12 月 1 日起施行。

附录2　生产经营单位安全培训规定（节选）

第一章　总　　则

第一条　为加强和规范生产经营单位安全培训工作，提高从业人员安全素质，防范伤亡事故，减轻职业危害，根据安全生产法和有关法律、行政法规，制定本规定。

第二条　工矿商贸生产经营单位（以下简称生产经营单位）从业人员的安全培训，适用本规定。

第三条　生产经营单位负责本单位从业人员安全培训工作。

生产经营单位应当按照安全生产法和有关法律、行政法规和本规定，建立健全安全培训工作制度。

第四条　生产经营单位应当进行安全培训的从业人员包括主要负责人、安全生产管理人员、特种作业人员和其他从业人员。

生产经营单位从业人员应当接受安全培训，熟悉有关安全生产规章制度和安全操作规程，具备必要的安全生产知识，掌握本岗位的安全操作技能，增强预防事故、控制职业危害和应急处理的能力。

未经安全生产培训合格的从业人员，不得上岗作业。

第二章　主要负责人、安全生产管理人员的安全培训

第六条　生产经营单位主要负责人和安全生产管理人员应当接受安全培训，具备与所从事的生产经营活动相适应的安全生产知识和管理能力。

煤矿、非煤矿山、危险化学品、烟花爆竹等生产经营单位主要负责人和安全生产管理人员，必须接受专门的安全培训，经安全生产监管监察部门对其安全生产知识和管理能力考核合格，取得安全资格证书后，方可任职。

第九条　生产经营单位主要负责人和安全生产管理人员初次安全培训时间不得少于32学时。每年再培训时间不得少于12学时。

煤矿、非煤矿山、危险化学品、烟花爆竹等生产经营单位主要负责人和安全生产管理人员安全资格培训时间不得少于48学时；每年再培训时间不得少于16学时。

第十条　生产经营单位主要负责人和安全生产管理人员的安全培训必须依照安全生产监管监察部门制定的安全培训大纲实施。

非煤矿山、危险化学品、烟花爆竹等生产经营单位主要负责人和安全生产管理人员的安全培训大纲及考核标准由国家安全生产监督管理总局统一制定。

煤矿主要负责人和安全生产管理人员的安全培训大纲及考核标准由国家煤矿安全监察局制定。

煤矿、非煤矿山、危险化学品、烟花爆竹以外的其他生产经营单位主要负责人和安全管理人员的安全培训大纲及考核标准，由省、自治区、直辖市安全生产监督管理部门制定。

第三章 其他从业人员的安全培训

第十三条 生产经营单位新上岗的从业人员，岗前培训时间不得少于 24 学时。

煤矿、非煤矿山、危险化学品、烟花爆竹等生产经营单位新上岗的从业人员安全培训时间不得少于 72 学时，每年接受再培训的时间不得少于 20 学时。

厂（矿）级岗前安全培训内容应当包括：

（一）本单位安全生产情况及安全生产基本知识；

（二）本单位安全生产规章制度和劳动纪律；

（三）从业人员安全生产权利和义务；

（四）有关事故案例等。

煤矿、非煤矿山、危险化学品、烟花爆竹等生产经营单位厂（矿）级安全培训除包括上述内容外，应当增加事故应急救援、事故应急预案演练及防范措施等内容。

第十五条 车间（工段、区、队）级岗前安全培训内容应当包括：

（一）工作环境及危险因素；

（二）所从事工种可能遭受的职业伤害和伤亡事故；

（三）所从事工种的安全职责、操作技能及强制性标准；

（四）自救互救、急救方法、疏散和现场紧急情况的处理；

（五）安全设备设施、个人防护用品的使用和维护；

（六）本车间（工段、区、队）安全生产状况及规章制度；

（七）预防事故和职业危害的措施及应注意的安全事项；

（八）有关事故案例；

（九）其他需要培训的内容。

第十六条 班组级岗前安全培训内容应当包括：

（一）岗位安全操作规程；

（二）岗位之间工作衔接配合的安全与职业卫生事项；

（三）有关事故案例；

（四）其他需要培训的内容。

第十七条 从业人员在本生产经营单位内调整工作岗位或离岗一年以上重新上岗时，应当重新接受车间（工段、区、队）和班组级的安全培训。

生产经营单位实施新工艺、新技术或者使用新设备、新材料时，应当对有关从业人员重新进行有针对性的安全培训。

第十八条 生产经营单位的特种作业人员，必须按照国家有关法律、法规的规定接受专门的安全培训，经考核合格，取得特种作业操作资格证书后，方可上岗作业。

特种作业人员的范围和培训考核管理办法，另行规定。

第四章　安全培训的组织实施

第二十条　具备安全培训条件的生产经营单位，应当以自主培训为主；可以委托具有相应资质的安全培训机构，对从业人员进行安全培训。

不具备安全培训条件的生产经营单位，应当委托具有相应资质的安全培训机构，对从业人员进行安全培训。

第五章　监　督　管　理

第二十五条　各级安全生产监管监察部门对生产经营单位安全培训及其持证上岗的情况进行监督检查，主要包括以下内容：

（一）安全培训制度、计划的制定及其实施的情况；

（二）煤矿、非煤矿山、危险化学品、烟花爆竹等生产经营单位主要负责人和安全生产管理人员安全资格证持证上岗的情况；其他生产经营单位主要负责人和安全生产管理人员培训的情况；

（三）特种作业人员操作资格证持证上岗的情况；

（四）建立安全培训档案的情况；

（五）其他需要检查的内容。

第七章　附　　则

第三十一条　生产经营单位主要负责人是指有限责任公司或者股份有限公司的董事长、总经理，其他生产经营单位的厂长、经理、（矿务局）局长、矿长（含实际控制人）等。

生产经营单位安全生产管理人员是指生产经营单位分管安全生产的负责人、安全生产管理机构负责人及其管理人员，以及未设安全生产管理机构的生产经营单位专、兼职安全生产管理人员等。

生产经营单位其他从业人员是指除主要负责人、安全生产管理人员和特种作业人员以外，该单位从事生产经营活动的所有人员，包括其他负责人、其他管理人员、技术人员和各岗位的工人以及临时聘用的人员。

第三十三条　本规定自 2013 年 8 月 29 日起施行。

附录 3 中华人民共和国职业病防治法（节选）

（2001 年 10 月 27 日第九届全国人民代表大会常务委员会第二十四次会议通过；根据 2011 年 12 月 31 日第十一届全国人民代表大会常务委员会第二十四次会议《关于修改〈中华人民共和国职业病防治法〉的决定》第一次修正；根据 2016 年 7 月 2 日第十二届全国人民代表大会常务委员会第二十一次会议《关于修改〈中华人民共和国节约能源法〉等六部法律的决定》第二次修正）

第一章 总 则

第一条 为了预防、控制和消除职业病危害，防治职业病，保护劳动者健康及其相关权益，促进经济社会发展，根据宪法，制定本法。

第二条 本法适用于中华人民共和国领域内的职业病防治活动。

本法所称职业病，是指企业、事业单位和个体经济组织等用人单位的劳动者在职业活动中，因接触粉尘、放射性物质和其他有毒、有害因素而引起的疾病。

职业病的分类和目录由国务院卫生行政部门会同国务院安全生产监督管理部门、劳动保障行政部门制定、调整并公布。

第三条 职业病防治工作坚持预防为主、防治结合的方针，建立用人单位负责、行政机关监管、行业自律、职工参与和社会监督的机制，实行分类管理、综合治理。

第四条 劳动者依法享有职业卫生保护的权利。

用人单位应当为劳动者创造符合国家职业卫生标准和卫生要求的工作环境和条件，并采取措施保障劳动者获得职业卫生保护。

工会组织依法对职业病防治工作进行监督，维护劳动者的合法权益。用人单位制定或者修改有关职业病防治的规章制度，应当听取工会组织的意见。

第五条 用人单位应当建立、健全职业病防治责任制，加强对职业病防治的管理，提高职业病防治水平，对本单位产生的职业病危害承担责任。

第七条 用人单位必须依法参加工伤保险。

国务院和县级以上地方人民政府劳动保障行政部门应当加强对工伤保险的监督管理，确保劳动者依法享受工伤保险待遇。

第十三条 任何单位和个人有权对违反本法的行为进行检举和控告。有关部门收到相关的检举和控告后，应当及时处理。

对防治职业病成绩显著的单位和个人，给予奖励。

第二章 前 期 预 防

第十四条 用人单位应当依照法律、法规要求，严格遵守国家职业卫生标准，落实职业病预防措施，从源头上控制和消除职业病危害。

第十五条　产生职业病危害的用人单位的设立除应当符合法律、行政法规规定的设立条件外，其工作场所还应当符合下列职业卫生要求：

（一）职业病危害因素的强度或者浓度符合国家职业卫生标准；

（二）有与职业病危害防护相适应的设施；

（三）生产布局合理，符合有害与无害作业分开的原则；

（四）有配套的更衣间、洗浴间、孕妇休息间等卫生设施；

（五）设备、工具、用具等设施符合保护劳动者生理、心理健康的要求；

（六）法律、行政法规和国务院卫生行政部门、安全生产监督管理部门关于保护劳动者健康的其他要求。

第十六条　国家建立职业病危害项目申报制度。

用人单位工作场所存在职业病目录所列职业病的危害因素的，应当及时、如实向所在地安全生产监督管理部门申报危害项目，接受监督。

第十九条　国家对从事放射性、高毒、高危粉尘等作业实行特殊管理。具体管理办法由国务院制定。

第三章　劳动过程中的防护与管理

第二十二条　用人单位必须采用有效的职业病防护设施，并为劳动者提供个人使用的职业病防护用品。

用人单位为劳动者个人提供的职业病防护用品必须符合防治职业病的要求；不符合要求的，不得使用。

第二十四条　产生职业病危害的用人单位，应当在醒目位置设置公告栏，公布有关职业病防治的规章制度、操作规程、职业病危害事故应急救援措施和工作场所职业病危害因素检测结果。

对产生严重职业病危害的作业岗位，应当在其醒目位置，设置警示标识和中文警示说明。警示说明应当载明产生职业病危害的种类、后果、预防以及应急救治措施等内容。

第二十五条　对可能发生急性职业损伤的有毒、有害工作场所，用人单位应当设置报警装置，配置现场急救用品、冲洗设备、应急撤离通道和必要的泄险区。

对放射工作场所和放射性同位素的运输、贮存，用人单位必须配置防护设备和报警装置，保证接触放射线的工作人员佩戴个人剂量计。

对职业病防护设备、应急救援设施和个人使用的职业病防护用品，用人单位应当进行经常性的维护、检修，定期检测其性能和效果，确保其处于正常状态，不得擅自拆除或者停止使用。

第三十条　任何单位和个人不得生产、经营、进口和使用国家明令禁止使用的可能产生职业病危害的设备或者材料。

第三十三条　用人单位与劳动者订立劳动合同（含聘用合同，下同）时，应当将工作过程中可能产生的职业病危害及其后果、职业病防护措施和待遇等如实告知劳动者，并在劳动合同中写明，不得隐瞒或者欺骗。

劳动者在已订立劳动合同期间因工作岗位或者工作内容变更，从事与所订立劳动合同中未告知的存在职业病危害的作业时，用人单位应当依照前款规定，向劳动者履行如实告知的义务，并协商变更原劳动合同相关条款。

用人单位违反前两款规定的，劳动者有权拒绝从事存在职业病危害的作业，用人单位不得因此解除与劳动者所订立的劳动合同。

第三十四条 用人单位的主要负责人和职业卫生管理人员应当接受职业卫生培训，遵守职业病防治法律、法规，依法组织本单位的职业病防治工作。

用人单位应当对劳动者进行上岗前的职业卫生培训和在岗期间的定期职业卫生培训，普及职业卫生知识，督促劳动者遵守职业病防治法律、法规、规章和操作规程，指导劳动者正确使用职业病防护设备和个人使用的职业病防护用品。

劳动者应当学习和掌握相关的职业卫生知识，增强职业病防范意识，遵守职业病防治法律、法规、规章和操作规程，正确使用、维护职业病防护设备和个人使用的职业病防护用品，发现职业病危害事故隐患应当及时报告。

劳动者不履行前款规定义务的，用人单位应当对其进行教育。

第三十五条 对从事接触职业病危害的作业的劳动者，用人单位应当按照国务院安全生产监督管理部门、卫生行政部门的规定组织上岗前、在岗期间和离岗时的职业健康检查，并将检查结果书面告知劳动者。职业健康检查费用由用人单位承担。

用人单位不得安排未经上岗前职业健康检查的劳动者从事接触职业病危害的作业；不得安排有职业禁忌的劳动者从事其所禁忌的作业；对在职业健康检查中发现有与所从事的职业相关的健康损害的劳动者，应当调离原工作岗位，并妥善安置；对未进行离岗前职业健康检查的劳动者不得解除或者终止与其订立的劳动合同。

职业健康检查应当由省级以上人民政府卫生行政部门批准的医疗卫生机构承担。

第三十六条 用人单位应当为劳动者建立职业健康监护档案，并按照规定的期限妥善保存。

职业健康监护档案应当包括劳动者的职业史、职业病危害接触史、职业健康检查结果和职业病诊疗等有关个人健康资料。

劳动者离开用人单位时，有权索取本人职业健康监护档案复印件，用人单位应当如实、无偿提供，并在所提供的复印件上签章。

第三十八条 用人单位不得安排未成年工从事接触职业病危害的作业；不得安排孕期、哺乳期的女职工从事对本人和胎儿、婴儿有危害的作业。

第三十九条 劳动者享有下列职业卫生保护权利：

（一）获得职业卫生教育、培训；

（二）获得职业健康检查、职业病诊疗、康复等职业病防治服务；

（三）了解工作场所产生或者可能产生的职业病危害因素、危害后果和应当采取的职业病防护措施；

（四）要求用人单位提供符合防治职业病要求的职业病防护设施和个人使用的职业病防护用品，改善工作条件；

（五）对违反职业病防治法律、法规以及危及生命健康的行为提出批评、检举和控告；

（六）拒绝违章指挥和强令进行没有职业病防护措施的作业；

（七）参与用人单位职业卫生工作的民主管理，对职业病防治工作提出意见和建议。

用人单位应当保障劳动者行使前款所列权利。因劳动者依法行使正当权利而降低其工资、福利等待遇或者解除、终止与其订立的劳动合同的，其行为无效。

第四章 职业病诊断与职业病病人保障

第四十四条 劳动者可以在用人单位所在地、本人户籍所在地或者经常居住地依法承担职业病诊断的医疗卫生机构进行职业病诊断。

第四十六条 职业病诊断，应当综合分析下列因素：

（一）病人的职业史；

（二）职业病危害接触史和工作场所职业病危害因素情况；

（三）临床表现以及辅助检查结果等。

没有证据否定职业病危害因素与病人临床表现之间的必然联系的，应当诊断为职业病。

承担职业病诊断的医疗卫生机构在进行职业病诊断时，应当组织三名以上取得职业病诊断资格的执业医师集体诊断。

职业病诊断证明书应当由参与诊断的医师共同签署，并经承担职业病诊断的医疗卫生机构审核盖章。

第四十七条 用人单位应当如实提供职业病诊断、鉴定所需的劳动者职业史和职业病危害接触史、工作场所职业病危害因素检测结果等资料；安全生产监督管理部门应当监督检查和督促用人单位提供上述资料；劳动者和有关机构也应当提供与职业病诊断、鉴定有关的资料。

职业病诊断、鉴定机构需要了解工作场所职业病危害因素情况时，可以对工作场所进行现场调查，也可以向安全生产监督管理部门提出，安全生产监督管理部门应当在十日内组织现场调查。用人单位不得拒绝、阻挠。

第四十九条 职业病诊断、鉴定过程中，在确认劳动者职业史、职业病危害接触史时，当事人对劳动关系、工种、工作岗位或者在岗时间有争议的，可以向当地的劳动人事争议仲裁委员会申请仲裁；接到申请的劳动人事争议仲裁委员会应当受理，并在三十日内作出裁决。

当事人在仲裁过程中对自己提出的主张，有责任提供证据。劳动者无法提供由用人单位掌握管理的与仲裁主张有关的证据的，仲裁庭应当要求用人单位在指定期限内提供；用人单位在指定期限内不提供的，应当承担不利后果。

劳动者对仲裁裁决不服的，可以依法向人民法院提起诉讼。

用人单位对仲裁裁决不服的，可以在职业病诊断、鉴定程序结束之日起十五日内依法向人民法院提起诉讼；诉讼期间，劳动者的治疗费用按照职业病待遇规定的途径支付。

第五十二条 当事人对职业病诊断有异议的，可以向作出诊断的医疗卫生机构所在地地方人民政府卫生行政部门申请鉴定。

职业病诊断争议由设区的市级以上地方人民政府卫生行政部门根据当事人的申请，组织职业病诊断鉴定委员会进行鉴定。

当事人对设区的市级职业病诊断鉴定委员会的鉴定结论不服的，可以向省、自治区、直辖市人民政府卫生行政部门申请再鉴定。

第五十六条 用人单位应当保障职业病病人依法享受国家规定的职业病待遇。

用人单位应当按照国家有关规定，安排职业病病人进行治疗、康复和定期检查。

用人单位对不适宜继续从事原工作的职业病病人，应当调离原岗位，并妥善安置。

用人单位对从事接触职业病危害的作业的劳动者，应当给予适当岗位津贴。

第五十七条 职业病病人的诊疗、康复费用，伤残以及丧失劳动能力的职业病病人的社会保障，按照国家有关工伤保险的规定执行。

第五十八条 职业病病人除依法享有工伤保险外，依照有关民事法律，尚有获得赔偿的权利的，有权向用人单位提出赔偿要求。

第五十九条 劳动者被诊断患有职业病，但用人单位没有依法参加工伤保险的，其医疗和生活保障由该用人单位承担。

第六十条 职业病病人变动工作单位，其依法享有的待遇不变。

用人单位在发生分立、合并、解散、破产等情形时，应当对从事接触职业病危害的作业的劳动者进行健康检查，并按照国家有关规定妥善安置职业病病人。

第六十一条 用人单位已经不存在或者无法确认劳动关系的职业病病人，可以向地方人民政府民政部门申请医疗救助和生活等方面的救助。

地方各级人民政府应当根据本地区的实际情况，采取其他措施，使前款规定的职业病病人获得医疗救治。

第六章 法 律 责 任

第七十七条 用人单位违反本法规定，已经对劳动者生命健康造成严重损害的，由安全生产监督管理部门责令停止产生职业病危害的作业，或者提请有关人民政府按照国务院规定的权限责令关闭，并处十万元以上五十万元以下的罚款。

第七十八条 用人单位违反本法规定，造成重大职业病危害事故或者其他严重后果，构成犯罪的，对直接负责的主管人员和其他直接责任人员，依法追究刑事责任。

第八十一条 职业病诊断鉴定委员会组成人员收受职业病诊断争议当事人的财物或者其他好处的，给予警告，没收收受的财物，可以并处三千元以上五万元以下的罚款，取消其担任职业病诊断鉴定委员会组成人员的资格，并从省、自治区、直辖市人民政府卫生行政部门设立的专家库中予以除名。

第八十四条 违反本法规定，构成犯罪的，依法追究刑事责任。

第七章 附 则

第八十五条 本法下列用语的含义：

职业病危害，是指对从事职业活动的劳动者可能导致职业病的各种危害。职业病危害因素包括：职业活动中存在的各种有害的化学、物理、生物因素以及在作业过程中产生的其他职业有害因素。

职业禁忌，是指劳动者从事特定职业或者接触特定职业病危害因素时，比一般职业人群更易于遭受职业病危害和罹患职业病或者可能导致原有自身疾病病情加重，或者在从事作业过程中诱发可能导致对他人生命健康构成危险的疾病的个人特殊生理或者病理状态。

第八十六条　本法第二条规定的用人单位以外的单位，产生职业病危害的，其职业病防治活动可以参照本法执行。

劳务派遣用工单位应当履行本法规定的用人单位的义务。

第八十八条　本法自 2002 年 5 月 1 日起施行。

附录 4 工伤保险条例（节选）

（2003 年 4 月 27 日中华人民共和国国务院令第 375 号公布；根据 2010 年 12 月 20 日《国务院关于修改〈工伤保险条例〉的决定》（中华人民共和国国务院令第 586 号）修订）

第一章 总 则

第一条 为了保障因工作遭受事故伤害或者患职业病的职工获得医疗救治和经济补偿，促进工伤预防和职业康复，分散用人单位的工伤风险，制定本条例。

第二条 中华人民共和国境内的企业、事业单位、社会团体、民办非企业单位、基金会、律师事务所、会计师事务所等组织和有雇工的个体工商户（以下称用人单位）应当依照本条例规定参加工伤保险，为本单位全部职工或者雇工（以下称职工）缴纳工伤保险费。

中华人民共和国境内的企业、事业单位、社会团体、民办非企业单位、基金会、律师事务所、会计师事务所等组织的职工和个体工商户的雇工，均有依照本条例的规定享受工伤保险待遇的权利。

第三条 工伤保险费的征缴按照《社会保险费征缴暂行条例》关于基本养老保险费、基本医疗保险费、失业保险费的征缴规定执行。

第四条 用人单位应当将参加工伤保险的有关情况在本单位内公示。

用人单位和职工应当遵守有关安全生产和职业病防治的法律法规，执行安全卫生规程和标准，预防工伤事故发生，避免和减少职业病危害。

职工发生工伤时，用人单位应当采取措施使工伤职工得到及时救治。

第二章 工伤保险基金

第七条 工伤保险基金由用人单位缴纳的工伤保险费、工伤保险基金的利息和依法纳入工伤保险基金的其他资金构成。

第八条 工伤保险费根据以支定收、收支平衡的原则，确定费率。

第十条 用人单位应当按时缴纳工伤保险费。职工个人不缴纳工伤保险费。

第三章 工 伤 认 定

第十四条 职工有下列情形之一的，应当认定为工伤：

（一）在工作时间和工作场所内，因工作原因受到事故伤害的；

（二）工作时间前后在工作场所内，从事与工作有关的预备性或者收尾性工作受到事故伤害的；

（三）在工作时间和工作场所内，因履行工作职责受到暴力等意外伤害的；

（四）患职业病的；

（五）因工外出期间，由于工作原因受到伤害或者发生事故下落不明的；

（六）在上下班途中，受到非本人主要责任的交通事故或者城市轨道交通、客运轮渡、火车事故伤害的；

（七）法律、行政法规规定应当认定为工伤的其他情形。

第十五条　职工有下列情形之一的，视同工伤：

（一）在工作时间和工作岗位，突发疾病死亡或者在 48 小时之内经抢救无效死亡的；

（二）在抢险救灾等维护国家利益、公共利益活动中受到伤害的；

（三）职工原在军队服役，因战、因公负伤致残，已取得革命伤残军人证，到用人单位后旧伤复发的。

职工有前款第（一）项、第（二）项情形的，按照本条例的有关规定享受工伤保险待遇；职工有前款第（三）项情形的，按照本条例的有关规定享受除一次性伤残补助金以外的工伤保险待遇。

第十六条　职工符合本条例第十四条、第十五条的规定，但是有下列情形之一的，不得认定为工伤或者视同工伤：

（一）故意犯罪的；

（二）醉酒或者吸毒的；

（三）自残或者自杀的。

第十七条　职工发生事故伤害或者按照职业病防治法规定被诊断、鉴定为职业病，所在单位应当自事故伤害发生之日或者被诊断、鉴定为职业病之日起 30 日内，向统筹地区社会保险行政部门提出工伤认定申请。遇有特殊情况，经报社会保险行政部门同意，申请时限可以适当延长。

用人单位未按前款规定提出工伤认定申请的，工伤职工或者其近亲属、工会组织在事故伤害发生之日或者被诊断、鉴定为职业病之日起 1 年内，可以直接向用人单位所在地统筹地区社会保险行政部门提出工伤认定申请。

用人单位未在本条第一款规定的时限内提交工伤认定申请，在此期间发生符合本条例规定的工伤待遇等有关费用由该用人单位负担。

第十八条　提出工伤认定申请应当提交下列材料：

（一）工伤认定申请表；

（二）与用人单位存在劳动关系（包括事实劳动关系）的证明材料；

（三）医疗诊断证明或者职业病诊断证明书（或者职业病诊断鉴定书）。

工伤认定申请表应当包括事故发生的时间、地点、原因以及职工伤害程度等基本情况。

工伤认定申请人提供材料不完整的，社会保险行政部门应当一次性书面告知工伤认定申请人需要补正的全部材料。申请人按照书面告知要求补正材料后，社会保险行政部门应当受理。

第十九条　社会保险行政部门受理工伤认定申请后，根据审核需要可以对事故伤害进行调查核实，用人单位、职工、工会组织、医疗机构以及有关部门应当予以协助。职业病诊断和诊断争议的鉴定，依照职业病防治法的有关规定执行。对依法取得职业病诊断证明书或者职业病诊断鉴定书的，社会保险行政部门不再进行调查核实。

职工或者其近亲属认为是工伤，用人单位不认为是工伤的，由用人单位承担举证责任。

第二十条 社会保险行政部门应当自受理工伤认定申请之日起 60 日内作出工伤认定的决定，并书面通知申请工伤认定的职工或者其近亲属和该职工所在单位。

社会保险行政部门对受理的事实清楚、权利义务明确的工伤认定申请，应当在 15 日内作出工伤认定的决定。

作出工伤认定决定需要以司法机关或者有关行政主管部门的结论为依据的，在司法机关或者有关行政主管部门尚未作出结论期间，作出工伤认定决定的时限中止。

社会保险行政部门工作人员与工伤认定申请人有利害关系的，应当回避。

第四章 劳动能力鉴定

第二十一条 职工发生工伤，经治疗伤情相对稳定后存在残疾、影响劳动能力的，应当进行劳动能力鉴定。

第二十二条 劳动能力鉴定是指劳动功能障碍程度和生活自理障碍程度的等级鉴定。

劳动功能障碍分为十个伤残等级，最重的为一级，最轻的为十级。

生活自理障碍分为三个等级：生活完全不能自理、生活大部分不能自理和生活部分不能自理。

劳动能力鉴定标准由国务院社会保险行政部门会同国务院卫生行政部门等部门制定。

第二十三条 劳动能力鉴定由用人单位、工伤职工或者其近亲属向设区的市级劳动能力鉴定委员会提出申请，并提供工伤认定决定和职工工伤医疗的有关资料。

第二十八条 自劳动能力鉴定结论作出之日起 1 年后，工伤职工或者其近亲属、所在单位或者经办机构认为伤残情况发生变化的，可以申请劳动能力复查鉴定。

第五章 工伤保险待遇

第三十条 职工因工作遭受事故伤害或者患职业病进行治疗，享受工伤医疗待遇。

职工治疗工伤应当在签订服务协议的医疗机构就医，情况紧急时可以先到就近的医疗机构急救。

治疗工伤所需费用符合工伤保险诊疗项目目录、工伤保险药品目录、工伤保险住院服务标准的，从工伤保险基金支付。工伤保险诊疗项目目录、工伤保险药品目录、工伤保险住院服务标准，由国务院社会保险行政部门会同国务院卫生行政部门、食品药品监督管理部门等部门规定。

职工住院治疗工伤的伙食补助费，以及经医疗机构出具证明，报经办机构同意，工伤职工到统筹地区以外就医所需的交通、食宿费用从工伤保险基金支付，基金支付的具体标准由统筹地区人民政府规定。

工伤职工治疗非工伤引发的疾病，不享受工伤医疗待遇，按照基本医疗保险办法处理。

工伤职工到签订服务协议的医疗机构进行工伤康复的费用，符合规定的，从工伤保险基金支付。

第三十一条 社会保险行政部门作出认定为工伤的决定后发生行政复议、行政诉讼的，行政复议和行政诉讼期间不停止支付工伤职工治疗工伤的医疗费用。

第三十二条 工伤职工因日常生活或者就业需要，经劳动能力鉴定委员会确认，可以安装假肢、矫形器、假眼、假牙和配置轮椅等辅助器具，所需费用按照国家规定的标准从工伤保险基金支付。

第三十三条 职工因工作遭受事故伤害或者患职业病需要暂停工作接受工伤医疗的，在停工留薪期内，原工资福利待遇不变，由所在单位按月支付。

停工留薪期一般不超过 12 个月。伤情严重或者情况特殊，经设区的市级劳动能力鉴定委员会确认，可以适当延长，但延长不得超过 12 个月。工伤职工评定伤残等级后，停发原待遇，按照本章的有关规定享受伤残待遇。工伤职工在停工留薪期满后仍需治疗的，继续享受工伤医疗待遇。

生活不能自理的工伤职工在停工留薪期需要护理的，由所在单位负责。

第三十四条 工伤职工已经评定伤残等级并经劳动能力鉴定委员会确认需要生活护理的，从工伤保险基金按月支付生活护理费。

生活护理费按照生活完全不能自理、生活大部分不能自理或者生活部分不能自理 3 个不同等级支付，其标准分别为统筹地区上年度职工月平均工资的 50%、40% 或者 30%。

第三十五条 职工因工致残被鉴定为一级至四级伤残的，保留劳动关系，退出工作岗位，享受以下待遇：

（一）从工伤保险基金按伤残等级支付一次性伤残补助金，标准为：一级伤残为 27 个月的本人工资，二级伤残为 25 个月的本人工资，三级伤残为 23 个月的本人工资，四级伤残为 21 个月的本人工资。

（二）从工伤保险基金按月支付伤残津贴，标准为：一级伤残为本人工资的 90%，二级伤残为本人工资的 85%，三级伤残为本人工资的 80%，四级伤残为本人工资的 75%。伤残津贴实际金额低于当地最低工资标准的，由工伤保险基金补足差额。

（三）工伤职工达到退休年龄并办理退休手续后，停发伤残津贴，按照国家有关规定享受基本养老保险待遇。基本养老保险待遇低于伤残津贴的，由工伤保险基金补足差额。

职工因工致残被鉴定为一级至四级伤残的，由用人单位和职工个人以伤残津贴为基数，缴纳基本医疗保险费。

第三十六条 职工因工致残被鉴定为五级、六级伤残的，享受以下待遇：

（一）从工伤保险基金按伤残等级支付一次性伤残补助金，标准为：五级伤残为 18 个月的本人工资，六级伤残为 16 个月的本人工资。

（二）保留与用人单位的劳动关系，由用人单位安排适当工作。难以安排工作的，由用人单位按月发给伤残津贴，标准为：五级伤残为本人工资的 70%，六级伤残为本人工资的 60%，并由用人单位按照规定为其缴纳应缴纳的各项社会保险费。伤残津贴实际金额低于当地最低工资标准的，由用人单位补足差额。

经工伤职工本人提出，该职工可以与用人单位解除或者终止劳动关系，由工伤保险基金支付一次性工伤医疗补助金，由用人单位支付一次性伤残就业补助金。一次性工伤医疗补助金和一次性伤残就业补助金的具体标准由省、自治区、直辖市人民政府规定。

第三十七条 职工因工致残被鉴定为七级至十级伤残的，享受以下待遇：

（一）从工伤保险基金按伤残等级支付一次性伤残补助金，标准为：七级伤残为13个月的本人工资，八级伤残为11个月的本人工资，九级伤残为9个月的本人工资，十级伤残为7个月的本人工资。

（二）劳动、聘用合同期满终止，或者职工本人提出解除劳动、聘用合同的，由工伤保险基金支付一次性工伤医疗补助金，由用人单位支付一次性伤残就业补助金。一次性工伤医疗补助金和一次性伤残就业补助金的具体标准由省、自治区、直辖市人民政府规定。

第三十八条 工伤职工工伤复发，确认需要治疗的，享受本条例第三十条、第三十二条和第三十三条规定的工伤待遇。

第三十九条 职工因工死亡，其近亲属按照下列规定从工伤保险基金领取丧葬补助金、供养亲属抚恤金和一次性工亡补助金：

（一）丧葬补助金为6个月的统筹地区上年度职工月平均工资。

（二）供养亲属抚恤金按照职工本人工资的一定比例发给由因工死亡职工生前提供主要生活来源、无劳动能力的亲属。标准为：配偶每月40%，其他亲属每人每月30%，孤寡老人或者孤儿每人每月在上述标准的基础上增加10%。核定的各供养亲属的抚恤金之和不应高于因工死亡职工生前的工资。供养亲属的具体范围由国务院社会保险行政部门规定。

（三）一次性工亡补助金标准为上一年度全国城镇居民人均可支配收入的20倍。

伤残职工在停工留薪期内因工伤导致死亡的，其近亲属享受本条第一款规定的待遇。

一级至四级伤残职工在停工留薪期满后死亡的，其近亲属可以享受本条第一款第（一）项、第（二）项规定的待遇。

第四十条 伤残津贴、供养亲属抚恤金、生活护理费由统筹地区社会保险行政部门根据职工平均工资和生活费用变化等情况适时调整。调整办法由省、自治区、直辖市人民政府规定。

第四十一条 职工因工外出期间发生事故或者在抢险救灾中下落不明的，从事故发生当月起3个月内照发工资，从第4个月起停发工资，由工伤保险基金向其供养亲属按月支付供养亲属抚恤金。生活有困难的，可以预支一次性工亡补助金的50%。职工被人民法院宣告死亡的，按照本条例第三十九条职工因工死亡的规定处理。

第四十二条 工伤职工有下列情形之一的，停止享受工伤保险待遇：

（一）丧失享受待遇条件的；

（二）拒不接受劳动能力鉴定的；

（三）拒绝治疗的。

第四十四条 职工被派遣出境工作，依据前往国家或者地区的法律应当参加当地工伤保险的，参加当地工伤保险，其国内工伤保险关系中止；不能参加当地工伤保险的，其国内工伤保险关系不中止。

第四十五条 职工再次发生工伤，根据规定应当享受伤残津贴的，按照新认定的伤残等级享受伤残津贴待遇。

第六章　监　督　管　理

第四十六条　经办机构具体承办工伤保险事务，履行下列职责：

（一）根据省、自治区、直辖市人民政府规定，征收工伤保险费；

（二）核查用人单位的工资总额和职工人数，办理工伤保险登记，并负责保存用人单位缴费和职工享受工伤保险待遇情况的记录；

（三）进行工伤保险的调查、统计；

（四）按照规定管理工伤保险基金的支出；

（五）按照规定核定工伤保险待遇；

（六）为工伤职工或者其近亲属免费提供咨询服务。

第四十七条　经办机构与医疗机构、辅助器具配置机构在平等协商的基础上签订服务协议，并公布签订服务协议的医疗机构、辅助器具配置机构的名单。具体办法由国务院社会保险行政部门分别会同国务院卫生行政部门、民政部门等部门制定。

第四十八条　经办机构按照协议和国家有关目录、标准对工伤职工医疗费用、康复费用、辅助器具费用的使用情况进行核查，并按时足额结算费用。

第五十一条　社会保险行政部门依法对工伤保险费的征缴和工伤保险基金的支付情况进行监督检查。

财政部门和审计机关依法对工伤保险基金的收支、管理情况进行监督。

第五十二条　任何组织和个人对有关工伤保险的违法行为，有权举报。社会保险行政部门对举报应当及时调查，按照规定处理，并为举报人保密。

第五十三条　工会组织依法维护工伤职工的合法权益，对用人单位的工伤保险工作实行监督。

第五十四条　职工与用人单位发生工伤待遇方面的争议，按照处理劳动争议的有关规定处理。

第五十五条　有下列情形之一的，有关单位或者个人可以依法申请行政复议，也可以依法向人民法院提起行政诉讼：

（一）申请工伤认定的职工或者其近亲属、该职工所在单位对工伤认定申请不予受理的决定不服的；

（二）申请工伤认定的职工或者其近亲属、该职工所在单位对工伤认定结论不服的；

（三）用人单位对经办机构确定的单位缴费费率不服的；

（四）签订服务协议的医疗机构、辅助器具配置机构认为经办机构未履行有关协议或者规定的；

（五）工伤职工或者其近亲属对经办机构核定的工伤保险待遇有异议的。

第七章　法　律　责　任

第五十六条　单位或者个人违反本条例第十二条规定挪用工伤保险基金，构成犯罪的，依法追究刑事责任；尚不构成犯罪的，依法给予处分或者纪律处分。被挪用的基金由社会保险行政部门追回，并入工伤保险基金；没收的违法所得依法上缴国库。

第六十条 用人单位、工伤职工或者其近亲属骗取工伤保险待遇，医疗机构、辅助器具配置机构骗取工伤保险基金支出的，由社会保险行政部门责令退还，处骗取金额 2 倍以上 5 倍以下的罚款；情节严重，构成犯罪的，依法追究刑事责任。

第八章 附 则

第六十七条 本条例自 2004 年 1 月 1 日起施行。本条例施行前已受到事故伤害或者患职业病的职工尚未完成工伤认定的，按照本条例的规定执行。

附录5 中华人民共和国特种设备安全法（节选）

第一章 总 则

第一条 为了加强特种设备安全工作，预防特种设备事故，保障人身和财产安全，促进经济社会发展，制定本法。

第二条 特种设备的生产（包括设计、制造、安装、改造、修理）、经营、使用、检验、检测和特种设备安全的监督管理，适用本法。

本法所称特种设备，是指对人身和财产安全有较大危险性的锅炉、压力容器（含气瓶）、压力管道、电梯、起重机械、客运索道、大型游乐设施、场（厂）内专用机动车辆，以及法律、行政法规规定适用本法的其他特种设备。

国家对特种设备实行目录管理。特种设备目录由国务院负责特种设备安全监督管理的部门制定，报国务院批准后执行。

第十二条 任何单位和个人有权向负责特种设备安全监督管理的部门和有关部门举报涉及特种设备安全的违法行为，接到举报的部门应当及时处理。

第二章 生产、经营、使用

第十三条 特种设备生产、经营、使用单位及其主要负责人对其生产、经营、使用的特种设备安全负责。

特种设备生产、经营、使用单位应当按照国家有关规定配备特种设备安全管理人员、检测人员和作业人员，并对其进行必要的安全教育和技能培训。

第十四条 特种设备安全管理人员、检测人员和作业人员应当按照国家有关规定取得相应资格，方可从事相关工作。特种设备安全管理人员、检测人员和作业人员应当严格执行安全技术规范和管理制度，保证特种设备安全。

第十九条 特种设备生产单位应当保证特种设备生产符合安全技术规范及相关标准的要求，对其生产的特种设备的安全性能负责。不得生产不符合安全性能要求和能效指标以及国家明令淘汰的特种设备。

第二十条 锅炉、气瓶、氧舱、客运索道、大型游乐设施的设计文件，应当经负责特种设备安全监督管理的部门核准的检验机构鉴定，方可用于制造。

特种设备产品、部件或者试制的特种设备新产品、新部件以及特种设备采用的新材料，按照安全技术规范的要求需要通过型式试验进行安全性验证的，应当经负责特种设备安全监督管理的部门核准的检验机构进行型式试验。

第二十一条 特种设备出厂时，应当随附安全技术规范要求的设计文件、产品质量合格证明、安装及使用维护保养说明、监督检验证明等相关技术资料和文件，并在特种设备显著位置设置产品铭牌、安全警示标志及其说明。

第二十五条　锅炉、压力容器、压力管道元件等特种设备的制造过程和锅炉、压力容器、压力管道、电梯、起重机械、客运索道、大型游乐设施的安装、改造、重大修理过程，应当经特种设备检验机构按照安全技术规范的要求进行监督检验；未经监督检验或者监督检验不合格的，不得出厂或者交付使用。

第三十二条　特种设备使用单位应当使用取得许可生产并经检验合格的特种设备。

禁止使用国家明令淘汰和已经报废的特种设备。

第三十六条　电梯、客运索道、大型游乐设施等为公众提供服务的特种设备的运营使用单位，应当对特种设备的使用安全负责，设置特种设备安全管理机构或者配备专职的特种设备安全管理人员；其他特种设备使用单位，应当根据情况设置特种设备安全管理机构或者配备专职、兼职的特种设备安全管理人员。

第三十七条　特种设备的使用应当具有规定的安全距离、安全防护措施。

与特种设备安全相关的建筑物、附属设施，应当符合有关法律、行政法规的规定。

第四十一条　特种设备安全管理人员应当对特种设备使用状况进行经常性检查，发现问题应当立即处理；情况紧急时，可以决定停止使用特种设备并及时报告本单位有关负责人。

特种设备作业人员在作业过程中发现事故隐患或者其他不安全因素，应当立即向特种设备安全管理人员和单位有关负责人报告；特种设备运行不正常时，特种设备作业人员应当按照操作规程采取有效措施保证安全。

第四十二条　特种设备出现故障或者发生异常情况，特种设备使用单位应当对其进行全面检查，消除事故隐患，方可继续使用。

第四十三条　客运索道、大型游乐设施在每日投入使用前，其运营使用单位应当进行试运行和例行安全检查，并对安全附件和安全保护装置进行检查确认。

电梯、客运索道、大型游乐设施的运营使用单位应当将电梯、客运索道、大型游乐设施的安全使用说明、安全注意事项和警示标志置于易于为乘客注意的显著位置。

公众乘坐或者操作电梯、客运索道、大型游乐设施，应当遵守安全使用说明和安全注意事项的要求，服从有关工作人员的管理和指挥；遇有运行不正常时，应当按照安全指引，有序撤离。

第三章　检验、检测

第五十一条　特种设备检验、检测机构的检验、检测人员应当经考核，取得检验、检测人员资格，方可从事检验、检测工作。

特种设备检验、检测机构的检验、检测人员不得同时在两个以上检验、检测机构中执业；变更执业机构的，应当依法办理变更手续。

第五十五条　特种设备检验、检测机构及其检验、检测人员对检验、检测过程中知悉的商业秘密，负有保密义务。

特种设备检验、检测机构及其检验、检测人员不得从事有关特种设备的生产、经营活动，不得推荐或者监制、监销特种设备。

第五十六条　特种设备检验机构及其检验人员利用检验工作故意刁难特种设备生产、经营、使用单位的，特种设备生产、经营、使用单位有权向负责特种设备安全监督管理的部门投诉，接到投诉的部门应当及时进行调查处理。

第五章　事故应急救援与调查处理

第七十条　特种设备发生事故后，事故发生单位应当按照应急预案采取措施，组织抢救，防止事故扩大，减少人员伤亡和财产损失，保护事故现场和有关证据，并及时向事故发生地县级以上人民政府负责特种设备安全监督管理的部门和有关部门报告。

县级以上人民政府负责特种设备安全监督管理的部门接到事故报告，应当尽快核实情况，立即向本级人民政府报告，并按照规定逐级上报。必要时，负责特种设备安全监督管理的部门可以越级上报事故情况。对特别重大事故、重大事故，国务院负责特种设备安全监督管理的部门应当立即报告国务院并通报国务院安全生产监督管理部门等有关部门。

与事故相关的单位和人员不得迟报、谎报或者瞒报事故情况，不得隐匿、毁灭有关证据或者故意破坏事故现场。

第六章　法　律　责　任

第九十条　发生事故，对负有责任的单位除要求其依法承担相应的赔偿等责任外，依照下列规定处以罚款：

（一）发生一般事故，处十万元以上二十万元以下罚款；

（二）发生较大事故，处二十万元以上五十万元以下罚款；

（三）发生重大事故，处五十万元以上二百万元以下罚款。

第九十一条　对事故发生负有责任的单位的主要负责人未依法履行职责或者负有领导责任的，依照下列规定处以罚款；属于国家工作人员的，并依法给予处分：

（一）发生一般事故，处上一年年收入百分之三十的罚款；

（二）发生较大事故，处上一年年收入百分之四十的罚款；

（三）发生重大事故，处上一年年收入百分之六十的罚款。

第九十二条　违反本法规定，特种设备安全管理人员、检测人员和作业人员不履行岗位职责，违反操作规程和有关安全规章制度，造成事故的，吊销相关人员的资格。

第九十六条　违反本法规定，被依法吊销许可证的，自吊销许可证之日起三年内，负责特种设备安全监督管理的部门不予受理其新的许可申请。

第九十七条　违反本法规定，造成人身、财产损害的，依法承担民事责任。

违反本法规定，应当承担民事赔偿责任和缴纳罚款、罚金，其财产不足以同时支付时，先承担民事赔偿责任。

第九十八条　违反本法规定，构成违反治安管理行为的，依法给予治安管理处罚；构成犯罪的，依法追究刑事责任。

第七章　附　　则

第九十九条　特种设备行政许可、检验的收费，依照法律、行政法规的规定执行。

第一百条 军事装备、核设施、航空航天器使用的特种设备安全的监督管理不适用本法。

铁路机车、海上设施和船舶、矿山井下使用的特种设备以及民用机场专用设备安全的监督管理，房屋建筑工地、市政工程工地用起重机械和场（厂）内专用机动车辆的安装、使用的监督管理，由有关部门依照本法和其他有关法律的规定实施。

第一百零一条 本法自 2014 年 1 月 1 日起施行。

附录6　危险化学品安全管理条例（节选）

第一章　总　　则

第一条　为了加强危险化学品的安全管理，预防和减少危险化学品事故，保障人民群众生命财产安全，保护环境，制定本条例。

第二条　危险化学品生产、储存、使用、经营和运输的安全管理，适用本条例。

废弃危险化学品的处置，依照有关环境保护的法律、行政法规和国家有关规定执行。

第三条　本条例所称危险化学品，是指具有毒害、腐蚀、爆炸、燃烧、助燃等性质，对人体、设施、环境具有危害的剧毒化学品和其他化学品。

危险化学品目录，由国务院安全生产监督管理部门会同国务院工业和信息化、公安、环境保护、卫生、质量监督检验检疫、交通运输、铁路、民用航空、农业主管部门，根据化学品危险特性的鉴别和分类标准确定、公布，并适时调整。

第四条　危险化学品安全管理，应当坚持安全第一、预防为主、综合治理的方针，强化和落实企业的主体责任。

生产、储存、使用、经营、运输危险化学品的单位（以下统称危险化学品单位）的主要负责人对本单位的危险化学品安全管理工作全面负责。

危险化学品单位应当具备法律、行政法规规定和国家标准、行业标准要求的安全条件，建立、健全安全管理规章制度和岗位安全责任制度，对从业人员进行安全教育、法制教育和岗位技术培训。从业人员应当接受教育和培训，考核合格后上岗作业；对有资格要求的岗位，应当配备依法取得相应资格的人员。

第五条　任何单位和个人不得生产、经营、使用国家禁止生产、经营、使用的危险化学品。

国家对危险化学品的使用有限制性规定的，任何单位和个人不得违反限制性规定使用危险化学品。

第二章　生产、储存安全

第二十条　生产、储存危险化学品的单位，应当根据其生产、储存的危险化学品的种类和危险特性，在作业场所设置相应的监测、监控、通风、防晒、调温、防火、灭火、防爆、泄压、防毒、中和、防潮、防雷、防静电、防腐、防泄漏以及防护围堤或者隔离操作等安全设施、设备，并按照国家标准、行业标准或者国家有关规定对安全设施、设备进行经常性维护、保养，保证安全设施、设备的正常使用。

生产、储存危险化学品的单位，应当在其作业场所和安全设施、设备上设置明显的安全警示标志。

第二十一条 生产、储存危险化学品的单位，应当在其作业场所设置通信、报警装置，并保证处于适用状态。

第二十四条 危险化学品应当储存在专用仓库、专用场地或者专用储存室（以下统称专用仓库）内，并由专人负责管理；剧毒化学品以及储存数量构成重大危险源的其他危险化学品，应当在专用仓库内单独存放，并实行双人收发、双人保管制度。

危险化学品的储存方式、方法以及储存数量应当符合国家标准或者国家有关规定。

第二十五条 储存危险化学品的单位应当建立危险化学品出入库核查、登记制度。

对剧毒化学品以及储存数量构成重大危险源的其他危险化学品，储存单位应当将其储存数量、储存地点以及管理人员的情况，报所在地县级人民政府安全生产监督管理部门（在港区内储存的，报港口行政管理部门）和公安机关备案。

第三章 使用安全

第二十八条 使用危险化学品的单位，其使用条件（包括工艺）应当符合法律、行政法规的规定和国家标准、行业标准的要求，并根据所使用的危险化学品的种类、危险特性以及使用量和使用方式，建立、健全使用危险化学品的安全管理规章制度和安全操作规程，保证危险化学品的安全使用。

第四章 经营安全

第三十三条 国家对危险化学品经营（包括仓储经营，下同）实行许可制度。未经许可，任何单位和个人不得经营危险化学品。

依法设立的危险化学品生产企业在其厂区范围内销售本企业生产的危险化学品，不需要取得危险化学品经营许可。

依照《中华人民共和国港口法》的规定取得港口经营许可证的港口经营人，在港区内从事危险化学品仓储经营，不需要取得危险化学品经营许可。

第三十六条 危险化学品经营企业储存危险化学品的，应当遵守本条例第二章关于储存危险化学品的规定。危险化学品商店内只能存放民用小包装的危险化学品。

第三十八条 依法取得危险化学品安全生产许可证、危险化学品安全使用许可证、危险化学品经营许可证的企业，凭相应的许可证件购买剧毒化学品、易制爆危险化学品。民用爆炸物品生产企业凭民用爆炸物品生产许可证购买易制爆危险化学品。

前款规定以外的单位购买剧毒化学品的，应当向所在地县级人民政府公安机关申请取得剧毒化学品购买许可证；购买易制爆危险化学品的，应当持本单位出具的合法用途说明。

个人不得购买剧毒化学品（属于剧毒化学品的农药除外）和易制爆危险化学品。

第五章 运输安全

第四十五条 运输危险化学品，应当根据危险化学品的危险特性采取相应的安全防护措施，并配备必要的防护用品和应急救援器材。

用于运输危险化学品的槽罐以及其他容器应当封口严密，能够防止危险化学品在运输过程中因温度、湿度或者压力的变化发生渗漏、洒漏；槽罐以及其他容器的溢流和泄压装置应当设置准确、起闭灵活。

运输危险化学品的驾驶人员、船员、装卸管理人员、押运人员、申报人员、集装箱装箱现场检查员，应当了解所运输的危险化学品的危险特性及其包装物、容器的使用要求和出现危险情况时的应急处置方法。

第四十七条 通过道路运输危险化学品的，应当按照运输车辆的核定载质量装载危险化学品，不得超载。

危险化学品运输车辆应当符合国家标准要求的安全技术条件，并按照国家有关规定定期进行安全技术检验。

危险化学品运输车辆应当悬挂或者喷涂符合国家标准要求的警示标志。

第五十一条 剧毒化学品、易制爆危险化学品在道路运输途中丢失、被盗、被抢或者出现流散、泄漏等情况的，驾驶人员、押运人员应当立即采取相应的警示措施和安全措施，并向当地公安机关报告。公安机关接到报告后，应当根据实际情况立即向安全生产监督管理部门、环境保护主管部门、卫生主管部门通报。有关部门应当采取必要的应急处置措施。

第六十三条 托运危险化学品的，托运人应当向承运人说明所托运的危险化学品的种类、数量、危险特性以及发生危险情况的应急处置措施，并按照国家有关规定对所托运的危险化学品妥善包装，在外包装上设置相应的标志。

运输危险化学品需要添加抑制剂或者稳定剂的，托运人应当添加，并将有关情况告知承运人。

第六十四条 托运人不得在托运的普通货物中夹带危险化学品，不得将危险化学品匿报或者谎报为普通货物托运。

任何单位和个人不得交寄危险化学品或者在邮件、快件内夹带危险化学品，不得将危险化学品匿报或者谎报为普通物品交寄。邮政企业、快递企业不得收寄危险化学品。

对涉嫌违反本条第一款、第二款规定的，交通运输主管部门、邮政管理部门可以依法开拆查验。

第六十五条 通过铁路、航空运输危险化学品的安全管理，依照有关铁路、航空运输的法律、行政法规、规章的规定执行。

第六章 危险化学品登记与事故应急救援

第六十六条 国家实行危险化学品登记制度，为危险化学品安全管理以及危险化学品事故预防和应急救援提供技术、信息支持。

第七十二条 发生危险化学品事故，有关地方人民政府应当立即组织安全生产监督管理、环境保护、公安、卫生、交通运输等有关部门，按照本地区危险化学品事故应急预案组织实施救援，不得拖延、推诿。

有关地方人民政府及其有关部门应当按照下列规定，采取必要的应急处置措施，减少事故损失，防止事故蔓延、扩大：

（一）立即组织营救和救治受害人员，疏散、撤离或者采取其他措施保护危害区域内的其他人员；

（二）迅速控制危害源，测定危险化学品的性质、事故的危害区域及危害程度；

（三）针对事故对人体、动植物、土壤、水源、大气造成的现实危害和可能产生的危害，迅速采取封闭、隔离、洗消等措施；

（四）对危险化学品事故造成的环境污染和生态破坏状况进行监测、评估，并采取相应的环境污染治理和生态修复措施。

第七章　法律责任

第九十条　对发生交通事故负有全部责任或者主要责任的危险化学品道路运输企业，由公安机关责令消除安全隐患，未消除安全隐患的危险化学品运输车辆，禁止上道路行驶。

第八章　附　则

第九十九条　公众发现、捡拾的无主危险化学品，由公安机关接收。公安机关接收或者有关部门依法没收的危险化学品，需要进行无害化处理的，交由环境保护主管部门组织其认定的专业单位进行处理，或者交由有关危险化学品生产企业进行处理。处理所需费用由国家财政负担。

第一百零二条　本条例自 2011 年 12 月 1 日起施行。

附录7 中华人民共和国残疾人保障法（节选）

《中华人民共和国残疾人保障法》已由中华人民共和国第十一届全国人民代表大会常务委员会第二次会议于 2008 年 4 月 24 日修订通过，修订后的《中华人民共和国残疾保障法》，自 2008 年 7 月 1 日起施行。

第一章 总 则

第一条 为了维护残疾人的合法权益，发展残疾人事业，保障残疾人平等地充分参与社会生活，共享社会物质文化成果，根据宪法，制定本法。

第二条 残疾人是指在心理、生理、人体结构上，某种组织、功能丧失或者不正常，全部或者部分丧失以正常方式从事某种活动能力的人。残疾人包括视力残疾、听力残疾、言语残疾、肢体残疾、智力残疾、精神残疾、多重残疾和其他残疾的人。

残疾标准由国务院规定。

第三条 残疾人在政治、经济、文化、社会和家庭生活等方面享有同其他公民平等的权利。残疾人的公民权利和人格尊严受法律保护。禁止基于残疾的歧视。禁止侮辱、侵害残疾人。禁止通过大众传播媒介或者其他方式贬低损害残疾人人格。

第十二条 国家和社会对残疾军人、因公致残人员以及其他为维护国家和人民利益致残的人员实行特别保障，给予抚恤和优待。

第四章 劳 动 就 业

第三十条 国家保障残疾人劳动的权利。各级人民政府应当对残疾人劳动就业统筹规划，为残疾人创造劳动就业条件。

第三十四条 国家鼓励和扶持残疾人自主择业、自主创业。

第三十八条 国家保护残疾人福利性单位的财产所有权和经营自主权，其合法权益不受侵犯。在职工的招用、转正、晋级、职称评定、劳动报酬、生活福利、休息休假、社会保险等方面，不得歧视残疾人。

第三十九条 残疾职工所在单位应当对残疾职工进行岗位技术培训，提高其劳动技能和技术水平。

第四十条 任何单位和个人不得以暴力、威胁或者非法限制人身自由的手段强迫残疾人劳动。

第九章 附 则

第六十八条 本法自 2008 年 7 月 1 日起施行。

附录 8　职业学校学生实习管理规定

第一章　总　　则

第一条　为规范和加强职业学校学生实习工作，维护学生、学校和实习单位的合法权益，提高技术技能人才培养质量，增强学生社会责任感、创新精神和实践能力，更好服务产业转型升级需要，依据《中华人民共和国教育法》《中华人民共和国职业教育法》《中华人民共和国劳动法》《中华人民共和国安全生产法》《中华人民共和国未成年人保护法》《中华人民共和国职业病防治法》及相关法律法规、规章，制定本规定。

第二条　本规定所指职业学校学生实习，是指实施全日制学历教育的中等职业学校和高等职业学校学生（以下简称职业学校）按照专业培养目标要求和人才培养方案安排，由职业学校安排或者经职业学校批准自行到企（事）业等单位（以下简称实习单位）进行专业技能培养的实践性教育教学活动，包括认识实习、跟岗实习和顶岗实习等形式。

认识实习是指学生由职业学校组织到实习单位参观、观摩和体验，形成对实习单位和相关岗位的初步认识的活动。

跟岗实习是指不具有独立操作能力、不能完全适应实习岗位要求的学生，由职业学校组织到实习单位的相应岗位，在专业人员指导下部分参与实际辅助工作的活动。

顶岗实习是指初步具备实践岗位独立工作能力的学生，到相应实习岗位，相对独立参与实际工作的活动。

第三条　职业学校学生实习是实现职业教育培养目标，增强学生综合能力的基本环节，是教育教学的核心部分，应当科学组织、依法实施，遵循学生成长规律和职业能力形成规律，保护学生合法权益；应当坚持理论与实践相结合，强化校企协同育人，将职业精神养成教育贯穿学生实习全过程，促进职业技能与职业精神高度融合，服务学生全面发展，提高技术技能人才培养质量和就业创业能力。

第四条　地方各级人民政府相关部门应高度重视职业学校学生实习工作，切实承担责任，结合本地实际制定具体措施鼓励企（事）业等单位接收职业学校学生实习。

第二章　实　习　组　织

第五条　教育行政部门负责统筹指导职业学校学生实习工作；职业学校主管部门负责职业学校实习的监督管理。职业学校应将学生跟岗实习、顶岗实习情况报主管部门备案。

第六条　职业学校应当选择合法经营、管理规范、实习设备完备、符合安全生产法律法规要求的实习单位安排学生实习。在确定实习单位前，职业学校应进行实地考察评估并形成书面报告，考察内容应包括：单位资质、诚信状况、管理水平、实习岗位性质和内容、工作时间、工作环境、生活环境以及健康保障、安全防护等方面。

第七条　职业学校应当会同实习单位共同组织实施学生实习。

实习开始前，职业学校应当根据专业人才培养方案，与实习单位共同制订实习计划，明确实习目标、实习任务、必要的实习准备、考核标准等；并开展培训，使学生了解各实习阶段的学习目标、任务和考核标准。

职业学校和实习单位应当分别选派经验丰富、业务素质好、责任心强、安全防范意识高的实习指导教师和专门人员全程指导、共同管理学生实习。

实习岗位应符合专业培养目标要求，与学生所学专业对口或相近。

第八条　学生经本人申请，职业学校同意，可以自行选择顶岗实习单位。对自行选择顶岗实习单位的学生，实习单位应安排专门人员指导学生实习，学生所在职业学校要安排实习指导教师跟踪了解实习情况。

认识实习、跟岗实习由职业学校安排，学生不得自行选择。

第九条　实习单位应当合理确定顶岗实习学生占在岗人数的比例，顶岗实习学生的人数不超过实习单位在岗职工总数的 10%，在具体岗位顶岗实习的学生人数不高于同类岗位在岗职工总人数的 20%。

任何单位或部门不得干预职业学校正常安排和实施实习计划，不得强制职业学校安排学生到指定单位实习。

第十条　学生在实习单位的实习时间根据专业人才培养方案确定，顶岗实习一般为 6 个月。支持鼓励职业学校和实习单位合作探索工学交替、多学期、分段式等多种形式的实践性教学改革。

第三章　实　习　管　理

第十一条　职业学校应当会同实习单位制定学生实习工作具体管理办法和安全管理规定、实习学生安全及突发事件应急预案等制度性文件。

职业学校应对实习工作和学生实习过程进行监管。鼓励有条件的职业学校充分运用现代信息技术，构建实习信息化管理平台，与实习单位共同加强实习过程管理。

第十二条　学生参加跟岗实习、顶岗实习前，职业学校、实习单位、学生三方应签订实习协议。协议文本由当事方各执一份。

未按规定签订实习协议的，不得安排学生实习。

认识实习按照一般校外活动有关规定进行管理。

第十三条　实习协议应明确各方的责任、权利和义务，协议约定的内容不得违反相关法律法规。

实习协议应包括但不限于以下内容：

（一）各方基本信息；

（二）实习的时间、地点、内容、要求与条件保障；

（三）实习期间的食宿和休假安排；

（四）实习期间劳动保护和劳动安全、卫生、职业病危害防护条件；

（五）责任保险与伤亡事故处理办法，对不属于保险赔付范围或者超出保险赔付额度部分的约定责任；

（六）实习考核方式；

（七）违约责任；

（八）其他事项。

顶岗实习的实习协议内容还应当包括实习报酬及支付方式。

第十四条 未满18周岁的学生参加跟岗实习、顶岗实习，应取得学生监护人签字的知情同意书。

学生自行选择实习单位的顶岗实习，学生应在实习前将实习协议提交所在职业学校，未满18周岁学生还需要提交监护人签字的知情同意书。

第十五条 职业学校和实习单位要依法保障实习学生的基本权利，并不得有下列情形：

（一）安排、接收一年级在校学生顶岗实习；

（二）安排未满16周岁的学生跟岗实习、顶岗实习；

（三）安排未成年学生从事《未成年工特殊保护规定》中禁忌从事的劳动；

（四）安排实习的女学生从事《女职工劳动保护特别规定》中禁忌从事的劳动；

（五）安排学生到酒吧、夜总会、歌厅、洗浴中心等营业性娱乐场所实习；

（六）通过中介机构或有偿代理组织、安排和管理学生实习工作。

第十六条 除相关专业和实习岗位有特殊要求，并报上级主管部门备案的实习安排外，学生跟岗和顶岗实习期间，实习单位应遵守国家关于工作时间和休息休假的规定，并不得有以下情形：

（一）安排学生从事高空、井下、放射性、有毒、易燃易爆，以及其他具有较高安全风险的实习；

（二）安排学生在法定节假日实习；

（三）安排学生加班和夜班。

第十七条 接收学生顶岗实习的实习单位，应参考本单位相同岗位的报酬标准和顶岗实习学生的工作量、工作强度、工作时间等因素，合理确定顶岗实习报酬，原则上不低于本单位相同岗位试用期工资标准的80%，并按照实习协议约定，以货币形式及时、足额支付给学生。

第十八条 实习单位因接收学生实习所实际发生的与取得收入有关的、合理的支出，按现行税收法律规定在计算应纳税所得额时扣除。

第十九条 职业学校和实习单位不得向学生收取实习押金、顶岗实习报酬提成、管理费或者其他形式的实习费用，不得扣押学生的居民身份证，不得要求学生提供担保或者以其他名义收取学生财物。

第二十条 实习学生应遵守职业学校的实习要求和实习单位的规章制度、实习纪律及实习协议，爱护实习单位设施设备，完成规定的实习任务，撰写实习日志，并在实习结束时提交实习报告。

第二十一条 职业学校要和实习单位相配合，建立学生实习信息通报制度，在学生实习全过程中，加强安全生产、职业道德、职业精神等方面的教育。

第二十二条 职业学校安排的实习指导教师和实习单位指定的专人应负责学生实习期间的业务指导和日常巡视工作，定期检查并向职业学校和实习单位报告学生实习情况，及时处理实习中出现的有关问题，并做好记录。

第二十三条　职业学校组织学生到外地实习，应当安排学生统一住宿；具备条件的实习单位应为实习学生提供统一住宿。职业学校和实习单位要建立实习学生住宿制度和请销假制度。学生申请在统一安排的宿舍以外住宿的，须经学生监护人签字同意，由职业学校备案后方可办理。

第二十四条　鼓励职业学校依法组织学生赴国（境）外实习。安排学生赴国（境）外实习的，应当根据需要通过国家驻外有关机构了解实习环境、实习单位和实习内容等情况，必要时可派人实地考察。要选派指导教师全程参与，做好实习期间的管理和相关服务工作。

第二十五条　鼓励各地职业学校主管部门建立学生实习综合服务平台，协调相关职能部门、行业企业、有关社会组织，为学生实习提供信息服务。

第二十六条　对违反本规定组织学生实习的职业学校，由职业学校主管部门责令改正。拒不改正的，对直接负责的主管人员和其他直接责任人依照有关规定给予处分。因工作失误造成重大事故的，应依法依规对相关责任人追究责任。

对违反本规定中相关条款和违反实习协议的实习单位，职业学校可根据情况调整实习安排，并根据实习协议要求实习单位承担相关责任。

第二十七条　对违反本规定安排、介绍或者接收未满 16 周岁学生跟岗实习、顶岗实习的，由人力资源社会保障行政部门依照《禁止使用童工规定》进行查处；构成犯罪的，依法追究刑事责任。

第四章　实 习 考 核

第二十八条　职业学校要建立以育人为目标的实习考核评价制度，学生跟岗实习和顶岗实习，职业学校要会同实习单位根据学生实习岗位职责要求制订具体考核方式和标准，实施考核工作。

第二十九条　跟岗实习和顶岗实习的考核结果应当记入实习学生学业成绩，考核结果分优秀、良好、合格和不合格四个等次，考核合格以上等次的学生获得学分，并纳入学籍档案。实习考核不合格者，不予毕业。

第三十条　职业学校应当会同实习单位对违反规章制度、实习纪律以及实习协议的学生，进行批评教育。学生违规情节严重的，经双方研究后，由职业学校给予纪律处分；给实习单位造成财产损失的，应当依法予以赔偿。

第三十一条　职业学校应组织做好学生实习情况的立卷归档工作。实习材料包括：（1）实习协议；（2）实习计划；（3）学生实习报告；（4）学生实习考核结果；（5）实习日志；（6）实习检查记录等；（7）实习总结。

第五章　安 全 职 责

第三十二条　职业学校和实习单位要确立安全第一的原则，严格执行国家及地方安全生产和职业卫生有关规定。职业学校主管部门应会同相关部门加强实习安全监督检查。

第三十三条 实习单位应当健全本单位生产安全责任制，执行相关安全生产标准，健全安全生产规章制度和操作规程，制定生产安全事故应急救援预案，配备必要的安全保障器材和劳动防护用品，加强对实习学生的安全生产教育培训和管理，保障学生实习期间的人身安全和健康。

第三十四条 实习单位应当会同职业学校对实习学生进行安全防护知识、岗位操作规程教育和培训并进行考核。未经教育培训和未通过考核的学生不得参加实习。

第三十五条 推动建立学生实习强制保险制度。职业学校和实习单位应根据国家有关规定，为实习学生投保实习责任保险。责任保险范围应覆盖实习活动的全过程，包括学生实习期间遭受意外事故及由于被保险人疏忽或过失导致的学生人身伤亡，被保险人依法应承担的责任，以及相关法律费用等。

学生实习责任保险的经费可从职业学校学费中列支；免除学费的可从免学费补助资金中列支，不得向学生另行收取或从学生实习报酬中抵扣。职业学校与实习单位达成协议由实习单位支付投保经费的，实习单位支付的学生实习责任保险费可从实习单位成本（费用）中列支。

第三十六条 学生在实习期间受到人身伤害，属于实习责任保险赔付范围的，由承保保险公司按保险合同赔付标准进行赔付。不属于保险赔付范围或者超出保险赔付额度的部分，由实习单位、职业学校及学生按照实习协议约定承担责任。职业学校和实习单位应当妥善做好救治和善后工作。

第六章 附 则

第三十七条 各省、自治区、直辖市教育行政部门应会同人力资源社会保障等相关部门依据本规定，结合本地区实际制定实施细则或相应的管理制度。

第三十八条 非全日制职业教育、高中后中等职业教育学生实习参照本规定执行。

第三十九条 本规定自发布之日起施行，《中等职业学校学生实习管理办法》（教职成〔2007〕4号）同时废止。

参 考 文 献

[1] 董贾寿，张文桂. 实验室管理学[M]. 成都：电子科技大学出版社，2004.

[2] 陈宝智，王金波. 安全管理[M]. 天津：天津大学出版社，2005.

[3] 21 世纪安全生产教育丛书编写组. 新工人入厂安全教育读本[M]. 北京：中国劳动社会保障出版社，2006.

[4] 李光强，朱诚意. 钢铁冶金的环保与节能[M]. 北京：冶金工业出版社，2006.

[5] 董英华. 安全员必读[M]. 2 版. 北京：中国石化出版社，2007.

[6] 叶轻舟，张玉斌. 这样逃生最有效[M]. 哈尔滨：哈尔滨出版社，2008.

[7] 吕保和，朱建军. 工业安全工程[M]. 北京：化学工业出版社，2004.

[8] 中国安全生产协会. 安全生产务实与案例分析[M]. 北京：中国大百科全书出版社，2010.